中国植物染技法

黄荣华 ● 著

中国纺织出版社

内 容 提 要

本书主要介绍了中国植物染领域的主要范畴，如中国色彩体系、植物染料的来源与萃取；植物染的主要染色方法；植物染设计及应用范围等。书中大量的研究成果来自于作者几十年亲自试验的结果，同时兼顾传统与现代，将传统染色方法置于当代应用，有传承也有创新，有一定的前瞻性，是一本填补国内植物染技艺空白的书籍。

本书可供相关大专院校、纺织研究机构和企业、艺术设计行业、文创企业等领域的从业者、学习者和研究者阅读。

图书在版编目（CIP）数据

中国植物染技法 / 黄荣华著 . -- 北京：中国纺织出版社，2018.4（2024.10 重印）

ISBN 978-7-5180-4800-7

Ⅰ. ①中… Ⅱ. ①黄… Ⅲ. ①植物—天然染料—染料染色—中国 Ⅳ. ①TS193.62

中国版本图书馆 CIP 数据核字（2018）第 044293 号

策划编辑：符 芬 王军锋 责任编辑：王军锋
责任校对：寇晨晨 责任印制：何 建

中国纺织出版社出版发行
地址：北京市朝阳区百子湾东里 A407 号楼 邮政编码：100124
销售电话：010 — 67004422 传真：010 — 87155801
http://www.c-textilep.com
中国纺织出版社天猫旗舰店
官方微博 http://weibo.com/2119887771
北京华联印刷有限公司印刷 各地新华书店经销
2018 年 4 月第 1 版 2024 年 10 月第 5 次印刷
开本：889×1194 1/16 印张：15.25
字数：248 千字 定价：260.00 元

中国纺织出版社
官方微博

中国纺织出版社
官方微信

中国纺织出版社
天猫旗舰店

国染馆
汉方手染

作者简介

　　黄荣华，男，1956 年生于武汉。高级工程师，从事中国传统色彩文化研究多年，中国传统色彩博物馆专家。研究成果《中国传统色彩色卡》获得中国流行色协会颁发的文化奖。

　　现为北京国染馆、武汉汉方手染非遗研究所创办人、理事长。省级非物质文化遗产"传统植物染料染色"项目代表性传承人，北京服装学院色彩中心顾问，研究生导师。从事纺织服装行业近 40 年。其传统染色技艺师承祖业。1983 年开始进行植物染料、植物染色技艺系统研发工作，是我国当代植物染料、植物染色领域的系统研发者和积极倡导者。现已经完成植物染料基本色的制作工艺以及相关植物染色工艺，中国第一份植物染色标准色卡（含全棉针织布色卡、全棉机织布色卡、真丝素缎色卡）；并研发出天然手绘染料和天然染色检测剂。填补了国内多项染色技术空白。

序

　　能用一生的时间专注做一件事，是极其不容易的！黄荣华老师一生钻研植物染料染色，并融合多年的研究成果，著得《中国植物染技法》一书，这对我国非物质文化遗产的保护和传承是一个重大贡献。他是的的确确用双手在触摸着植物染料，让从大自然中取得的天然染料，灵动地呈现在产品上。他的植物染料染色作品，既渗透着古朴的风雅，又体现出时代的气息，这些美妙的色彩正是大自然最慷慨的赐予，值得我们细细品味。

　　我国是最早使用植物染料染色的国家。早在4500多年前的黄帝时期，人们就能够利用植物的汁液染色。《诗经》中有用蓝草、茜草染色的诗歌，可见中国在东周时期已经普遍使用植物染料。明清时期，我国天然染料的制备和染色技术都已达到很高的水平，染料除自用外，还大量出口。中国应用天然染料的经验跟随丝绸一同传播到海外。

　　植物染料染色凝聚了许多前人的经验与智慧，但随着时代的变迁，很多都被遗忘了，其实，只有这些色彩被重新赋予意义，才不会使文化形成断层。《中国植物染技法》唤醒了我们对植物染色的记忆，并能指导人们加以应用。尤其是随着人们日益重视环保，市场需求变得越来越迫切，特别是高端市场的需求已经显现。

　　黄荣华老师撰写《中国植物染技法》一书意义重大，这是一本有关历史与传承的著作，在追溯历史文化与技艺的同时，更多注入了当代的应用，形成了一套独有的专业技法体系，这套体系连接着过去和未来，融合着中国与世界，充满了潜能，充满了文化自信的匠人精神。

　　植物染料不仅可应用在纺织印染服装业，在其他如食品、饮料、造纸、古建筑、工艺品、日化产品、玩具等诸多领域都有广泛的应用前景。许多植物色素还因其特殊的成分及结构而应用于新型功能性纺织品的开发。其色泽柔和、自然有特色，在高档真丝制品、保健内衣、家纺产品、装饰用品等领域拥有广阔的发展前景。开发植物染料不仅有利于保护自然资源和生态环境，而且对开发一些高附加值的纺织品更具有广阔的发展前景。尤其是一些植物染料本身就来源于药用植物，因而它们在卫生及医药领域都有着广泛的应用。植物染料还被用于化妆品制造，例如，唇膏中的色泽增强剂，美肤、美发品中的各种染料等。可医治皮炎的艾蒿色织物以及印、韩、日等国用茜草、靛蓝、郁金香和红花染成的具有防虫、杀菌、护肤及防过敏的新型织物。

　　这是一本融汇历史、文化、技艺的好书，这本书不仅可以作为大专院校纺织服装专业的教材，还可以作为了解我国非物质文化遗产的参考资料，相信每一位读者都能够从中得到不少的收获。

中国印染协会会长　陈志华

2018 年 1 月

中国天然染色技艺源远流长，是中华文明的重要组成部分。人们利用山川自生的植物性、动物性、矿物性染料创造的染色工艺将"衣食住行"染成了自然色、传统色、健康色。这种工艺反映了祖先们对大自然的喜爱及清新美丽的精神世界。其中，植物染是人们喜闻乐见的一种传统民间染色形式，它体现了人们对美的理解和对美好生活的追求，蕴藏着人类的智慧与创造力，具有独特的视觉语言。

植物染的理论基础来源于中国传统色彩体系。在我国传统色彩文化中，"五色"是色彩的本源之色，是一切色彩的基本元素。"五色"即青、赤、黄、白、黑五正色。东汉经学家刘熙所著《释名》中记载："青，生也，象万物生时之色也。赤，赫也，太阳之色也。黄，晃也，晃晃日光之色也。白，启也，如冰启时之色也。黑，晦也，如晦暝之色也。"以五色为基础，相互搭配混合，可以得到间色，从而汇成了中国丰富多彩的传统色谱。

五色是按照我国传统的阴阳五行学说划分的。阴阳五行学说是我国最古老的哲学体系，体现了中国古人朴素的天人合一的世界观。五行是自然万物本源的五种元素，一切事物都来源于此，色彩也概莫能外。五色与阴阳五行学说中其他事物的对应关系如下图所示：

五色	五行	五方	五帝	五神	五兽	五时	五常	五脏	五气	五味	五声
青	木	东	太昊	句芒	青龙	春	仁	脾	燥	酸	角
赤	火	南	炎帝	祝融	朱雀	夏	义	肺	阳	苦	徵
黄	土	中	黄帝	后土	黄龙	季夏	礼	心	和	甘	宫
白	金	西	少昊	蓐收	白虎	秋	智	肝	湿	辛	商
黑	水	北	颛顼	玄冥	玄武	冬	信	肾	阴	咸	羽

在我国的尧舜时代，就有手绘衣衫。舜时代，在衣服上绘制图案来表明部落的身份。自商代起，红、黄、青、黑和白五个文字在古代甲骨文中的出现，说明古代中国人对于自然界五光十色的自然现象就有很深刻的认识和了解，并应用于社会生活中。古代中国，人们在了解自然、认识自然的过程中，将复杂的色彩归纳为五种基本色彩：青、赤、黄、白和黑。从周代开始，人们把赤、黄、青三色称为彩（即现在的有彩色系），将黑与白称为色（即现在的无彩色系），这五种色彩列为正色。除正色以外，其他的颜色都称为间色。《尚书》中曾有记载："五彩彰施与五色，作服"，五色即为青、赤、黄、白与黑。春秋时期的《孙子》一书中有记载："色不过五，五色之变，不可胜观也"。《辞源》中记载："（五色）谓青、赤、黄、白、黑也。古盖以此五者为主要之色。"由此可见，古代中国人民在社会生活实践中，已经逐步掌握了配色的基本原理。

公元 1500 年，欧洲文艺复兴时期的著名意大利画家达·芬奇，他认为："黄、绿、蓝、红四种色和白色及黑色是基本色彩。其他颜色都可以从六种基本色调合出来。"公元 1666 年，著名英国科学家牛顿发现了红、橙、黄、绿、青、蓝、紫七色光谱。19 世纪，著名英国物理学家扬·托马斯发展了三原色理论，他于 1802 年指出：红、黄、蓝是三原色。1866 年，德国物理学家赫尔姆霍兹修正扬·托马斯的"红、黄、蓝"三原色原理，为"红、绿、蓝"三原色光原理，称为著名的扬—赫尔姆霍兹原理。古代中国的"赤、黄、青、黑、白"五种基本色中的有彩色系"赤、黄、青"的三原色与扬·托马斯的"红、黄、蓝"三原色是相同的，而古代中国人民认识和发现色彩三原色的原理比英国物理学家扬·托马斯的三原色原理早大约 3000 年之久。

这些色彩文化，在我国当今的大学教育中，没有或极少提及。很多设计师、色彩从业者都没有这些理论做指导，实为中国传统色彩文化缺乏所致。

植物染色，也称"天然染色""草木染"，是利用草本植物提取染料对纺织物进行染色的一种方法。人类认识染料，是从矿物质开始的，早在六七千年前的新石器时代，我们的祖先就能够用赤铁矿粉末将麻布染成红色。人们逐渐发现，植物也可以做染料，而且颜色和牢度更好，于是植物染料逐渐代替了矿物染料。植物染开始成为主流，一直延续了几千年不衰。这门工艺随着 19 世纪中叶化学合成染料的发明和社会经济的快速发展，逐渐淡出了都市人的生活，今天，只在一些偏远、不发达地区依然保留着用天然染料染布的传统。然而，当我们逐渐清晰地认识到化学染料所用资源的不可再生，染料废水对河川、土地的污染以及染料化学成分对健康的隐性威胁时，不得不把目光投向先辈们的生活方式。传统的天然染色尤其是植物染色具有无污染、原料可再生、有益健康的优点，这对保护环境、节约能源有着极其重要的现实意义。植物染色才重新回到大众的视野。

本书旨在使纺织品设计专业、染织专业、服装设计专业乃至其他艺术专业的学生能够充分了解中国植物染的历史、成就，掌握传统植物染的基本技巧，从而不仅为当代纺织品、家居产品、服装服饰等的设计创新服务，更重要的是，为今后传承中国传统染织技艺及创建具有中国特色的家纺设计、服装设计、室内装饰设计等设计风格提供工艺、技术等方面的契机和条件。

随着老一辈手艺人的逝去，这门手艺已经几乎失传。文献资料少之又少，除了《天工开物》《齐民要术》《考工记》《本草纲目》等几本古籍有少量记载外，仅有 1938 年杜燕荪老师写过一本《国产植物染料染色法》，距今已有 80 年，再也没有一本详细系统的有关植物染色技法的书籍。目前，一些地方现存的几种技艺如绞缬、蜡缬、灰缬等已经不完全是原来的技艺，需要正本清源，还原植物染色技艺的本来面目。近年来，随着人们关注环保，追求品质，急需这门技艺，相关院校也急需这类教材。笔者在大学讲授这门课也经常有教师和学生询问是否能出一本书来满足更多人士的需求。作为此项目的非遗代表性传承人，我深感不安且责任重大，愿将祖辈传下来的技艺以及穷尽三十余年研究之心得成书，仅供大家参考。

编著者

2018 年 1 月

目　录

第一章
植物染色的历史

人类使用天然染料的历史可以追溯到距今5万年到10万年的旧石器时代。北京山顶洞人文化遗址中发现的石制项链，已用矿物质颜料染成了红色。早在六七千年前的新石器时代，我们的祖先就能够用赤铁矿粉末将麻布染成红色。居住在青海柴达木盆地诺木洪地区的原始部落，能把毛线染成黄、红、褐、蓝等色，织出带有色彩条纹的毛布。但这些都是考古研究的结果，因为那时还没有文字，无法记载。刚开始染色时，最早的出发点，根据人类学家的推测（并没有足够的证据去证实），是从泥染与炭灰开始的。当人们还是穿着兽皮在河边活动时，粘上了河里的泥巴，泥巴中的矿物质就附着在兽皮上，不容易掉色，泥巴的颜色不同，染的色彩也不同。另外，炭染就是以煮食后所剩余的黑色木炭为染料。虽然这些染料的坚牢度都不是很高，拍拍即会掉落，但是取材容易，只要再涂染一次即可。这时的染色概念还没成熟，只是停留在有限度的染色；或者称为广义的染色，也是包含了涂抹的累积性着色方法。涂抹的染色方式一直到汉朝还在使用，如长沙马王堆一号和三号墓的遗物中，就出现使用颜料来涂抹上色的丝制品。

第一节　商周时期

在中国虽然很早就出现了以蚕丝制衣的记载，染色的记载却出现得比较晚。到周朝以后才有较明朗与丰富的染色文献记载，并且在政府机构中，也出现有专司染色的机构。在西周时代，周公旦摄政时期，政府机构中设有天官、地官、春官、夏官、秋官、冬官等六官。在天官下，就设有"染人"的职务，专门负责染色的工作；另外，在地官下，设有专管染色材料的收集工作的官员。如在《周礼》上记载着管理征敛植物染料的"掌染草"和负责染丝、染帛的"染人"等的官职。

关于染色的文字记录，在中国的古籍《诗经》中的一首诗《国风·豳风·七月》："七月鸣鵙，八月载绩。载玄载黄。我朱孔阳，为公子裳。"很清楚地道出当时就已经出现了黑色、黄色、朱色的染色技巧。另外，在青铜器"颂壶"中，也有一段记载着周王赏赐的文字："……赤市朱黄"，《周礼》中亦有出现"绿衣素纱""衮衣赤舄"的描述。商周时期，染色技术不断提高。宫廷手工作坊中设有专职的官吏"染人""掌染草"，管理染色生产，染出的颜色不断增加。

在周朝时的黑色、赭色、青色大致上是一般百姓或劳动者所穿着衣服的色彩，一方面这些色彩在活动中较不容易显出脏的感觉；另一方面，这些色相的染料大都是色牢度较高，且染色过程不困难，素材取得也较容易。相对地，贵族的衣着色彩则丰富多了。其中，以朱砂染成的朱红色为最高贵与受欢迎的，因为朱砂的取得较不容易，因此价格也较贵。也因为朱砂的稀少性，只有特殊的阶层才负担得起染色费用，因此颜色具有阶级的标示作用。其他较明亮的色彩、较容易弄脏的色彩，如黄色也是贵族喜欢使用的服装色彩之一。

在《周礼·夏官》也有记载着当时掌管天子的衮冕、鷩冕、毳冕、希冕、玄冕等五冕，冕就是帽子。帽子的颜色都是"玄冕朱里"，外表是玄色，里子是朱色。并且使用五彩的缫，诸侯则是使用三彩缫。帽子是以"玉笄朱纮"系住，纮是系帽子的带子的意思，朱红就是红色的帽带。可见朱色是天子专用的色彩。

商周时期，使用的染草主要有蓝草、茜草、紫草、荩草、皂斗等。

第二节　春秋战国时期

可以从荀子的《劝学》《王制》《正论》中所提到的色彩相关叙述，了解到春秋战国时期的色彩使用状况。春秋战国时已能用蓝草制靛染青色，所以荀子在《劝学篇》中说："青取之于蓝而青于蓝"。意思就是说：青的颜色是从叫作蓝这种植物所提炼出来的，却比蓝的植物还要青；后来逐渐引申到比喻学生与老师的关系。《礼记》里的《玉藻篇》记载："玄冠朱组缨，天子之冠也，玄冠丹组缨，诸侯之斋冠也。"从此句话中可以知道，天子的帽子与诸侯帽子的色彩是不同的，在那个时代就已经利用色彩作为朝廷官阶的管理符征。另外，也可以知道朱与丹之色彩是不一样的。

在《考工记》中也发现留存有确切的染色记录，如"设色之工五"。此处的意思是说与染色的工作分成五种，这五种就是画、缋、钟、筐、慌等。画就是在成品上画图案，缋与画同是施彩的工作，钟就是管染色，筐就是印花工，慌就是练丝帛的工匠。"考工记"中记载着："画缋之事，染五色。东方谓之青，南方谓之赤，西方谓之白，北方谓之黑，天谓之玄，地谓之黄。青与白相次也，赤与黑相次也，玄与黄相次也。青与赤谓之文，赤与白谓之章，白与黑谓之黼，黑与青谓之黻。土以黄，其象方，天时变，火以圜，山以章，水以龙，鸟兽蛇，杂四时五色之位以章之，谓之巧。凡画缋之事，后素功。"后素功的意思，是指在上彩画完才画白色的背纹衬托。筐的印花做法是利用浆料增加稠度以隔离染料，可重复印制，形成反复的图案。在实际的染色方法的记载上，如"钟氏染羽。以朱湛丹秫，三月而炽之，淳而渍之。三入为纁，五入为緅，七入为缁。"朱湛的"湛"是厚重的意思，丹秫的"秫"是指黏稠的意思；经过三个月后就到达最佳的状态，再放入浸泡。三入、五入、七入就是指浸泡的意思，反映出当时的染色技术。如要取得较深的、较鲜艳的色相，就须通过反复的染色过程来完成。在文中出现的"緅"是指带黑色，也就是接近黑色；而"缁"是指黑色的意思。

关于实际的染色方法，《考工记》中亦多所记载，其中也出现有媒染剂的记录，如有"涚水"的记载。涚水就是现在的媒染剂的意思。再如"以涅染缁"，缁就是黑色的意思；涅的意思，根据汉末高诱注："涅，矾石也。"其作用是让许多植物性染料产生黑色沉淀，只要反复浸染其可得到黑色，这也是中国古代染黑色的方法之一。媒染剂除了绿矾、明矾之外，也使用椿木灰；战国时期的紫草也是通过椿木灰媒染的红色染料。另外，还有乌梅、碱等，也可以被用来当作媒染剂。

在《尔雅·释器》中亦有："一染縓，再染赪，三染纁"的记载。在这里的縓、赪、纁都是红色的色相，只是红的浓度不一而已。对不同浓度的红给予不同的名称，一方面可以看出中国古代对色彩的敏感度，另一方面也证明中国早就已经在运用重复染的技巧，以取得深浅不同的色彩，更足以说明古代中国人除了当时已经有了重复染的技巧之外，也使用套染的方法来染色。套染的技巧是以两种以上的染料连续来染色，以得到第三色。如先以蓝草染蓝色，在以栀子染黄色，就可以得到绿色。先以红花、茜草根染红，再以蓝草染蓝，就可以得到紫色，这种技巧在西周时期就已经被开发出来了。其他，尚有夹缬、绞缬等的染色技巧，以取得不同的花纹。在染料上，出现了蓝草、红蓝草、茜草、紫草、栀子、朱砂、赭石等。

在陆续出土的许多文物中，不乏战国时期的丝织品。丝织品有些是以丝的本色出现的，有些是经过染色的，如三色锦。虽然经过长久的岁月，在破脆的纤维间，还是可以发现深棕、浅棕、棕红、绛红、朱红、橘红、浅黄、金黄、土黄、槐黄、湘绿、钴蓝等的色相。

湖北马山楚墓中出土的不少丝织品，显示了战国时期染色的水平。如经锦的锦面采用经丝分区法布色，即先把经丝分别染成不同颜色按条纹状排列，再上机织造显示花纹。染色除用植物染料外，还有用朱砂颜料涂抹到经丝上，织出的花纹色调非常鲜明，富于对比变化。1957年在长沙左家塘战国墓也出土过同类丝锦，都是涂料染色织锦的较早标本。汉墓中还出土了不少的丝绣品，图案用色也比较负载多变，尤其在明暗色调对比方面见出长处。仔细看到的颜色，至少还有八九种之多，如深蓝、棕绿、灰绿、蛋青、紫红、深褐、金黄、粉黄等，其中以蓝、紫、褐诸色保存得最好，在染色工艺上必相当讲究，至今还显得深沉、明快、旧里透新。龙凤虎纹彩绣纹样颜色有朱砂、黑、绛红、深褐、土黄、粉黄、米色（近白）等七八种。鸟型纹样淡黄绢地，绣线颜色有深蓝、翠兰、绛红、朱红、土黄、月黄、米色等色。对龙凤大串枝彩绣纹样被面以绢为地，呈桑黄色，花纹色彩有深蓝、天青、绛紫、金黄、淡黄、牙白等六七种。马山一号墓出土丝织品图案如图1-1所示。

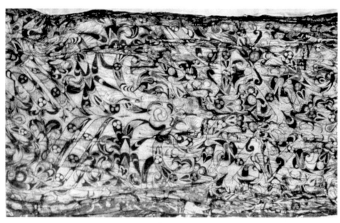

龙纹绣

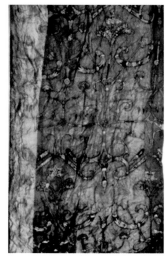

凤鸟花卉纹绣

罗地龙凤虎纹绣

龙凤纹绣

图1-1 马山一号墓出土的丝制品图案

第三节 秦汉时期

　　秦朝所使用的染料，大致上可以分成矿物性、植物性染料两种。矿物性的染料有赭石、石绿、石青、石黄、雌黄、雄黄等。植物性的染料有蓼蓝、马蓝、茜草、荩草、紫草、鼠尾草，蓼蓝、马蓝是染蓝色，茜草是染红色，荩草染黄色，紫草染紫色，鼠尾草染灰色与黑色。

　　秦朝的染色情况，也可以从新疆出土的文物中发现。如 1985 年新疆且末扎洪鲁克古墓出土的毛织品，仍然保有杏黄、石蓝、深棕、绛紫等的色彩。

　　汉代的色彩可以从出土的织锦中得知，当时的色彩使用更是丰富，《急就篇》中就出现缥、绿、皂、紫、绀、缙、红、青、素等色彩词。加上长沙马王堆所出土的文物中，有二十余种色彩的衣物。除此之外，还有金、银等金属丝线。西汉时，斋戒中，出现玄衣、绛缘领袖、绛裤等色彩的色相。在《后汉书》中的《舆服志》里，载有"通天冠，其服为深衣制。随五时色……"五时色即为春天穿青色，夏天穿朱色，秋天穿白色，冬天穿黑色。可是官员上朝时，却又是穿皂色，皂色为黑色。色彩的规定或流行，也随着朝代改变而有所不同。在战服上，《后汉书·窦审传》中，有"玄甲耀日，朱旗绛天"的形容。玄甲即是用铁制作的盔甲，是铁黑色的；朱旗就是朱红色的旗帜，映得满天通红。有如此的服饰、旗帜之色彩，当然也表示出汉代染色技术达到了相当高的水平。湖南长沙马王堆、新疆民丰等汉墓出土的五光十色丝织品，虽然在地下埋葬了两千多年，但色彩依旧鲜艳。当时染色法主要有两种：一是织后染，如绢、罗纱、文绮等；二是先染纱线，再织，如锦。1959 年新疆民丰东汉墓出土的"延年益寿大宜子孙""万事如意""阳"字锦等，所用的丝线颜色有绛、白、黄、褐、宝蓝、淡蓝、油绿、绛紫、浅橙、浅驼等色，充分反映了当时染色、配色技术的高超。

　　中国完整的服装服饰制度是在汉朝确立的。汉代染织工艺、刺绣工艺发展较快，推动了服装装饰的变化。汉朝尚火德，所以主红色和黑色。西汉建立时基本上沿用秦朝的服制。东汉时期穿黑色衣服必配紫色丝织的装饰物。汉朝的统治者为了巩固皇权的地位，建立了一套等级森严的官吏佩绶制度。佩绶又称印绶，所谓"绶"就是官印上的丝带。汉朝制度规定：皇帝、太皇太后、太后、皇后的佩绶是赤黄色，侯王的佩绶是深红色，诸国贵人、相国的佩绶是绿色，公、侯、将军的佩绶是紫色，紫色以下的佩绶分别是青色、黑色、黄色。在汉朝官场里印绶及其色彩是官阶的重要标志。普通老百姓的服饰色彩只能用复色，如茶褐色、黄棕色、棕色、灰色、银灰色和粉绿色。一年四季按五时着服，即春季用青色；夏季用红色；季夏用黄色；秋季用白色；冬季用黑色。汉代朝服的服色有具体规定，皇后的祭祀服，上衣用绀色，下裳用皂色。皇后的蚕服，上衣用青色，下裳用缥色（浅黄色）。女子服饰颜色丰富华丽，清新舒适，多变美丽，多以红褐色或白色镶边。深衣形制是上衣下裳相连接缝在一起；做祭服的中衣，要缘黑色边；作为朝服的中衣，需缘红色边。当时女子的留仙裙颜色艳丽，多为浅色，粉红、浅绿、水蓝、白色都很常用。男子服饰多为深色，蓝色、红褐色、紫色、黑灰色较为常见。

　　从在织物上画花、缀花、绣花、提花到手工印花的转变。目前见到的最早印花织物，是湖南长沙战国楚墓出土的印花绸被面。在长沙马王堆和甘肃武威磨咀子的西汉墓中，也都发现有印花的丝织品。马王堆所出的印花织物用两块凸版套印的灰地有银白加金云纹纱，工艺水平相当高。

袁宏的《后汉纪》中记载："自三代服章皆有典礼，周衰而其制渐微，至战国时，各为靡丽之服。秦有天下而收用之，上以供自尊，下以赐百官，而先王服章于是残毁矣"。即所谓"汉初定，与民无禁"。据史载，至汉文帝时，崇尚服色有了很大的争议。鲁人公孙臣主张汉既代秦，是土克水，应为土德。服色尚黄，丞相张苍则说汉朝方算水德之始，应崇尚黑服色，但汉文帝在祭天时，似牢记着刘邦为赤帝子的神话，既不服黄，又不服黑，只着赤色。服色改为尚赤，但却立了黑帝祠，似乎在五行崇拜中搞点平衡。班固修撰《汉书》时，也只好套用五行思维解释说汉朝"协于火德"了。

图1-2　湖蓝地云头花鸟纹

汉文帝采纳儒生董仲舒的建议，改易了皇服的颜色为黄色，但未禁止百姓服用，东汉又改为赤色，所以号称"炎汉"。

西汉时期的服饰实物，以湖南长沙马王堆一号西汉墓出土的最为集中和完整，出土的纺织品除少数麻布外，绝大多数为丝织品，品种有平纹丝织的绢、纱，素色提花的绮和罗，彩色提花的经锦，起绒提花的绒圈锦，以及经过印花彩绘和刺绣加工的丝织品和装饰衣物用的窄带绦等。绢的颜色有绛紫、烟色、金黄色、酱色、香色、红青色、驼色、深棕色、棕色、藕色、褐色、深红、绛色、朱红色、墨绿、白色等10余种。印花方法有印花敷彩和金银粉印花。

秦汉时期，人们在染色实践中发现了染色与空白的对比关系，认识到控制染色面积和染色形状可以形成空白的花纹，于是防染技术开始出现。这一时期，西南一些少数民族地区首先出现了用蜡做防染剂的染花方法。当时多用靛蓝，又有少量紫色、红色。上染之后，去掉蜡纹即呈现白色花纹，得到了蓝底白花或色底白花的花布（图1-2）。古代称其为"阑干斑布"，现代称为"蜡染花布"。而在汉代，观赏性的蜡染已开始出现了。西南地区蜡染艺术一直延续下来，至今贵州、云南、广西等地的蜡染仍然流行。

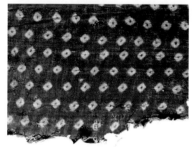

南北朝时期印染艺术较为突出的是绞缬（图1-3）的出现，绞缬也叫"撮缬""撮花""撮晕缬"，现代中国称"扎染"，而日本仍然还在沿用"绞缬"一词。根据《晋志》中的记载："八座尚书荷紫，以生紫为夹囊，缀于服外，加于左肩。"囊大约是现在的背于肩膀上的袋子之类的东西，叙述中的囊是紫色的，因此

图1-3　传统绞缬

中国植物染技法

也可以知道紫色的染色除了出现于服饰之外，也被应用在器物上。在南北朝时，我国大江南北又流行起"绞缬""夹缬"等染花技术，"蜡缬"也盛行起来。"绞缬"是先将待染的丝织物，按预先设计的图案用线钉缝，抽紧后，再用线紧紧结扎成各式各样的小簇花团，如蝴蝶、蜡梅、海棠等。浸染时钉扎部分难以着色，于是染完拆线后，缚结部分就形成着色不充分的花朵，很自然地形成由浅到深的色晕和色地浅花的图案。"夹缬"（图1-4、图1-5）的技艺则有一个从低级到高级的发展过程。最初是用两块雕镂相同图案的木花板，把布、帛折叠夹在中间，涂上防染剂，例如含有浓碱的浆料，然后取出织物，进行浸染，于是便成为对称图案的印染品。其后，则采用两块木制框架，紧绷上纱罗织物，而把两片相同的镂空纸花版分别贴在纱罗上，把待染织品放在框中，夹紧框，再以防染剂或染料涂刷，于是最后便成为白花色地或色花白地的图案，很像今天的蜡纸手动油墨印刷。

东汉《说文解字》中所罗列的纺织品的色彩名称达39种，其中绝大多数为丝织品。

图1-4　传统夹缬　　　　　　　　　　图1-5　花卉夹缬绢幡身

第四节　唐宋元时期

从《唐六典》关于诸道贡赋记载，就可知诸道织绫局生产了千百种色彩华美的绫罗锦缎、毛织物和百余种植物纤维加工精织的纺织品。在唐朝亦设有"染院"，专司染色工作。在皇宫内的建筑中，也有一个专给染色用的"暴室"，位于未央宫的西北处。当时官服也严密的规定，三品以上是穿紫色，四品、五品穿红色，六品、七品穿绿色，七品以下穿青色。这些色彩的服装是专供官方使用，一般百姓是不可以使用的。皇帝的黄色是以柘木（一说是黄栌）所染成的。黄色在五行中是属于中间的象征色彩，中间对中国人而言，是最尊贵的位置。以后逐渐变成了皇帝的专用色彩。在实际证物方面，从新疆吐鲁番古墓出土的许多织物中可以发现，隋唐时期已经出现印染的染色技巧，色彩也有 20 多种。所用的染料大致上是以植物性染料为主。

根据《唐六典》第 22 卷的记载，唐代的染色工坊有六处，分别专门染青、绛、黄、白、皂、紫。由此更可看出唐代的染色已经达到了相当的规模。《唐六典》第 22 卷里，也有："凡染，大抵以草木而成，有以花叶，有以茎实，有以根皮。出有方土，采以时月。"

唐代的印染技术全面发展而且成就斐然，这时的绞缬、夹缬、蜡缬都出现了惊人之作，套染、多重色彩的套印、手绘都开始发展。除缬的数量、质量有所提高外，还出现了一些新的印染工艺，如凸版拓印、用碱作为拔染剂印花；用胶粉浆作为防染剂印花，还有用镂空纸板印成的大族折枝两色印花罗。唐代的粉浆镂空版防染印花法，无疑曾接受了新疆地区兄弟民族的经验。这种印染品宋代叫"药斑布"，唯其版模更精细，调浆技术也有改进，这就是"灰缬"。在甘肃敦煌出土了唐代用凸版拓印的团果对禽纹绢，这是自东汉以后隐没了的凸版印花技术的再现。代表这个时期印染技术的纺织物如图 1-6~图 1-10 所示。

盛唐时期，夹缬印花的作品图案纤细流畅，又有连续纹样，已不是上述技术所能实现的。据专家推测，这时已能直接用油漆之类作为隔离层，把纹样图案描绘在纱罗上，因此线条细密，图案轮廓清晰，纹样也可以连续。这种工艺可称为"筛罗花版"，或简称"罗版"。这种设想已为模拟试验所证实。唐代诗人白居易有"合罗排勘缬"。"排勘缬"的意思是依次移动两页罗花版，版版衔接，印出美丽的彩色花纹图案。这句诗，正是对当时夹缬印花的描述。夹缬也有染两三种颜色的。现在日本京都市正仓院还保藏着我国唐代制作的夹缬和蜡缬的山水、鹿草木、鸟木石、象纹等的屏风，已属艺术珍品。

到宋朝时期，我国的印染技术已经比较全面，色谱也较齐备。明代人方以智的《通雅》记载，宋代仁宗时，京师染

图 1-6　卷云纹印花绢

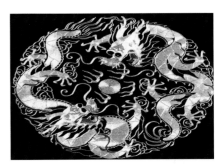

苏绣

蜀绣

粤绣

楚绣

图 1-7　刺绣

中国植物染技法

云锦

宋锦

蜀锦

图1-9 蜀锦

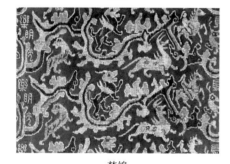

楚锦

图1-8 织锦

紫十分讲究，先染青蓝色，再以紫草或红花套染，得到"油紫"，即深藕荷色，非常漂亮。同时金代时染得的紫色则更为艳丽。

对于元朝时期的印染技术，明代杨慎在《丹铅总录》中说："元时染工有夹缬之名，别有檀缬、蜀缬、浆水缬、三套缬、绿丝斑缬之名"。名目虽多，但印染技法仍不出以上范围。

图1-10 妆花缎

第五节　明清时期

　　明朝的染织业大都是集中在芜湖一带。关于染色方面的记载，也存在于许多的资料中。如明朝宋应星所著的《天工开物》一书之"彰施第三"与"丹青第十六"中，记录着与色彩有关的信息。"彰施第三"里的内容与染色有关，"丹青第十六"是有关绘画中的色彩。如"彰施第三"的首篇，详细地记录下当时如何做工以染出大红色的纲要，以红花饼，用乌梅水煎出，再应用碱水媒染数次。不用碱水的话，也可以用稻草灰来取代碱。染的次数越多，色泽则越鲜艳。紫色则是用苏木来染，明矾作为媒染剂。大红官绿色是以槐花煎水，再以蓝靛染上。蛋青色用黄檗水染再入靛缸，玄色用靛水、芦木、杨梅皮分煎，附染包头青色使用栗壳或莲子壳加上铁砂、皂青矾等。可以看出古代中国人穿着的衣服色彩都是从植物所得到的，媒染剂也是以稻草灰、碱水或明矾居多。

　　另外，《明会典》织造条里记载，明代用来染色的染料有苏木、黄丹、明矾、栀子、靛子、槐花、乌梅、炼碱、木紫、茜草等，这里面包含了作为媒染剂的明矾、乌梅、炼碱等。明代尚有一本与染色有关的参考性书籍《本草纲目》，虽然是本药书，但对各式各样的植物特性有着详细的描述，也有许多可以作为染色植物的附带记载。这些植物既是中药材料，也是染色的原料。明代的染色生产活动除皇家专设"蓝靛所"为封建统治阶级服务外，在民间也开设有各种私家染坊，仅苏州一地就有染匠几千人（《明万历实录》361卷），染坊中又有蓝坊、红坊、红漂坊、杂色坊等不同分工。明代的云锦已经达到登峰造极的地步（图1-11）。

　　《天工开物》中与染色有关的篇幅中，出现的染色方法有20多种。在蓝色方面，记录有茶蓝、蓼蓝、马蓝、吴蓝、苋蓝等不同蓝色染料的名称。蓝染在唐朝时，就已经和红花染一起被传到日本。

　　明代官方设有颜料局，掌管颜料，当时用于制作染料的植物已达几十种。清代少数民族地区的各种印染艺术逐渐形成独特风格，做工精细，蜡纹纹密。

　　清朝设有江南织造局，专门为皇家贵族织染衣物，红楼梦的作者曹雪芹的祖先从曾祖父开始三代四人，担任江宁织造局的负责人。江南织造局下管江宁局、苏州局、杭州局等三个主要的编织染色机构。同时，染料的开发也随着织造业的发达而有所发展。

图1-11　云锦

第二章

植物染料的特点及来源

第一节　植物染料的定义及特点

一、植物染料的定义

　　植物染料是指提炼自植物且耐久不褪色的有色物质。同时，人们把能作为染料的植物称为"染料植物"。色素普遍存在于植物体内，如胡萝卜素、叶绿素等。在花和果实中，鲜艳的色彩使人很容易察觉到这些色素的存在，但有一些重要的植物染料，并不是那么显著。例如，它们可能是存在树皮中一些构造复杂的化学物质，甚至必须借助媒染剂的作用才能显色。大部分的植物色素都很容易分解、消失，只有一些能耐久不被氧化的，才能作为染料。

　　在古老的年代里，植物染料一直扮演着很重要的角色，从衣服、家居、建筑、食品到工具、艺术品等，都少不了植物染料的参与。然而由于取材与染法繁复等实用上难以克服的缺点，因此化学染料发明之后，植物染料就被取代。但是化学染料使用到今天，毒性与污染问题的渐渐突显，唤起人们重新对具有健康、安全、自然等特点的植物染料的关注。

二、植物染料的特点

1. 植物染料的优点

　　（1）采用原生态的染料植物为染料来源。这是大自然恩赐给人类的礼物，与人类共生共存，生生不息。

　　（2）使用天然染料染色不仅可以减少染料对人体的危害，充分利用天然可再生资源，而且可以大大减少染色废水的毒性，有利于减少污水处理负担，保护环境。在许多化学染料具有致癌危险的今天，虽然植物染料染出的色泽没有化学染料鲜艳，但是比较自然、健康。

　　（3）植物染色中部分染料是名贵的中草药材，染出的颜色不仅纯洁艳丽、色泽柔和，而且其最大的优点是不伤皮肤，对人体有呵护保养作用。许多植物染料兼具有药用成分。例如，黄蘖具有防虫效果，可用来染须长期保存的经书、账簿等；郁金所染之棉布亦有杀菌防虫效果，可用作幼儿内衣，或作为书衣，及野外工作防虫的衣料；染蓝的染草具有杀菌解毒、止血消肿的功效；染黄色的艾草，在民间是趋吉避凶的护身符；其他如苏枋、红花、紫草、洋葱等染料植物，也都是民间常用的药材，这些兼具药草与染料身份的植物，能使染料具有杀菌、防皮肤病、防蛇虫与提神醒脑等特殊疗效。

　　（4）天然植物染色主要针对的是天然纤维，而天然纤维与植物染料几乎是同宗同根，有很好的亲和作用。如染羊毛，天然植物染料使毛光润有油性，颜色柔和，不刺眼，不伤毛质中所含有的油性。对羊毛有保护作用，最大的优点是越用越漂亮，颜色越变越柔和，颜色保持年限可超过地毯的使用寿命。

　　（5）植物染色产品的颜色具有独特的魅力，除了具有天然的色泽以外，织物沉静柔和而具有安定力的气质。织物除了颜色的深浅变化外，色泽与色感并不因时日而改变。

　　（6）不同植物染料有不同的取用部位，有些植物甚至在不同部位就可染出不同颜色。如苏木的根可染黄，芯材可染红色，荚果可染黑色；薯豆的叶可染黄褐色，树皮可染黑色；橄榄的树皮可做红色染料，根可为黄色染料；红花甚至同时具有红、黄两种色素。同一种染材因取材时间、季节的不同，色相也会有所转变，所以植物染色应是最具有个性化色彩的染色方式。

植物染料是有机染料，其分子式复杂，受外部环境影响极大，但成色自然、朴实，浑然天成。很多颜色是自然形成，不需多次调配，个性化极强。

2. 植物染料的缺点

（1）与化学染料比较，植物染料须要较长的制取时间。植物染料须先种植、收集，再将色素提炼出来，较费时，染色方法繁复。除了染色程序较复杂外，如果想得到间色，也须分次套染，而化学染料可先将染料混合再进行染色。

（2）植物染料的着色较差，需要借助一些媒染剂和部分助剂。

（3）植物染料的成本较高，主要指收购成本、提炼成本、废渣处理成本。

第二节　植物染料的分类

植物染料来源广泛，自然界的植物很多都可以用来制作染料，且每年都可再生，是取之不绝用之不尽的染料来源。常用的植物染料大体可分为以下种类。

一、按化学结构分类

植物染料有多种化学结构，按化学组成可分为以下几种。

（1）类胡萝卜素类。如栀子黄。

（2）类黄酮类。如槐花黄、青茅草黄、杨梅黄、红花红、紫杉红等。

（3）醌类。如大黄黄、茜草根红、紫草紫等。

（4）多酚类。如石榴根黑、槟榔子黑、棕儿茶树皮黑、栗树皮黑、杨梅树皮黑等。

（5）二酮类。如姜黄素。

（6）吲哚类。如靛蓝。

（7）生物碱类。如黄檗。

（8）叶绿素类。如大多数绿色植物。

二、按颜色分类

这里的颜色是指纤维或织物染色后的颜色。

（1）红色系的植物染料。如茜草、红花、苏木等。

（2）黄色系的植物染料。如栀子、槐花、姜黄等。

（3）蓝色系的植物染料。如蓼蓝、菘蓝、木蓝、马蓝等。

（4）紫色系的植物染料。如紫草、紫檀（青龙木）、野苋、落葵等。

（5）绿色系的植物染料。如冻绿及含叶绿素的植物。

（6）棕色系的植物染料。如茶叶、杨梅栎木、栗子果皮、胡桃、冬瓜等。

（7）灰色与黑色素的植物。如菱、五倍子、盐肤木、柯树、槲叶（槲若），漆大姑、钩吻（野葛）、化香树、乌桕、菰等。主要是利用鞣质植物染料在纤维上经过媒染生成灰、黑色系。

三、按来源分类

1.**茶叶类染料**　中国是茶的故乡。茶是中国对人类、对世界文明所做的重要贡献之一。中国是茶树的原产地，是最早发现和利用茶叶的国家。我国茶叶根据制造方法不同和品质上的差异，将茶叶分为绿茶、红茶、乌龙茶（青茶）、白茶、黄茶、黑茶六大类（图2-1）。其中绿茶又分为炒青、烘青、晒青、蒸青，红茶分为工夫红茶、小种红茶、红碎茶三种，乌龙茶分为闽南乌龙、闽北乌龙、广东乌龙、台湾乌龙，白茶分为白芽茶、白叶茶，黄茶分为黄芽茶、黄小茶、黄大茶，黑茶分为湖南黑茶、湖北老青茶、四川边茶、滇桂黑茶。

茶叶中的成分归纳起来可分为水分（占鲜叶质量的75%~78%）和干物质（占鲜叶质量的22%~25%）两大部分，干物质又分为有机化合物和无机化合物。茶叶中主要有机化合物包括纤维素（24%）、果胶质（6.5%）、蛋白质（17%）、咖啡因（4%）、多元酚类（22%）、儿茶素（14%）、酶（3%）和有机酸（9%）等。在有机成分中，茶多酚和各种茶色素及其二级代谢产物与茶叶的色、香、味和品质有关。如绿茶不经发酵，保持茶多酚的原来化学结构，其单体为儿茶素；红茶是发酵茶，茶多酚经过氧化后形成茶色素，其单体为茶红素、茶黄素和茶褐素。

中国茶叶种植面积广，产量大，在茶叶的制作环节中产生的茶叶副产品相当可观，将这些副产品和一些低档茶叶用于茶叶色素的提取，可以达到提高茶叶的经济价值，合理开发和利用自然资源的目的。作为饮料使用的部分基本上仅仅是茶树枝叶顶端的少量叶片，而大量的茶叶、茶梗没有得到充分的利用，加上采摘和加工过程中先处理掉的老叶、茶果壳、粗茶梗、加工过程中产生的茶沫，存放时间长变质、变味的茶叶，冲泡过的茶渣等，这些都可以提取色素作为染料使用。

据笔者对茶染料提取和染色的结果表明，几乎所有茶类

绿茶

红茶

乌龙茶

白茶

黄茶

黑茶

图2-1　茶叶类染料

中国植物染技法

均可使用，仅是不同茶类染色后的色泽、色相、色光有不同而已。相对而言，发酵时间长的茶叶染色后的效果更佳。

除了本来意义上的茶叶品种以外，一些本来不属于茶叶类的也进入了茶类，如加入花草的花草茶；原本属于中药类的决明子、绞股蓝、马鞭草、苦丁等；属于花卉类的玫瑰、菊花、洋甘菊、金银花、扶桑花、千日红等；还有食品类的大麦茶等均可以作为茶叶类染料使用。

2. 花卉类染料 花卉类的染料不仅仅是指花朵，更多的是包含花朵的整株（图2-2）。花朵看似艳丽，色彩浓郁，但不一定都能作为染料使用。因为大部分的花朵所含的成分是花青素，在高温萃取时容易被分解，色素丧失。

花朵如万寿菊、栀子花、槐米、石榴花等可以作为染料，其他更多花卉的果实、枝叶、根皮等很多都可以作为染料使用，且使用的频率颇高。

3. 水果类染料 水果类染料的色素大多在果壳里，也有是在树根、树皮、树枝和树叶里。常见的水果类染料有石榴皮、柿子果实和树叶、杨梅枝叶、蓝莓等（图2-3）。

4. 蔬菜类染料 部分蔬菜可以用作染料，如甜菜和紫甘蓝。有些蔬菜中不是食用的部分，如丝瓜叶、洋葱皮、红薯叶等都可以做原料。有些药食两用的蔬菜，如紫苏等也可作为染料使用（图2-4）。

5. 中药类染料 植物中药材是植物染料选材最多的来源，绝大多数可

石榴花　　　　　　　　槐花

鸭跖草　　　　　　　　满山红

木芙蓉　　　　　　　　栀子花果

桃金娘　　　　　　　　藏红花

图2-2　花卉类染料

柿子　　　　　　　　　石榴

杨梅　　　　　　　　　樱桃

图2-3　水果类染料

以用来做植物染料。当然根据性价比的原则来挑选材料才是合理的。需要注意的是，由于原材料的产地不同，收购或采集时间的不同，色素会有很大的不同；提取的时间、方法不同，结果也会有较大的差异。常用的中药类染料很多，如黄色的大黄、黄芩、郁金，红色的藏红花、茜草，蓝色的青黛，黑色的五倍子等（图2-5）。

6.其他植物染料

（1）木本植物类染料。这是植物染料的主要来源之一，不管树皮、树根、树枝、树叶、心材，只要是含有色素并能用于纺织品染色的材料都可以采用，但不能以破坏生态为代价。比如不能对正在生长期的树木进行砍伐，而应该以正常砍伐、修剪后的树木进行分类，对树皮、树根、树枝、树叶进行收集，用来做染材。常见的木本植物染料有苏木、柘木、黄栌的心材，杜英、樟树、女贞子的树叶等；灌木类的很多植物也是不错的染料来源，如荆条、马桑等（图2-6）。

（2）草本植物类染料。除了正常种植的草外，野生的杂草应该作为首选，如葎草、荩草、飞机草、狼尾草、灰菜等（图2-7）。这类野草来源丰富，不会破坏生态资源，可以真正做到变废为宝、变害为宝。

（3）水生植物类染料。如荷叶、莲房、芦苇等都是不错的染料。

洋葱

紫苏

甜菜

紫甘蓝

图2-4 蔬菜类染料

姜黄

蓼蓝

木蓝

黄檗

马蓝

柘木果

图2-5 中药类染料

接骨木　　　　　　　　　　冬青果　　　　　　　　　　构树

麻栎树　　　　　　　　　　香樟树　　　　　　　　　　合欢树

图 2-6　木本植物类染料

紫背天葵　　　　　　　　　竹叶

马桑果　　　　　　　　　　红叶石楠　　　　　　　　　龙葵

芦苇　　　　　　　　　　　紫草　　　　　　　　　　　茜草

图 2-7　草本植物类染料

第三节　古文献中植物染料的种类

中国古代的一些农业书和工艺书都有关于染料和染色法的记载。先秦古籍《考工记》是中国第一部工艺规范和工作标准的汇编，书中"设时之工"记录了中国古代练丝、纺绸、手绘、刺绣等工艺，对织物色彩和纹样都做了详细而完整的叙述。《唐六典》有言，"染大抵以草木而成，有以花叶，有以茎实，有以根皮，出有方土，采以时月。"贾思勰着的《齐民要术》中有关于种植染料植物和萃取染料加工过程，如"杀双花法"和"造靛法"所制成的染料可以长期使用。明末宋应星编撰了中国第一部科技百科全书《天工开物》，有各种染料的制造、练制的化学工艺，以及各种染料在织物上的染色法的描写。其中，在"乃服"一章中，总结了丝、麻、毛、棉、丝织物纺纱织布的技术；并在"彰施"一章，记录了有关染色技术的应用。

《考工记·幌氏》中曾经记述"暴练"的操作工艺：先是"以涚水沤其丝七日，去地尺暴之"，而后"昼暴诸日，夜宿诸井"，共"七日七夜"。对于丝织物，因为它比丝线紧密，暴练的时候要"以栏为灰，渥淳其帛"，再"实诸泽器，淫之以蜃"，同样反复处理七昼夜。涚水和栏（jiàn）灰都是富含碱性的植物灰汁（碳酸钾等），栏灰就是楝木烧成的灰，而蜃是用贝壳煅烧出来的碱性更强的生石灰（氧化钙）。丝线和丝织物经过反复碱性灰汁或灰处理以后，就把纤维外面的大部分丝胶除去，有利于染色。织物染前的预处理——"暴练"大都在春季进行（即"春暴练"），以后便开始了大规模的"夏熏玄，秋染夏"。

栀子是我国古代中原地区应用最广泛的直接染料，《史记》中就有"千亩卮茜……此其人皆与千户侯等"的记载，可见秦汉时期采用栀子染色是很盛行的。栀子中主要成分是栀子苷，这是一种黄色素，可以直接染色天然纤维。又如富含小檗碱的黄檗（黄柏）树的芯材，经过煎煮以后，也可以直接染丝帛（图2-8）。

《齐民要术》中就曾经记述黄檗的栽培和印染用途。

小檗碱属碱性染料，用来染丝绢、羊毛等动物纤维很适宜，南北朝时期的鲍照曾经写出"剉檗染黄丝"的诗句，表明当时用黄檗染丝很盛行。这不仅由于它染色方便，也因为小檗碱具有杀虫防虫的效果。

茜草是我国古代文字记载中最早出现的媒染植物染料之一，《诗经》曾经描述茜草种植的情况（《郑风·东门之埠》："茹藘在阪"，"茹藘"就是茜草），并且讲到用茜草染的衣物（《郑风·出其东门》："缟衣茹藘"）。茜草根（图2-9）中含有呈红色的茜素，它不能直接在纤维上着色，必须用媒染剂才可以生成不溶性色淀而固着于纤维上。古代所用媒染剂大多是含钙

图2-8　黄檗

铝比较多的明矾（白矾），它和茜素会产生鲜亮绯红的色淀，具有良好的耐洗性。在长沙马王堆一号汉墓中出土的深红绢和长寿绣袍底色，都是用茜素和含铝钙的媒染剂染的。可以媒染染红的除茜草外，还有《唐本草》记载的苏枋木，也是古代主要媒染植物染料。这种在我国古代两广和台湾等地盛产的乔木树材中，含有巴西苏木精红色素，它和茜素一样用铝盐发色就呈赤红色。

《尔雅》中的"藐茈"（紫草，图2-10）是古代染紫色用的媒染染料。紫草根中含有紫草素。可以染黄色的媒染植物染料更多，如荩草中含有木樨草素，可以媒染出带绿光的亮黄色，古代专用荩草［古时称作鵱（lì）草］染成的"鵱绶"作为官员的佩饰物。又如栌木和柘木，"其木染黄赤色，谓之柘黄"（《本草纲目》）。槐树的花蕾——槐米，也是古代染黄色的重要媒染染料。桑树皮"煮汁，可染褐色久不落"（《食疗本草》《雷公炮炙论》）。栌木和柘木中含的色素叫非瑟酮，染出的织物在日光下呈带红光的黄色，在烛光下呈光辉的赤色，这种神秘性光照色差，使它成为古代最高贵的服色染料。《唐六典》记"自隋文帝制柘黄袍以听朝，至今遂以为市"，到明代也是"天子所服"。这一服饰制度以后也传到日本。

图2-9 茜草根

栎树（就是橡树，在《诗经》中称作"朴樕"，见《召南·野有死麕》）和我国特产的五倍子都含有焦棓酚单宁质；柿子、冬青叶等含有儿茶酚单宁质。单宁质直接用来染织物呈淡黄色，但是和铁盐作用呈黑色。《荀子·劝学篇》中所说的"白沙在涅，与之俱黑"，涅就是硫酸亚铁（古时又称青矾、绿矾、皂矾），用单宁染过的织物再用青矾媒染，就会"与之俱黑"。黑色在古代大都作为平民服色，到秦汉时期"衣服旄旌节旗皆上黑"（《史记·秦始皇本纪》）。以后对染黑所需的铁媒染剂数量越来越多，到公元6世纪前后，我国劳动人民便人工制造铁媒染剂。含单宁的植物还有鼠尾草、乌桕叶等，也是古代有文字记载可以染黑色的原料。

图2-10 紫草

《诗经·小雅·采绿》中的"终朝采蓝，不盈一襜"的蓝草，就是天然还原氧化染料，马蓝是蓝草的一种，如图2-11所示。蓝草中含有靛苷，经水浸渍以后可以染着织物，再经空气

图2-11 马蓝

氧化成蓝色的靛蓝泥（图2-12）。

　　红花是从古代就开始染红色的植物染料之一（图2-13）。秦汉时期，就有"种红蓝花以为业"的人。红蓝花是就红花，含有叫红花苷的红色素和一种黄色素。红花苷可用碱液从红花里浸出，再加酸就呈带有荧光的红色。《齐民要术》中曾经详细地叙述了从红花中浸渍和萃取染料的复杂的物理化学过程。当时用的酸是"粟饭浆水"和"醋石榴"等有机酸作发色剂。《天工开物》中又增添乌梅作发色剂。石榴和乌梅中的有机酸是多元酸，发色效果比"粟饭浆水"中的醋酸（一元酸）要好，中和的时候沉淀既快又颜色纯正。用红花染过的织物，如果要剥掉原来的红色，只要"浸湿所染帛"，用碱性的稻灰水滴上几十滴，织物上的"红一毫收转"。洗下来的红水也不丢弃，"藏于绿豆粉内"，以后需要的时候还可以再释放出来染红，"半滴不耗"。

图2-12　蓝靛泥

图2-13　红花

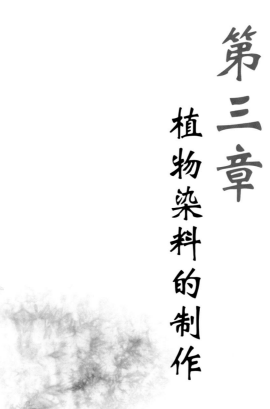

第三章
植物染料的制作

第一节　采集、储存及预处理

一、植物染料的原料采集

植物染料的原料都是来自植物，有果实、花卉、野草、枝叶等。它们的成熟都有季节性，采收也有季节性，最好是成熟时采集，及时晒干，含水率应在15%以下。

二、植物染料的原料储存

为了保证非采收季节时的正常生产，必须有原料的储备。原料的储存好坏直接影响染料的质量。一般来说，原料的储存量要够半年的生产量，多则够一年的生产量。储存期过长，质量下降太多。不同种类原料储存期也不尽相同，一般叶类、花卉、果实类储存时间不宜过长，根皮、心材、树根中药类储存时间可以长一些。

三、植物染料的原料加工前预处理

1.粉碎　目的是为浸取提供粒度均匀而合适的碎料，以便更迅速、更完全地浸出色素，提高产率，并保证产品质量。树木茎材类用普通粉碎机打成细条即可。枝叶类晒干，压紧即可。果壳类可打成颗粒存放，颗粒不必太小，有蚕豆大即可。

2.原料的筛选和净化　除去泥沙、铁块、石头等杂质以及发霉变质的原料。特别是铁质杂质严重影响染料的色泽，少量的铁质杂质就能使染料发黑。石块和泥沙带入产品后，增加了灰分指标，降低了纯度。霉烂变质的原料，色素已经破坏，颜色变暗，纯度大大下降，必须分别清除。

第二节　加工工艺

一、压榨法

压榨法是从天然新鲜浆果、花朵原料中提取色素的最简单方法，即用手工或机械的压力使色素被压榨出来。压榨的方法有手榨法和螺旋压榨法，手榨法只能用于小批量生产。压榨法一般利用压缩比为8∶1~10∶1的螺旋压榨机进行。

二、溶剂浸提法

这是目前最常用的方法。根据原料的不同选择不同溶剂进行浸提。亲水性强的多用乙醇浸提。主要流程是：

浸提罐提取→过滤→浓缩

三、微波萃取法

该法具有热效率高、省时、产品质量高、设备简单等优点。其本质是微波对萃取溶液和物料的

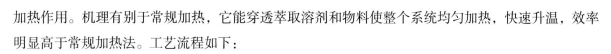

加热作用。机理有别于常规加热，它能穿透萃取溶剂和物料使整个系统均匀加热，快速升温，效率明显高于常规加热法。工艺流程如下：

原料的预处理→原料和溶剂的融合→微波萃取→冷却→过滤→溶剂与萃取部分分离→萃取部分

四、超临界流体萃取法

超临界流体萃取（SCFE）是一种新型的萃取分离技术，近 20 年来迅速发展，如对青蒿素的提取，大大提高了色素的溶解性和吸光度，获得了良好的精制效果。但投资费用高，一般以中小型的超临界萃取设备为宜。

五、超声波萃取法

这种方法是利用超声具有空化、粉碎、搅拌等特殊作用，对植物细胞进行破坏，使溶媒渗透到植物的细胞中，以使干植物中的化学成分溶于溶媒中，通过分离，提纯，以获得所需的化学成分。与常规的提取法相比，超声波萃取法具有实验设备简单、操作方便、提取时间短、产率高、不需加热等优点，目前得到广泛的应用。

六、水萃取法

这是最原始，也是最简单易行的萃取方法。目前仍然在广泛使用。

植物染料的人工提炼方法一般是在酸或碱溶液中煮练植物原料，也可在不加酸碱的水中煮练，容器不得使用含铁、铜、铅等金属容器，最好是不锈钢或搪瓷罐。不同的原料需要用不同的温度、时间、提取方法。一般染料直接用水萃取，有些染料需要加碱萃取，如芦苇、竹叶等。

一般来说，新鲜的染材与水的比例是 1∶5，干燥的染材与水的比例是 1∶10，前者可萃取 2次，后者可萃取 3~4 次。树皮、心材、树根或色素较多的植物，萃取遍数可以增加。萃取时间是水沸腾后 30~40min/ 次，花叶类萃取的时间是水沸腾后 30min/ 次。

操作流程：

采摘→清洗→切碎→水煮→过滤

第 2 遍及后面的萃取在第 1 次萃取后加同比例的水反复进行，然后将多次萃取的染液混合在一起做原液使用。

数量不大可以在家中用不锈钢桶萃取，工业化可以用反应釜萃取。如使用中药提取设备更好，可实现萃取、浓缩一体化。

七、生物技术生产等技术

由于天然原材料会随着自然条件的变动，原材料的质量、产量和价格均易波动。为了解决这个问题，人们开始采用生物技术来生产天然染料。采用生化技术选用含有植物色素的细胞，在人工精制条件下，进行培养、增殖，可在短期内培养出大量的色素细胞，然后用通常的方法提取。这类色素不仅安全系数高，而且均具有一定的生理机能或药用价值，易被消费者接受。

八、染液的储存

提取后的染液自然冷却后可以装进塑料桶里，密封储存。常温下可保存 1 个月，冷藏储存可达 3 个月以上。使用时因染液有些沉淀，需要摇均匀后倒出使用。如发现表面有似胶质或发霉状物体，可捞出扔掉，不影响染液使用。如染液沉淀、残渣多，需过滤后使用。

第三节　蓝靛制作法

与其他染料的制作方法不同，蓝靛有自成体系的制作方法。

周代以前采用鲜蓝草浸渍染色，所以《礼记·月令》有"令民毋艾蓝以染"的规定。到春秋战国时期，由于采用发酵法还原蓝靛成靛白，可以用预先制成的蓝泥（含有蓝靛）染青色，所以有"青，取之于蓝，而青于蓝"（《荀子·劝学篇》）的说法。公元 6 世纪，北魏的贾思勰在《齐民要术》中详尽地记述了我国古代劳动人民用蓝草制蓝靛的方法："刈蓝倒竖于坑中，下水，"用石头或木头镇压住，以使蓝草全部浸于水中，浸的时间"热时一宿，冷时二宿，"然后过滤，把滤液置于瓮中，"率十石瓮著石灰一斗五升""急抨之"，待溶解在水中的靛苷和空气中的氧气化合以后产生沉淀，再"澄清泻去水"，另选一"小坑贮蓝靛"，待水分蒸发后"如强粥"，盛到容器里，于是"蓝淀成矣"。这可以说是世界上最早的制备蓝靛工艺操作记载。

现代的蓝靛制作基本保持了传统制靛工艺，需要经过收割蓝草、浸泡、阳光暴晒、捞出蓝草、加石灰、洗石灰、打靛、捞靛花、沉淀、放去清水等操作流程（图 3-1）。

（1）收割蓝草

（2）准备浸泡蓝草

（3）用竹篱压住蓝草

（4）泉水流入浸泡池

（5）阳光暴晒

（6）浸泡了三天的蓝草 （7）捞出蓝草

（8）加石灰 （9）洗石灰水入池

（10）石灰中和 （11）开始打靛 （12）继续搅拌

（13）边搅拌边捞出靛花 （14）用网盖住靛花 （15）晾晒中的靛花

图3-1

025

（16）晒干的靛花　　　　　　　　（17）成品花青粉　　　　　　　　（18）滤水槽

（19）滤掉清水　　　　　　　　　　　　　　　　（20）滤过水的靛泥池

（21）靛泥装袋滤水

（22）池边滤水的靛泥　　　　　　　　　　　　（23）路边晒靛泥

图 3-1　现代的蓝靛制作流程

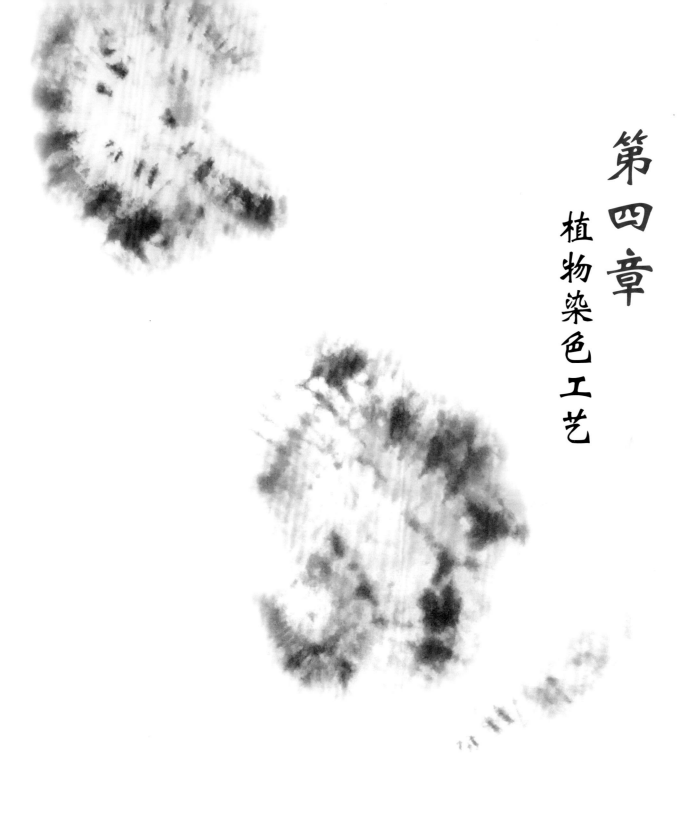

第四章

植物染色工艺

第一节 布料的染前处理

在做植物染色前，需要将布料（被染物）做一些处理。如已经做过漂白精练的织物，只需冷水浸泡均匀即可。假如是棉麻坯布，则需要做进一步处理。

一、精练处理

棉麻坯布或坯线需要把里面的杂质去掉才可以进行染色，这个过程叫"精练"。精练过的棉麻，线材可用 2%~3% 的烧碱当主精练剂，再加布重 0.5% 左右的洗衣粉当作辅助精练剂。用布重 20~30 倍的清水，放入不锈钢锅中煮练 1h 左右，煮时要不断翻动，煮后充分水洗，然后晾干即成。做过此过程后，不必再做退浆。

二、退浆处理

市面上买回的成品白布，在整理过程中都加了浆料，在染色前必须做退浆处理。方法是：将要染的布料放入热水（60℃左右）浸泡半天，并加以翻动，使浆料溶解，在放入洗衣机中，加入洗衣粉，如一般洗衣程序洗涤，清洗干净后即可去除浆料，也可以用手搓揉，冲洗干净后晾干即可。如想快速一些，可加适量的洗衣粉及布重 20~30 倍的清水放入不锈钢锅中煮练 30~60min，煮时要不断翻动，煮后充分水洗，洗后晾干。

目前使用最好的是用茶提出的茶碱作为前处理剂。可以达到退浆、精练一次完成。用量 10g/L，水温 95℃，时间 60min。处理完毕后，要充分洗净布料，勿留茶碱残液。

三、豆浆处理

蚕丝、羊毛等动物纤维主要为动物蛋白质，与天然染料和媒染剂可以产生非常良好的结合，染色效果好，所以不必再经过其他处理而直接染色。而棉麻纤维则不然，它们和媒染剂及天然染料之间缺乏亲和性，所以在染色之前可以用生豆浆浸泡处理，使棉麻布料充分吸收蛋白质，处理后充分晒干，再用来染色，可以得到较好的染色效果。

生豆浆可以在超市买到，直接用不必加水；也可以自己在家里用豆浆机制作，水量为黄豆量的 8~10 倍，如一般豆浆做法。**注意**：千万不要煮熟！

先将布料放入生豆浆中浸泡，要不断翻动搓揉，以免蛋白质局部凝固；浸泡一次约 20min，然后将布料拧干扯平，再晾晒。若要效果更好，晒干后可以再重复浸泡一次。**注意**：豆浆处理最好在晴天进行，否则容易发霉。处理好的豆浆布应保持干燥，以免因潮湿而产生霉点。

豆浆处理步骤如图 4-1 所示。

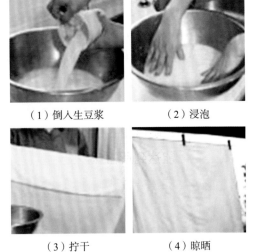

（1）倒入生豆浆　　（2）浸泡

（3）拧干　　　　（4）晾晒

图 4-1 豆浆处理步骤

第二节　直接染色

　　某些植物染料的天然色素对水的溶解度好，染液能直接吸附到纤维上，可以采用直接染色法染色的染料，如栀子、茶叶、黄檗、姜黄等。

　　染色过程：

　　被染物（布料、纱线、纺织品成品等）脱浆→浸泡→加入染液→加温染色→清洗→晾晒

　　染色条件：不同面料的厚薄、织造方法不同，时间有所不一，一般是染色30~45min，温度50~60℃。染液升温到35℃时开始放被染物，然后缓慢升温染色。

第三节　还原染色

　　这个技法主要是蓝靛的染色。我国传统所用的蓝色调织物均是用蓝草所含的靛质进行染色的，称为靛蓝。自然界这类植物很多，主要有菘蓝（又称茶蓝）、蓼蓝、槐蓝（木蓝）、马蓝（山蓝）、大青叶等。它们都含有靛蓝素，是典型的还原染料，还原后得隐色素靛白。这种染料不能直接显色，需要先将染料加酒糟发酵，然后加含有碱性的草木灰调和，染色后取出，在空气中氧化还原后才能得到需要的蓝色。

　　蓝染可以说是变数最多、难度最大的染色方法。由于蓝靛为颗粒状的氧化色素，直接调水后并不具备染着力，需要借助碱水与糖、酒、淀粉之类的营养剂发酵后使用，才能使本不具备染着力的蓝液转化为具有染着力的染料。

一、《齐民要术》记载的蓝染方法

　　北魏贾思勰著的《齐民要术·种蓝》专门记述了从蓝草中撮蓝淀（今叫蓝靛）的方法："七月中作坑，令受百许束，作麦秆泥泥之，令深五寸，以苫蔽四壁。刈蓝倒竖于坑中，下水，以木石镇压令没。热时一宿，冷时再宿，漉去荄，内汁于瓮中，率十石瓮，着石灰一斗五升，急手抨之，一食顷止。澄清泻去水，别作小坑，贮蓝淀着坑中。候如强粥，还出瓮中，蓝淀成矣。"这是世界上最早的制蓝淀工艺操作记载。

　　蓝草染蓝在古代商周时期，应用已相当普遍。《齐民要术》除对蓝草制靛作了系统总结外，还对靛蓝染色作了介绍。染色需在靛泥中加入石灰水呈碱性，配成染液使之发酵，把原来的靛蓝还原成靛白，靛白能溶解于碱性溶液之中，因此纤维上色，染完经空气氧化成蓝色。染蓝也需要多次复染才能达到所需深度，才能"青胜于蓝"。纤维的红中偏紫、绿中发青的体现，都离不开靛蓝与其他植物染料套染的结果。染蓝工艺经过从制靛、发酵、还原靛白、复染、套染复杂的过程，蓝色作为三原色中不可缺少的主色，在创造绚丽多彩的纤维世界里，它与其他植物染料配伍性能较强，利用靛蓝套染、拼色的广泛应用，靛蓝的存在为草木染技艺发挥着重要作用并保持着重要地位。

大家熟知的蓝印花布也属于蓝染范围，但蓝印花布不等于蓝染，蓝染的范围更大。除了直接染蓝以外，还可以通过与其他天然植物染料的套染得到更多的颜色。

二、民间蓝染的技法

民间蓝染的技法基本上保持了几百年来的传统工艺，具体操作工艺如下。

1. 配色（建缸） 把蓝靛倒入小缸中，5斤（1斤=500g）蓝靛配8斤石灰、10斤米酒，加适量水搅拌，使蓝靛水变黄，水面上起靛沫，民间俗称"靛花"，即可倒入大缸待染。

2. 看缸（养缸） 旧时调色下缸由看缸师傅一人做主，一般不传外人。每天清晨由师傅看大缸里的染色水是否成熟，用碗舀起缸中苗水，先用食指在头上轻擦一下，手指沾到油脂后，再放在碗边的苗水上，看颜色大小。如碗中水面迅速推开，说明缸中靛水颜色大；反之，缸中水必须经过灰酒调整，成熟后方可染色。在染坊中，灰（石灰）多称缸"老"或称"紧"，使蓝靛下沉布不易上色；酒多称缸"软"或称"松"，染时浮色多易掉色，这种技术比较难以掌握。"两鬓斑白，不识缸脉"，这是染坊老师傅讲得最多的口头俗语。

3. 下缸 缸水保持在15℃以上，一般在农历十月初生火加温，燃料为稻糠、棉（花）籽壳或木屑，它们的特点是基本没有明火，保温性能好。白天开炉加温，晚上关门封炉，直到来年三四月份气温升高后，方可停火。刮上防染浆的坯布，须浸湿后方可下缸。布下缸须浸染充分后出缸氧化，这样反复浸染七八次，直到颜色满意为止。

四季气候不同，蓝靛、灰、酒的稳定性差，按传统配方下料，未必能使蓝靛顺利还原。染坊师傅靠的是祖辈从实践中总结的经验，并根据不同状况调整缸中灰、酒的比例，使染色达到最佳效果。

三、《国产植物染料染色法》记载的建缸法

杜燕孙老师在《国产植物染料染色法》一书里记载有下列方法。

1. 绿（皂）矾染液法 皂矾与石灰两物，为此染液的主要药品，以产生还原作用，绿矾先于石灰作用，生成氢氧化亚铁及硫酸钙。氢氧化亚铁具有很强的吸收氧气作用，使自身成为氢氧化铁，夺去水中的氢氧根离子而将氢原子放出，在液内与靛蓝作用，使之成为靛白，因而溶解于过量的石灰水中。

此染液多适宜于染棉纱，以及防染印花的浸染。其缺点为含有较多的沉淀物如硫酸钙等，妨碍操作；且有铁质，极易附于纤维之上，而使颜色变为暗黑。

染液之制配，将靛蓝、石灰、绿矾三者，各和以适量之水，依次加入染槽之内；至液体变成黄绿色时，则反应已告完全。若液体仅呈绿色，还原尚未充分，需加少量绿矾，以助作用。如液色呈黑棕色，则为绿矾过多的表现，宜添加石灰以中和。染液中因有硫酸钙沉积，故使用多次后须重新配制新液。绿矾须纯净，若含铁渣，需将溶液放置后滤清而分离。

靛蓝研细后，用热水调和及石灰乳拌和均匀，再加绿矾及水，加热至60~70℃，注水至全量，放置之，使沉淀下降，经过二三小时，至液体呈黄色时，然后加入染槽之中以付染用。亦有做成储液者，染色时，加储液于水中即可。

比例：靛蓝 2kg，石灰 2kg，绿矾 1.5~2kg，水 400L。

染后在空气中氧化，如此提浸多次，至染得所需深度为止；水洗，用稀盐酸中和并除去付着于纤维上的钙质，水洗后晾干。

2. 锌粉石灰染液法 锌粉与石灰作用成为锌酸钙而放出氧气，故靛白得以生成。此法适宜于染布匹，染液可连续使用，且操作简单，渣滓甚少，较绿矾法为优。锌粉、石灰及靛蓝放至染槽，使其保持在 50℃之温度中，经 4~5h 后，则反应可以完全。

比例：靛蓝 2kg，石灰 1kg，锌粉 1kg，水 1000L。

3. 保险粉染液法 此液由保险粉及烧碱制成，是近代人通用的生产人造靛蓝的方法，天然靛蓝也适用。

靛泥 1kg，水 10L，烧碱 200g，保险粉 250g，搅拌 30min，制成储藏液。如将靛泥换成花青粉，只需 200g 即可。

储藏液浓度甚大，应用时染槽中先盛清水，加保险粉少许，以除去水中的氧；再依所需的浓度，加入适量的储藏液，搅动均匀，静置 30min 待用。

4. 发酵染液法 此染液为靛蓝染色最古老的方法。利用淀粉或糖类在碱液中，因某种酵素的存在发酵作用，放出氧气，而使靛蓝变为靛白；同时靛白能溶解于碱液之中。故在发酵染液内，必须含有下列物质，即酵母剂、酵母培养剂、碱剂。碱剂中和因发酵所产生的乳酸等及溶解靛白之用。酵母剂为茜草、菘蓝、地黄根等，地黄根为常用者。酵母培养剂为米糠、蜜糖等；酵母剂同时亦有培养酵母之作用。碱剂为石灰、碳酸钾、纯碱等，随意选择。此法的优点是所用原料价廉，只是配置不易，一有疏忽，全部耗损。染液配成后，可使用多时。我国蓝染多用此法，因用碱较少，适宜于动物纤维如毛、丝等之染色。

比例：靛蓝 3kg，糠皮 2kg，茜草根 3kg，石灰 3kg，水 500L；

或靛蓝 2~4kg，菘蓝 5~7kg，糠皮 3~4kg，茜草根 1~1.5kg，石灰 1.2~2.5kg，水 2700L。

先将酵母培养剂和水煮熟，然后将靛蓝及石灰一并加入染槽之中，用水调节温度，搅拌均匀，加盖密封；二三日后，液体呈黄绿色，搅动之后有闪光泡沫发生，棒沾染液，在空气中立即变青色，数日之后，即可使用。

发酵染液是否良好，完全依发酵是否完全而定。石灰过多，能阻滞发酵作用进行，宜多加带酸性的药剂〔如明矾、败尿（尿素）等〕；或适量的糠皮、酒类等以促进其发酵作用，使产生较多的酸质，借以中和过剩的石灰。酸性太强，染液的颜色变绿，使其氧化之，则很快变青，须立即加石灰以补救。时间过久，则发酵作用太过，可使靛蓝完全腐败。

杜老师还介绍了其他几种方法，笔者认为效果欠佳，且配制烦琐，故不采用。第三种和第四种最为常用。其他还有比较简单方便的方法，如烧碱、葡萄糖还原法。以烧碱 20g，葡萄糖 30~50g 作还原剂，靛蓝 100g，水 1L，加热到 30℃时，保持 10min，染液即成。还有用苏打、红酒渣、麦芽糖做染液配制的，方法甚多，读者可自行试制。

不同纤维染色需要的靛蓝染液有区别。简单地说，第三种方法适合染植物纤维，第四种传统方法适合染动物纤维。

建蓝缸不易，养蓝缸更难。蓝染房染师有言："两鬓斑白，不识缸脉"。就是说，即使（染师）

年纪大，头发白了，也不一定懂得养缸之诀窍。

养缸须每日两次，加少许白酒，隔三岔五还要加点糖类。染液用过后，有时因染物进出及液体与空气多有接触产生氧化作用，致使不能继续使用，则必须加入还原剂以纠正，务必使染液保持全部还原状态方可使用。天然蓝染，非一次可染深色，浓度高也没用，因为染料附在表面牢度甚差，不如淡染液但多次染色的牢度好。每染色一次，须氧化 10min，再进行下次染。深色、中色比浅色牢度要好。靛蓝染色可适度加胶质处理，方法是：100L 水，加 250~500g 天然胶，用轧辊均匀轧出多余液体，干后染色。加胶量不能超过靛蓝用量的 30%。

后处理：用靛蓝染色后，用淡肥皂水或中性洗涤剂洗涤，以增加耐摩擦牢度。

第四节　媒介染色

媒介染色是天然染色的主要方法，大部分植物染色都是使用的媒介染色方法。并不是所有的色素都可以轻易地染着在纤维上，纤维与色素的结合往往需要借助于媒介的帮助，这种媒介物称为媒染剂。媒染的作用除了具"发色效果"之外，还具有相当程度的"固色作用"，在天然染色中极为重要。

一、媒染剂在天然染色中的作用

某些植物染料天然色素对水的溶解度很好，染液成分虽然能直接吸附到纤维上，但染色牢度较差，需要采用助剂或媒染剂进行染色。有些染料虽然可以上色，但颜色很浅，甚至根本不上色，只有使用一些媒染剂后才可上色，使染料的分子链与纤维的分子链螯合形成新的完整的分子链，达到上色、增深以及增强色牢度的目的。同样的染料，使用不同的媒染剂或不同媒染剂的配比、使用的先后次序，得到的色彩也不同。这是天然染色与化学染色最大的区别之一。正因如此，天然染色的色彩才能更多、更丰富。不同的染材和希望得到的颜色需要使用对应的媒染剂。同时，使用媒染剂剂量的不同，得到的色彩不同，甚至染色的水质、温度、时间上的微妙变化都会影响色彩。

二、常用的天然媒染剂

1. **草木灰水**　利用木材、稻草、麦草，经过完全燃烧成灰后，筛出细灰，取灰加热水搅拌，沉淀之后即可取出澄清草木灰水。草木灰水是最早被利用的漂白剂与媒染剂，草木灰水不但可让染液发色，还可固色。经过草木灰水处理所染出的颜色更鲜丽，又不易褪色；利用草木灰水当媒染剂，能染出明度及彩度较高的色泽。

2. **醋**　一般常用米醋、乌梅汁、石榴汁等酸性汁液，在染色之前加数滴入染液中。尤其是染红色系的红花，就必须利用乌梅汁（乌醋）来中和，才能显出鲜丽的红色。

3. **石灰水**　利用生石灰加水搅拌，沉淀后取澄清石灰水即可，但易损伤纤维尤其是蚕丝。因此，染蚕丝时不使用石灰水为媒染剂，石灰水只用在染棉或麻布上。

4. **明矾**　属于透明结晶矿物质，加热水可溶解，尤其和茜草配合，所染出的色泽更艳丽。

中国植物染技法

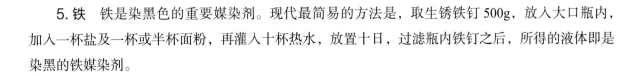

5. 铁　铁是染黑色的重要媒染剂。现代最简易的方法是，取生锈铁钉 500g，放入大口瓶内，加入一杯盐及一杯或半杯面粉，再灌入十杯热水，放置十日，过滤瓶内铁钉之后，所得的液体即是染黑的铁媒染剂。

三、金属盐媒染剂

媒染剂除了天然的草木灰、石灰、明矾石、铁锈水、醋等物不会产生公害外，也有使用多种含金属盐的化学品，如醋酸铝、醋酸锡、醋酸铜、醋酸铁等物，这些化学品或多或少对环境有些影响，但比起化学染料来说非常微小。其中铝、锡、铜等金属盐因用量极少，且醋酸易于分解，故仍颇具使用价值。不同金属盐做媒染剂，会产生不同的发色效果。

四、媒介染色的方法

1. 前媒染　即在染色上需将被染物浸泡完全后在媒染液里充分媒染，然后拧干，进入染色环节。染色后清洗浮色，然后晾干。

2. 同浴法　将媒染剂按比例加入染液，搅拌，过滤，加入被染物染色，清洗，脱水，晾晒。

3. 后媒染　先将被染物染色后，再加入媒染剂媒染 10~15min 后清洗，脱水，晾干。

需要说明的是，有些颜色根据需要，有时是前媒染和后媒染交替反复使用。方法是：前媒染→染色→后媒染→清洗→脱水→晾干。每反复一次，颜色增深一次，同时起到了固色的作用。这也是天然染色在不使用专用固色剂、增深剂的条件下能达到增深和固色的原理。

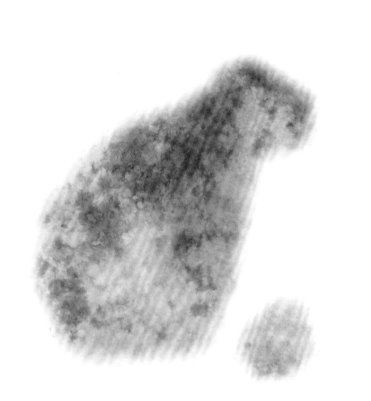

第五章
手工染色技艺

传统手工染色技法有多种，在我国概括起来有绞缬、蜡缬、夹缬、灰缬等四种，俗称"四缬"。

第一节　绞缬

绞缬所得的图案纹样是一般印花工艺无法得到的，它不仅体现了艺术与技术完美结合的整体美，更折射出民族文化的光辉，具有浓郁的民族特色和较高的艺术价值。人们通常把绞缬称为"没有针线的刺绣""不经编织的彩锦"（图5-1、图5-2）。

绞缬，又称扎染，在我国有着悠久的历史。该工艺始于秦汉，兴于魏晋、南北朝，风盛唐代。至北宋仁宗皇帝，因绞缬服装奢侈费工，下令禁绝，使中原绞缬工艺一度失传。东晋时，此种工艺已在民间广为流传。南北朝时期，出现了历史上有名的"鹿胎紫缬"和"鱼子缬"图案（图5-3、图5-4）。

隋唐时期，绞缬更是风靡一时，史料记载的绞缬名称就有"大撮晕缬""玛瑙缬""醉眼缬""方胜缬""团宫缬"等。在新疆阿斯塔那墓出土的绞缬织物上的针眼和折皱至今仍依稀可见，显示了唐代高超的绞缬技术。北宋初，绞缬工艺仍然盛行。但在宋仁天圣年间，唯有士兵方可穿戴缬类服装，民间禁止使用缬类制品。这项规定直到南宋时期才被废除。明清时期，洱海白族地区的染织技艺达到很高的水平，出现了染布行会。明朝洱海卫红布、清代喜洲布和大理布均是名噪一时的畅销产品。

绞缬的生产工艺分为扎结和染色两部分。它是通过纱、线、绳等工具，对织物进行扎、缝、缚、缀、夹等多种形式组合后进行染色。其目的是对织物扎结部分起到防染作用，使被扎结部分保持原色，而未被扎结部分均匀受染，从而形成深浅不均、层次丰富的色晕和皱印。织物被扎的越紧、越牢，防染效果越好。它既可以染成带有规则纹样的普通扎染织物；又可以染出表现具象图案的复杂构图及多种绚丽色彩的精美工艺品，稚拙古朴，新颖别致。蓝染是以青

图5-1　古代绞缬

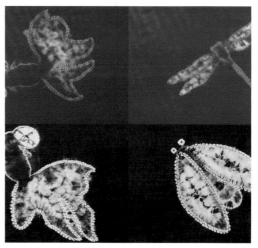

图5-2　当代绞缬

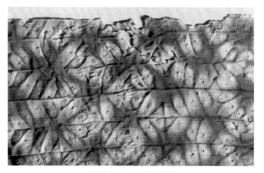

图5-3　鹿胎紫缬

图5-4　鱼子缬
（甘肃花海比家滩26号墓出土短襦　前凉）

白二色为主调所构成的宁静平和世界，即用青白二色的对比来营造出古朴的意蕴，且青白二色的结合往往给人以"青花瓷"般的淡雅之感。

做绞缬最大的好处是随心所欲，只要掌握基本方法，形状、图案、颜色、干湿、浓淡全凭个人喜好，制作者可按作品的用途，匠心独运，出奇制胜。

一、绞缬图案的设计

绞缬是一件富有创造性和趣味性的手工工艺，在制作之前必须有一个预先的构思和设计。首先要考虑使用者的爱好和要求，然后根据面料的质地和大小，再设计花纹的样式和在面料上的布局安排。绞缬从纹样形式上分为几何纹样（如散点、圆形、菱形、环形等）、异形纹样（如叶纹、花纹、波浪纹等）和具象花纹等。

绞缬工艺有一定的偶然性，所以纹样的选择不宜太具象和精细。在浸染过程中，由于花纹的边界受到染液的浸润，图案产生自然晕纹，凝重素雅，薄如烟雾，轻若蝉翅，似梦似幻，若隐若现，韵味别致，有一种回归自然的拙趣。

1. 染织物 主要有棉、蚕丝、毛、麻等织成的织物。较薄的织物易于染色，染出的图案较细腻、清晰。

2. 针和线 针用普通的缝衣针即可；线是捆绑织物的防染材料，所以要求结实不易拉断，可以用棉纱线、涤纶线、橡皮筋等。

3. 染料 所有的天然染料均可使用。但为了图案清晰，最好是使用能够染深色的染料。

二、扎结的技法

1. 捆扎法 捆扎法是将织物按照预先的设想，或揪起一点，或顺成长条，或做各种折叠处理后，用棉线或麻绳捆扎。

（1）圆形扎。将织物揪起一点，用线绳扎紧，可扎成同样大小的花纹，也可由小到大排列。这是一种简单的方法，可制作窗帘或裙料。

（2）折叠扎法。它是扎染中应用最广泛的技法，对折后的织物捆扎染色后成为对称的单独图案纹样；一反一正多次折叠后可制成二方连续图案纹样。

2. 缝绞法

（1）平针缝绞法（图5-5）。平针缝绞法可形成线状纹样，可组成条纹，可制作花形、叶形。用大针穿线，沿设计好的图案在织物上均匀平缝后拉紧。这是一种方便自由的方法，可充分表现设计者的创

（1）部分缝扎工具

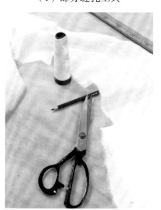

（2）工具

（3）画草图

（4）画好的图

图5-5

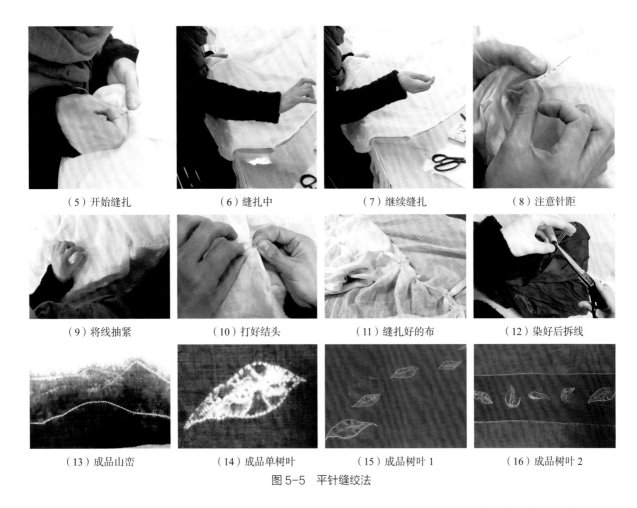

（5）开始缝扎	（6）缝扎中	（7）继续缝扎	（8）注意针距
（9）将线抽紧	（10）打好结头	（11）缝扎好的布	（12）染好后拆线
（13）成品山峦	（14）成品单树叶	（15）成品树叶1	（16）成品树叶2

图5-5　平针缝绞法

作意图。

（2）卷针缝绞法。利用针与布的卷缝可得到斜线的点状纹样。

3.打结扎法　打结扎法是将织物作对角、折叠、不同方式折曲后自身打结抽紧，产生阻断染液渗入的作用。打结的方式有四角打结、斜打结、任意部位打结等。

4.夹扎法　夹扎法是利用圆形、三角形、六边形木板或竹片、竹夹、竹棍将折叠后的织物夹住，然后用绳捆紧形成防染，夹板之间的织物产生硬直的"冰纹"效果（图5-6~图5-8）。与折叠扎法相比，黑白效果更分明，且有丰富的色晕。

5.折叠夹扎法　用屏风式折叠法折叠织物，用条状木板夹住织物的两面，

图5-6　夹扎工具及效果

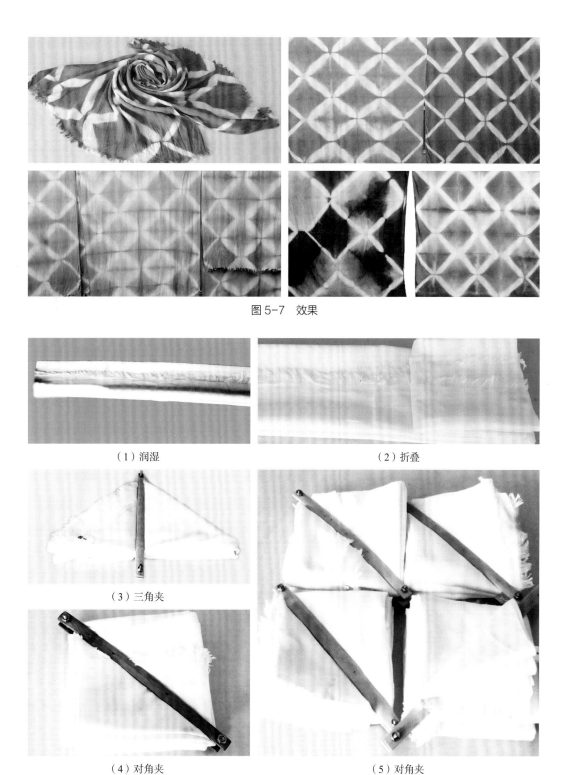

图 5-7　效果

（1）润湿　　　　　　　　　　（2）折叠

（3）三角夹

（4）对角夹　　　　　　　　　　（5）对角夹

图 5-8　夹扎流程

木条两头用线扎紧，可做成连续图案（图 5-9）。

6. 包染法　将面料中包入豆子、硬币或小石子等不会被染也不会被破坏的小物体，再如同自由塔形一样把其扎紧。

7. 卷扎法　准备粗笔杆、筷子、不锈钢管等，将织物卷在其上，注意不要太厚。然后将织物用力向之间挤压，用线

图 5-9　折叠夹扎法效果

扎紧，可染出漂亮的微波纹。

8.综合扎法 将捆扎、打结扎、缝绞及夹板等多种技法综合应用，不同的组合可得到丰富多彩的效果。

9.任意皱折法 任意皱折法又称大理石花纹的制作，是将织物做任意皱折后捆紧，染色；再捆扎一次再染色（或做由浅至深的多次捆扎染色），即可产生似大理石纹理般的效果。

三、染色方法

先将扎成的织物在清水里浸泡湿透，然后轻轻挤去水分待染，因为湿料有利上色均匀。染锅里的水量以能浸没织物为准。

1.浸染法 浸染法也称"冷染法"，主要是靛蓝染。将扎好的织物放入配制好的染液中浸泡一定时间，氧化，然后用清水冲洗，解结，再冲洗，晾干熨平。

2.煮染法 这是大部分天然染色需要的方法。将扎好的织物放入染锅内染色，再用竹筷不停地翻搅织物，使之染色均匀，温度一般是60℃左右，染色30min，打开结，清洗，晾干，熨平。

3.蒸染法 将扎好的织物先浸泡于染液中染色15~20min，然后放入锅内蒸30min固色，打开结清洗，晾干，熨平。此方法也适合手绘。

绞缬染色可染单色，也可多个局部染不同颜色，还可以套染以达到更丰富的色彩效果。

绞缬是一门工艺性特强的艺术，其创意观念必须贯穿始终。由于其自然形成的扎染纹理和微妙的晕色效果具有极大的偶然性，一般印染机械或绘画手段难以达到，这也正是手工绞缬艺术的珍贵之所在。但是任何一种珍贵的工艺品，其成功均有赖于一定的材质和手段，因此，不能因绞缬工艺的形式广受人们喜爱，就不论材质是否适合工艺特点进行滥用。其操作技艺细腻严谨，一般比较适合家庭个人或小规模小批量的制作。

第二节 蜡缬

蜡缬，现在叫"蜡染"，因用蜡作防染剂而得名。《贵州通志》记："用蜡绘花于布而涂之，既去蜡，则花纹如绘。"蜡染是用铜刀、钢壶笔或毛笔（排笔）蘸蜡液在布上画出纹样，待蜡凝固，自然或人为生（做）成微妙的裂纹后，放入缸内染色。涂蜡的部分不着色，呈其本色，而未涂蜡的部分和蜡的裂纹中，染料渗透则着染而形成纹样。经沸水煮去蜡质，水洗后即成花纹如绘，并具有独特的"冰纹"似的艺术作品（图5-10~图5-13）。

图 5-10 蜡缬 1

图 5-11　蜡缬 2

图 5-12　蜡缬 3

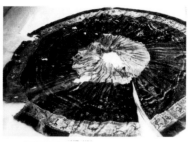

图 5-13　蜡缬 4

一、蜡缬所需的布料类型

蜡染所需的布料以粗厚型棉布为主。制作古朴风格的蜡染产品，一般选用粗厚的本色棉布。如果要制作现代韵味的蜡染作品，可选用漂白薄棉布或丝绸、麻布等。选用哪一类面料，完全取决于制作者的设计意图和作品的用途。棉布规格品种齐全，价格便宜，有着较大的挑选范围。另外，棉布耐高温，特别适合高温下的画蜡、脱蜡工序，而且家庭染色方法简便。因此，棉布是蜡染的理想面料，在世界各国广泛采用。

制作高档蜡染产品，也可选用真丝类面料，如真丝双绉、真丝素绉缎、真丝桑波缎、电力纺都是上等的蜡染面料，专门用于制作高档时装、床罩等。在日本，这类面料多用于制作蜡染和服和供审美的艺术品。真丝电力纺比较薄，多用于绞缬工艺，也有少量的用于制作蜡染产品，一般用于制作蜡染方巾、围巾等。麻类织物也可用于制作蜡染服装。只是近几年真丝和纯麻织物的价格都比较高，不太适合初学者使用。

二、蜡缬的工具

蜡缬的工具主要是画蜡刀，各国各地的不一样（图 5-14~图 5-16）。

图 5-14　中国蜡刀

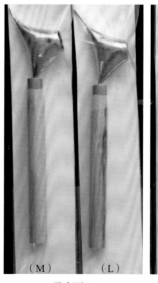

（M）　　（L）　　（双头笔）　　（XL）

马来西亚　　　　　印度尼西亚

图 5-15　马来西亚、印度尼西亚蜡刀

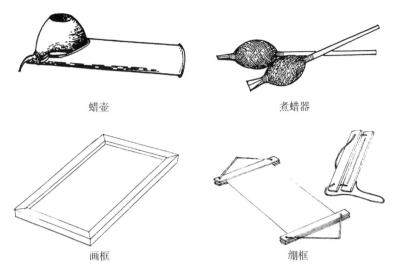

蜡壶　　　　　　　　　煮蜡器

画框　　　　　　　　　绷框

图 5-16　其他工具

图 5-17　石蜡

三、蜡缬所需的防染材料

蜡染所采用的防染材料非常丰富，每种都有着自己的特点，最常见的有以下几种。

1. 石蜡　石蜡是一种矿物性的合成化合物，是从石油中提炼制成的白色半透明固体，它的熔点比较低、黏度小、易碎裂、易脱蜡，是制作各种蜡染裂纹的理想防染材料（图 5-17）。

2. 蜂蜡　也称蜜蜡、黄蜡，是采集蜂巢提炼而成，蜂蜡以黄色为主，也有少量白色，它的特点恰与石蜡相反，黏性极大，不容易碎裂，多用于画细线和不需要裂纹的地方，它会使图案过于呆板，不宜大面积单独使用蜂蜡。另外，蜂蜡极不容易脱蜡，价格也很高（图 5-18）。

3. 木蜡、白蜡　都属植物性蜡，是从树、果皮中提炼而成，优等木蜡、白蜡黏性适中，比较适合单独使用。在台湾和西南少数民族地区有使用木蜡、白蜡来绘制蜡染图案（图 5-19）。

4. 松香　熔化后黏性极大，多与石蜡配合使用（图 5-20）。

各种防染材料是单独使用，还是混合使用，应根据制作者的设计意图来决定，同时还应考虑到画面的大小、气候的冷暖、布料的质地、染料的特性以及裂纹的要求等因素。也可按图案要求，某些地方单独用蜡，而另外的地方使用配合蜡。有时为了达到某种特殊裂纹效果，还可加入一些凡士林油、食用油等。有的地方还有微粒蜡出售，用这种蜡制作的作品，裂纹多呈细密网状。在英国、美国还有一种冷松香防染材料，染色后，只需用冷水冲洗就能脱蜡，使用起来就方便多了。

图 5-18　蜂蜡

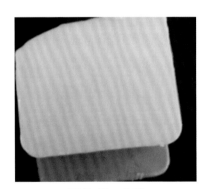

图 5-19　木蜡

图 5-20　松香

四、染料

由于大部分天然染料都需要加温，而加温后防染的蜡容易融化，影响花型，所以基本上只能采用常温染色的染料。最常用的染料是靛蓝，其他渗透性强的天然染料也可以使用。

五、蜡缬制作步骤

1. 画蜡

（1）画蜡前的处理。先将自产的布用精练剂去杂质，漂白洗净。

（2）溶蜡。用溶蜡器溶解成液体状即可使用。

（3）画蜡。把白布平贴在木板或桌面上，把蜡放在陶瓷碗或金属罐里，用火盆里的木炭灰或糠壳火使蜡融化，也可以用溶蜡器溶解后便可以用铜刀蘸蜡作画。有的人照着纸剪的花样确定大轮廓，然后画出各种图案花纹。也有人则不用花样，只用指甲在白布上勾画出大轮廓，便可以得心应手地画出各种美丽的图案（图 5-21）。

图 5-21　画蜡

2. 封蜡　封蜡主要针对制作彩色蜡染或大面积白底蜡染时用到的工艺（图 5-22）。制作彩色蜡染作品时，事先将图案线条画好，然后将彩色染料兑水后用毛笔填在图案上，待染液晾干后用蜡将色块封上，以免下染时被覆盖，制作白底蜡染的操作方法相对简单，直接在布上用蜡封上即可。封蜡时要保持蜡温在 70℃左右，这样蜡液才能穿透棉布达到防染效果。

3. 染色　画蜡后就可以染色了。一般染色温度以蜡不融化为宜。建议常温染。

4. 脱蜡　蜡染作品染色之后，需要把织物上的蜡块除去。最简便的脱蜡方法是：找一个能加热的容器，里面盛满水，再加上一些洗衣粉，加热，使水温升至 95~100℃，将织物投入水中，皂煮几分钟，织物上的蜡块就会被熔化，并浮在水面上。如果一遍脱蜡不彻底，可加碱重复一次。除蜡后，用清水冲洗干净，最后烫干。也有先用旧报纸铺在作品上，用熨斗加温烫，使一部分蜡吸附在纸上，再做热水脱蜡。

图 5-22　封蜡

第三节　夹缬

　　这是一种古老的手工制作技法，至今已有近两千年的历史。古时候制作夹缬，多采用雕刻精美的花版，成对夹固面料，投入染缸染色。那时受染料的局限，主要是单色产品，但也有彩色夹缬（图5-23~图5-25）。

一、夹缬版

　　家庭手工印染要雕刻两块图案相对的精美夹缬版不容易，但可采用两块现有的凸版进行夹染，同样能产生出有趣的图案。另外，也可用木板制作一些简单的几何形夹缬，把布料按一定规律进行折叠组合后再进行夹染，也能制作出变化丰富的夹染花纹。夹染属对称花纹，产品多以四方连续花纹出现，有一种统一之中求变化的美，它的花纹色彩过渡自然，层次分明，是制作室内装饰、服饰的理想面料。

　　现在制作夹缬最好采用耐高温的工程塑料或不锈钢板。普通的木板制作起来虽然比较方便，但由于木头吸收染液，往往只能使用一次，第二次使用时，就可能出现串色现象。夹缬可制作成长方形、三角形、半圆形或简单的自然形（如蝴蝶、花朵、鱼形、鸟形等），每种夹缬版都应成对制作。有时也可找所需大小的竹筒对半锯开，用竹筒夹染出的花纹也别有一番情趣。锯好竹筒以后，在边上再锯一个槽或钻上一个洞，便于捆扎或夹固。另外，也可使用生活中常用的铁夹、木质衣夹进行夹染，同样可以收到很好的艺术效果。塑料衣夹只适合低温染色。普通的麻绳、丙纶裂膜绳都可用于捆扎夹缬。如果是经常使用，可用不锈钢螺丝固定，使用起来十分方便。

　　一些夹缬版如图5-26、图5-27所示。

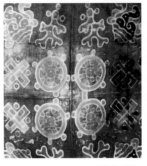

图5-23　传统夹缬

图5-24　花卉夹缬绢幡身

图5-25　唐晚时期夹缬

图 5-26　夹缬版　　　　　　　　　　　　　　图 5-27　夹缬版细节

二、图案设计与制作

夹缬对面料的吸水性要求比较高，吸水性越好，色彩渗透越自然。面料选好以后，用电熨斗先把面料熨烫平整，然后按设计意图决定折叠的宽度（折叠得越宽，花纹就越大；反之则越小）。折叠时应按手风琴折折叠，一边折叠，一边熨烫定型，应力求折叠、熨烫平整，这样制作出的图案才能规则统一。对要求比较精细的折叠，或图案呈放射状的折叠，可通过计算，先进行串缝，最后把线收紧使其自然起褶。把布料折叠成长条以后，可用多种折叠方法，把布料折叠成四方形、三角形等形状。

利用木质衣夹、文具夹进行夹固。这种夹固方法十分方便，根据疏密、长短变化的规律，把折叠好的面料进行自由夹固，染色后可得到对称的以小方点组成的方形图案，或者是对称的以长条形组成的条形图案。如果在木质衣夹或文具夹的下方分别放上硬币、纽扣之类的圆形物，染色后又可得到由圆点组成的圆形图案。

利用长方形木条夹固，应注意木条不能与折叠好的布边呈平行状，这样染出的作品将会出现条状，缺少变化。应使木条与折叠好的布边呈一定的角度，这样染出的作品才会是由四方连续菱形图案构成，变化比较丰富。夹固时可采用一组夹板，也可采用两组或三组夹板进行夹固。为了丰富画面，也可在长木条夹板的四周夹上一些木质衣夹，这样染出的作品有点有线，图案显得更加丰富多彩。还可先对折叠好的布料进行夹固，把余出的角分别用扎染的方法扎牢，这样染出的图案也十分有趣。

三、整体染色

将整体染液调配好（染液以能足以浸没夹缬版为准），加热至 40~50℃时，把夹好的织物浸入染液，染色 20~30min。直接染色至 15min 时加入一半食盐，续染 15min 后再加入另一半食盐，再继续染 15min 左右。染色完毕之后，取出织物自然降温。然后用水冲洗净表面的浮色，用剪刀剪开捆扎绳，再用清水反复冲洗后晾晒熨干。

夹染主要是利用织物被夹固以后，染液难以渗入的特点而产生花纹。因此，如何准确地控制染液的渗透变化，是制作夹染的关键所在。要恰到好处地出现渗透花纹，与染色的时间、夹固的松紧、面料的吸水性、染料的上染性能和染液的温度等因素有关。只有在实践中逐步摸索，才能掌握染色技巧。

第四节　灰缬

唐朝有一种专门的碱性印花，简称为"灰缬"，即用碱性的防染剂进行防染，工艺类似于今天的蓝白印花。印染操作：是把镂空花版铺在织物上，用"抹子"把防染浆剂刮入花纹空隙漏印于织物上，晾干后浸染于靛蓝之中，浸染十余次，从浅到深浸染完毕晒干，然后除去防染浆粉，即显现出蓝白花纹。防染用的豆粉、石灰混合成的糊状物俗称"灰药"，此糊状物是通过型版而漏印到坯布上，形成花纹。待布匹浸染晾干后，去掉"灰药"的部分是白色花纹，其他就是染上去的颜色。印制时可以一块型版为单位，拼接灵活，纸质型版轻便，易于移动和清洗，劳动强度大为降低；一幅型版可用多年，防染的灰药材料也是平常物，价格低廉。由于这些缘故，蓝印花布的生产作坊流行各地，而蓝印花布也成为中国蓝染业的主流。

图5-28　灰缬（二十四孝局部狩猎纹）

最早的灰缬是既有单色染也有多色套染彩色的。到了近代，随着化学染料的普及，植物染料逐渐被人们所遗忘。由于做工复杂、价格昂贵，普通乡间用得较少，传统的彩色灰缬工艺逐渐失传了，造成现在的人们只知道蓝印花布而不知道灰缬以前是多色的世界（图5-28、图5-29）。

图5-29　宝花水鸟纹灰缬绢

一、灰缬加工程序

1. **裱纸**　采用牛皮纸，用野柿子捣汁光水胶合皮纸，优点是不溶于水，不起皮。裱10~12层，覆在平板上，可保持坚挺平整。

2. **描稿**　将两三层纸版钉在一起（一次可雕刻两三层），然后在纸版上面一层描绘事先设计好的图案或将已有花纹刷印于纸版之上。

3. **刻版**　用专用刻刀照纸版上的花样镂刻成透空的漏版。刻刀一般有圆口、弧口、平口、斜口等。圆口刀又称"镂子"，有大小数种，主要用来铣圆孔。弧口刀又称"曲刀"，各种弧度，用于刻月牙和尖瓣。平口刀用于刻直线和尖角。斜口刀则可立刃走刀，能将较长的线条一气呵成。刻版时，纸版下面垫上蜡盘，蜡盘一般用蜂蜡熔炭填入木盘内制成（图5-30）。

4. **上油**　先用卵石把刻好的花版打磨平整，并打上蜡，称作研版。然后给模版上深桐油或泚油，晾干后即可使用。

5.调料 防染浆料可用四成黄豆粉、六成熟石灰加水调成糊状。石灰和黄豆粉都要越细越好，否则会影白花的亮度。

6.刮浆 用牛骨或木板做的"抹子"将防染剂刮入花纹空隙，操作要求平整均匀（图5-31）。

图5-30 刻版

图5-31 刮浆

7.入染 将刮有防染剂的白布晒干，在35℃温水中浸泡，也可在温水中加入适量猪血浆，用来紧固灰浆。同时染后呈现紫色，直至浸泡发软后即可入染。染其他颜色工艺同上，只需将染料换成不同颜色染料即可。

二、蓝印花布

蓝印花布是在明清时期发展起来的，所有工艺基本延续了灰缬。其加工用的花版如图5-32所示。传统蓝印花布如图5-33所示。现代型染蓝印花布如图5-34所示。

图5-32 传统蓝印花布花版

图5-33 传统蓝印花布

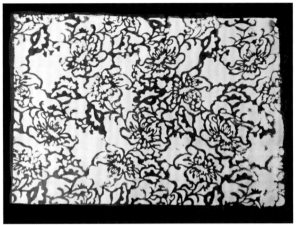

图 5-34　现代型染蓝印花布

三、彩色灰缬

为改变当前灰缬只有蓝印花布一种的现象，作者用型染的方法，用棉布制作出不同颜色的灰缬（图 5-35~图 5-41）。

图 5-35　淡黄

图 5-36　浅蓝

图 5-37　驼灰

图 5-38　粉红

图 5-39　深灰

图 5-40　绿黄双色

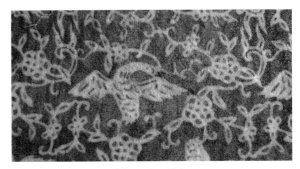

图 5-41　紫色

丝绸上一样可以做灰缬的型染，如图 5-42~ 图 5-46 所示。

图 5-42　红色天书

图 5-43　墨绿天书

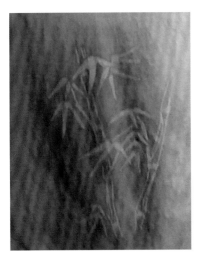

图 5-44　绿色竹子

图 5-45　紫色竹子

图 5-46　丝绸灰缬

第五节　云染

云染，因染成的花纹与云朵相似而得名。严格意义来说，应该属于绞缬一类，但又不完全与绞缬相同。云染作品如图 5-47~ 图 5-49 所示。

图 5-47　云染裙子

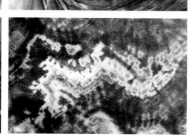

图 5-48　云染丝绸

图 5-49　云染丝巾

云染工具很简单，几根橡皮筋，一个塑料网兜即可（图5-50）。云染加工的基本工艺流程如下。

一、揉花

将被染物用水浸泡透，拧干，正面朝上，平铺于光滑的桌面，用手指旋转揉花，大花纹用五个手指，小花纹用三个手指。正旋转与反旋转交替使用，归拢后成球形，用有网眼的渔网或塑料网兜装起，固定。

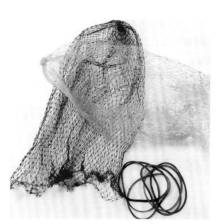

图 5-50　云染工具

二、单色云染

根据需要采用相应染色方法，如直接染、媒介染、还原染。如需深色，需第一遍染色后，不拆开网兜，媒介染需做后媒染，再入染锅做第二遍染色；还原染在第一遍染色完后，取出去氧化15min后再次入染锅做第二遍染色。打开后观察花型，如留白太多可重复第一遍揉花工序，再次染色。

单色云染流程如图5-51所示。

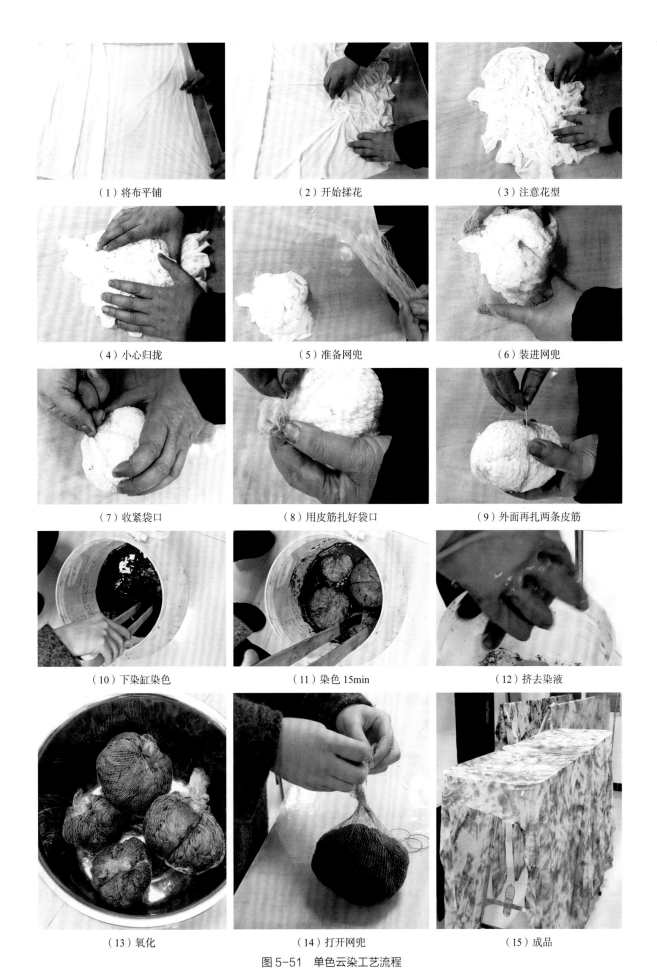

（1）将布平铺　　　　　　　　（2）开始揉花　　　　　　　　（3）注意花型

（4）小心归拢　　　　　　　　（5）准备网兜　　　　　　　　（6）装进网兜

（7）收紧袋口　　　　　　　（8）用皮筋扎好袋口　　　　　（9）外面再扎两条皮筋

（10）下染缸染色　　　　　　（11）染色15min　　　　　　　（12）挤去染液

（13）氧化　　　　　　　　　（14）打开网兜　　　　　　　　（15）成品

图5-51　单色云染工艺流程

三、多色云染

如需染两种或两种以上颜色，可在第一个颜色染色完毕后，打开，再次揉花，入新的染料锅内做第二个颜色的染色。可得到两种及两种以上颜色。

云染的方法比其他手工染色方法的效果要好得多，不仅有水墨大写意的效果，也会出现很多意想不到的花纹。云染可以在纱线、布料上染色，也可以作成衣染色。其最大特色是，由于是人工操作，每次的花纹均不一样，有极强的个性化，符合当今潮流。

云染大面积的染色，可用多个网兜。

双色丝巾云染工艺流程如图 5-52 所示。

靛蓝山峦艺术围巾制作工艺流程如图 5-53 所示。

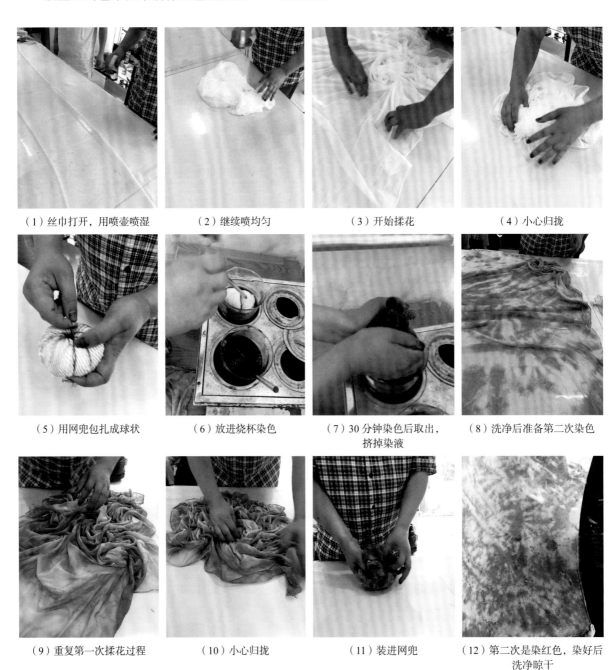

（1）丝巾打开，用喷壶喷湿　　　（2）继续喷均匀　　　（3）开始揉花　　　（4）小心归拢

（5）用网兜包扎成球状　　　（6）放进烧杯染色　　　（7）30分钟染色后取出，挤掉染液　　　（8）洗净后准备第二次染色

（9）重复第一次揉花过程　　　（10）小心归拢　　　（11）装进网兜　　　（12）第二次是染红色，染好后洗净晾干

图 5-52　双色云染流程

（1）白色棉麻围巾一条　　（2）加水浸泡　　　　（3）稍加搓揉　　　　（4）拧干

（5）准备揉花　　　（6）按山峦起伏揉花　　　（7）小心收拾　　　（8）将揉花部分包进网兜

（9）上半部白色部分用塑料袋　　（10）将靛蓝充分搅拌还原　　（11）浸染到扎口部分，染色5　　（12）挤净染液
　　　　包好　　　　　　　　　　　　　　　　　　　　　　　　　　　　分钟

（13）氧化十分钟　　　（14）打开网兜　　　（15）拆开氧化　　　（16）氧化好后铺在桌子上

图 5-53

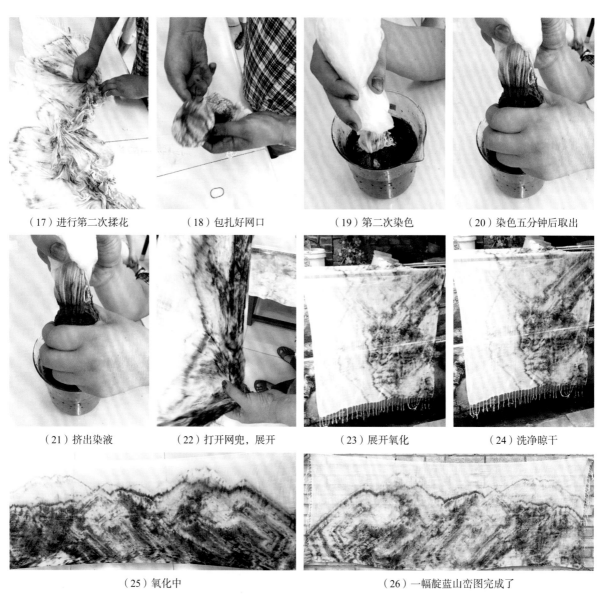

（17）进行第二次揉花　　　（18）包扎好网口　　　（19）第二次染色　　　（20）染色五分钟后取出

（21）挤出染液　　　（22）打开网兜，展开　　　（23）展开氧化　　　（24）洗净晾干

（25）氧化中　　　　　　　　　　（26）一幅靛蓝山峦图完成了

图 5-53　靛蓝山峦制作

第六节　拔染

　　最早的拔染印花当属唐代的凸版拓印，用碱作为拔染剂。当代工业拔染始于 20 世纪 50 年代，是按斜纹织物，在大红色、枣红色、深芷青地色上印制龙凤大花图案，是我国华北、西北、东北地区老百姓喜爱的被面花布。印花时采用的是还原染料（印花浆）拔不溶性偶氮染料（地色），拔白浆主要用雕白粉、烧碱和印染胶淀粉混合糊料。

　　早期的丝绸织物拔染印花，地色染料采用不耐还原剂的简单偶氮结构的酸性染料、直接染料，印花染料选用耐还原剂的三芳甲烷结构、蒽醌结构的酸性染料，拔白浆主要用氯化亚锡、醋酸、尿素和白糊精小麦淀粉浆。

20世纪70年代的化纤织物拔染印花，地色染料采用具有偶氮结构的直接染料，大红色选用不溶性偶氮染料或活性染料，印花染料选用还原染料，拔白浆主要用雕白粉和变性淀粉糊料。

以上这些都是传统的在布匹上的拔染印花。印花汽蒸固着后都需经过水洗、皂洗，才能获得鲜艳的色泽，工艺繁复。随着涂料印花黏合剂的不断发展，黏合剂的性能越来越好，品种也越来越多，同时涂料色浆的耐电解质性能、稳定性也越来越完美，因此拔染印花的色浆基本上都采用涂料色浆。例如，棉织物用活性染料染地色，再用涂料拔染印花浆。丝绸织物用酸性染料或活性染料染地色，也用涂料拔染印花浆。靛蓝牛仔布的拔染印花，也用涂料拔染印花浆，其拔白浆采用氧化拔染剂即氯酸钠、柠檬酸、尿素和耐酸性糊料。

不溶性偶氮染料拔染印花工艺流程为：

打底→烘干→显色→轧氧化剂→烘干→印花→烘干→汽蒸→氧化→后处理

常用的拔染印花工艺有涂料拔染和还原染料拔染，它是以活性染料或纳夫妥染料染底色，以涂料或还原染料入色的印花方法。涂料拔染印花工艺织物手感和牢度不理想，而还原染料拔染印花由于色谱不全，工艺烦琐，且使用大量的还原剂，对鲜艳的颜色难以达到要求，在应用过程中受到限制。

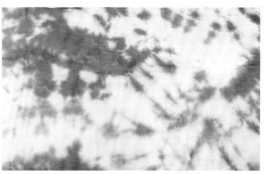

这些布匹上的印花，都采用了涂料拔染印花浆，但其拔染剂大都采用了含有甲醛的雕白粉或德科林，或不环保的助剂。因此，拔染印花后一般也要经过水洗才可把游离甲醛和不环保的拔染剂从织物上去除。

以上这些方法都是在化学合成染料染色上使用的，且雕白块含有甲醛，严重影响环保，已经被多数厂家所抛弃。

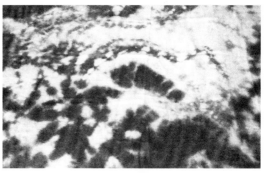

天然植物染料染色能否使用拔染工艺？经笔者多年试验，已经完成，使用的拔染剂为天然的茶碱。先用天然植物染料在布料上染色，然后使用茶碱作局部拔染。可采用云染的方法，拔去局部，显现出白底色花（图5-54）。茶碱用量5g/L，温度90℃，时间5min。如需保留部分底色，可减少时间，有的甚至只要10s即可。

图5-54是葡萄紫云染染色，利用红色容易褪色的原理，用茶碱做拔色剂，在极短的时间内拔色，然后清洗浮色。

图5-54　拔染效果图

第七节　手绘

手绘，古代称为"画缋"，即在织物或服装上用调匀的颜料或染液描绘图案的方法。

一、古代手绘

古代画缋技法常"草石并用"，即先用植物染液染底色，再用彩色矿物颜料描绘图案，最后用白颜料勾勒衬托。《周礼·冬官考工记第六》记载，"画缋之事，杂五色。东方谓之青，南方谓之赤，西方谓之白，北方谓之黑，天谓之玄，地谓之黄。青与白相次也，赤与黑相次也，玄与黄相次也。青与赤谓之文，赤与白谓之章，白与黑谓之黼，黑与青谓之黻，五采，备谓之绣。土以黄，其象方天时变。火以圜，山以章，水以龙，鸟兽蛇。杂四时五色之位以章之，谓之巧。凡画缋之事后素功。"

画缋工艺早在周代就已使用。周朝天子、诸侯、卿、大夫、士等不同等级官员，服饰上均有各种复杂图案，这种图案一般都是采用画缋工艺。当时画缋由内司服负责管理。《周礼·天官·内司服》记载，"掌王后之六服，袆衣、揄狄、阙狄、鞠衣、襢衣、褖衣。"由此可见，在服装上用手绘进行装饰在周代以前已出现并得以发展。

而手绘这种装饰手法不是独自存在的，而是与其他装饰手法共同使用。如周礼规定，凡戴冕冠者，都要穿着相应的玄衣和纁裳，上衣纹样用绘，下裳纹样则用绣。这说明绣与画缋有密切的联系。从出土文物来看，一件服饰上既有彩色丝线刺绣又有用矿物颜料画缋的花纹图案也不少见。

从周秦《经书》《尚书》上得知，从舜开始，就将象形文字分类用在衣裳上。《考工记》记载的设色之工有五项：画、缋、钟、筐、㡏。其中把画、缋合于一篇记之。郑玄注："此言画缋六色所象，及布采之第次，缋以为衣。"郑玄又注："缋，画文也。"《礼记·礼运》孔颖达疏："缋犹画也，然初画曰画，成文曰缋。"《考工记》中记五彩备，谓之绣。画缋和刺绣本不相同，一个是画工，一个是绣工，但古代书中却不予区别，均属于设色彩的工艺范围，应用极为广泛。画与缋在此都是指在织物或服装上用颜料或染料进行描绘染制花样颜色，或用彩丝刺绣形成图案花纹。文物考古对此方法作出印证。在长沙左家塘楚墓出土的战国中期丝织物，其中有深棕色、褐色、朱红等。湖北江陵马山砖厂1号墓出土的战国丝织物有纱、绢、罗、锦、绮、绦等，仅锦就有朱红、黄、棕、褐等色；刺绣则有绣衣、绣衾、绣袍、绣裤等，色彩丰富，有红、橘红、棕、红棕、土黄、金黄、黄绿、绿、黑、蓝等多种色彩。

二、现代手绘

由于天然染料在丝绸上着色好，色谱全，使用手绘更为合适。

手绘使用的是天然植物提取的染料，加入适量的胶质，制成类似中国画颜料在丝绸上作画。完成后，需用白布覆盖于图画上，可平铺，或卷起，上笼屉蒸30min，洗净，晾干即可。现代手绘作品如图5-55~图5-58所示。

图 5-55　手绘服装　　　　图 5-56　手绘丝绸　　　　　　　图 5-57　手绘墙布

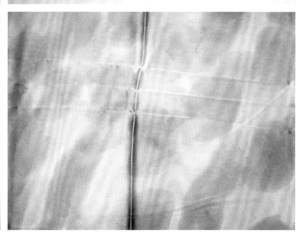

图 5-58　手绘丝巾

第八节　综合技法

一、不同材质和材质结构色彩设计

　　天然染料在不同材质上会呈现出不同的色彩。以苏枋木染料为例，在丝绸和羊毛上加明矾为媒染剂会显现大红的效果，但在棉麻材质上只能出现木红的颜色。蓝莓染料在丝绸、羊毛上是紫红，但在棉麻上则呈现绿色。了解天然染料的这些基本特性，才可以对混纺、交织面料进行色彩设计。

（一）拼染

拼染也称混合染色，即将不同的两种天然染料按不同的比例混合再来染色。如橙色，可将红色的苏木和黄色的栀子按需要的颜色来配比，以得到不同的橙色。想要偏红色，可红色染液多于黄色染液；想要偏黄色，则反之。要注意的是，采用拼染，最好是同类化学性质的染料配伍，当然也会有不同化学性质的染料配伍以达到意想不到的色彩，这些需要长时间实践、摸索才能掌握规律。

（二）套染

套染，即先染一种颜色，再染另一种颜色。由于植物染料是透明的水色，两层染料会融合，不会出现后一种染料遮盖前一种染料的现象，结果是两层染料的叠加会出现新的颜色。最典型的颜色是绿色和紫色。由于这两个颜色都需要使用蓝色，而天然染料的蓝色只有靛蓝一种。靛蓝是还原染料，不可以用拼染的方法与其他染料融合，只能采用套染的方式。

1. 绿色染色方法　先染蓝色，后染黄色以得到绿色。欲得到不同的绿色，有两点必须注意：一个是颜色的深浅，取决于蓝色的深浅，欲得草绿，第一遍的蓝色要浅，否则达不到效果；一个是黄色染料的选用。黄色的染料极多，栀子、大黄、黄连、茶叶、杨梅、石榴皮等均可染黄色，采用哪一种要根据色彩的需要，还有就是黄色的比例、染色时间、染色温度都要有所考虑，才能达到需要的颜色。

2. 紫色染色法　蓝色和红色组成紫色，哪种颜色先染都行，一般是先染蓝色，后染红色。和绿色一样，两者的深浅决定了最后呈现的颜色。想要偏红紫，蓝色要深，红色要浅；想要偏蓝紫，蓝色要浅，红色要深。

二、不同媒染剂应用及天然染料的混合染色

媒染剂在天然染色技法中起到举足轻重的作用。其作用有两个：一个是媒染作用，另一个是固色作用，这是传统染色的特性。大部分天然染料是媒介染料，必须使用媒染剂才能上色。一般来说，红、橙、黄色需要使用白矾；黑、灰、军绿需要使用皂矾；绿色除套染外，部分染料直接染绿需要使用蓝矾。下面简单地介绍两种。

1. 石榴皮染色　提取染料→面料前处理→直接染色（可以得到黄色）→加入白矾→染色→清洗→晾干，可以得到带绿色的黄色。如加入皂矾，染色时间在3~5min，可得到军绿；染色时间30min，可得到深绿灰色。

2. 苏枋木染色　提取染料→面料前处理→加入白矾→染色→清洗→晾干。在丝绸和羊毛织物上可以得到大红色；加入皂矾则得到带紫色的灰黑色，这是由于苏枋木里含有苏木黑，与皂矾的相互作用得到的效果。

其他染料使用这两种不同的媒染剂，也会有相似的效果。

混合染色指的是除使用两种不同染料的拼色外，还有一种是使用两种不同媒染剂的染色。有时是先用一种媒染剂，后用一种媒染剂，有时还可以用不同比例的媒染剂混合做媒染，呈现的色彩是千变万化。这也是传统天然染色技艺不同于现代化学染料染色的显著标志。影响最后颜色的因素有很多：染料的产地、品质、萃取方法；染色温度、水质、染色时间、媒染剂品质、比例等。需要多加实践，掌握各种规律，烂熟于心，才能熟练把握，进而得到想要的颜色和效果。

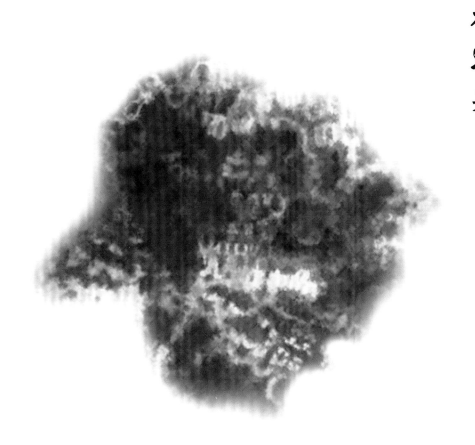

第六章
缤纷植物染

第一节　茶染

我国是世界上最早发现茶树和利用茶树的国家。在我国古代文献中称颂茶树为"南方之嘉木"。茶在中国的历史悠久，诸如茶人、茶具、茶书、茶画、泉水以及有关茶文化十分丰富。中国的茶文化及饮茶习俗在汉、唐、宋代就已向中国周边地区辐射，明清以后更为广泛传播，产生巨大的影响。

茶的发现和利用两者是不可分的。在茶发展过程中，经历了从药用、食用、祭用直到饮用，以至到作为天然染料使用，经过了漫长过程。茶染是利用茶叶以及副产品作为染料对天然纤维进行染色的一种工艺，是茶文化的一种延伸，也是天然染色的一个大类和分支，有实用价值和艺术价值，是生活的艺术。

一、茶染料染色起源

1856年合成染料问世，其由于色谱齐全、牢度优良等优点迅速取代了天然染料。然而，当人们发现生产和使用合成染料对人体健康和生态环境造成的危害后，又把目光转向天然染料。天然染料尤其是植物染料大多无毒无害，可生物降解，与生态环境的相容性好，染色后的织物具有自然的色泽和香味，给人以心理和生理上的舒适感。茶叶就是其中一种近年来备受关注的植物染料。

茶染起于何时？没有资料记载。据笔者观察，应该不到30年。近年来在中国及其他国家都有使用茶染料染色的案例，越来越多的人开始使用茶染料对天然纤维染色，作品层出不穷。除采用单独茶染料染色外，还将茶染料与其他天然植物染料配合使用，扩大了茶染的领域，使色彩越来越丰富。

二、茶染料染色的优点

茶叶所含的营养物质是相当丰富的，诸如蛋白质、氨基酸、糖类、脂类、维生素、无机盐和微量元素均有之。茶叶中所含有的生物碱，主要是咖啡因，其次则是茶碱、可可碱等。所含茶多酚又叫茶单宁、茶鞣质，茶叶中含量为10%~20%。茶多酚的组成物质约有30多种。茶多酚经过氧化后形成茶色素，其单体为茶红素、茶黄素和茶褐素。加上茶叶所含的鞣质构成了作为染料的主体成分。相对其他植物染料，茶染料具有来源丰富、提取简单、色牢度好等优点。

茶染料染色可用于棉、麻、羊毛、蚕丝等天然纤维，也可用于粘胶纤维、天丝、莫代尔等再生纤维，甚至用于涤纶、锦纶、维纶等合成纤维。茶染料染色产品具有宁静柔和的色泽、持久淡雅的清香，而且亲肤、除臭、防过敏，尤其是抗菌性能优良，特别适用于婴幼儿用品、床上用品、内衣及装饰织物。

三、茶染料的提取

茶叶随产地、土壤条件及收获季节不同，其天然色素含量也不相同，一般在5~7月采集较好。这时茶叶鲜嫩，色素含量较多。茶叶采集后要及时使用，否则鲜嫩茶叶干枯会失去色素。

茶染料的提取方法多种多样，对于不同的方法其提取的温度及pH也不同，所提取的染液染色得色率也不同。提取方法有水萃取、乙醇萃取、超临界萃取、微波萃取、超声波萃取等。最简单和环

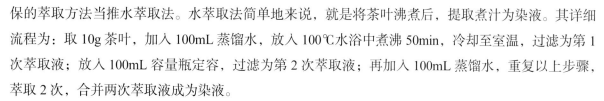

保的萃取方法当推水萃取法。水萃取法简单地来说，就是将茶叶沸煮后，提取煮汁为染液。其详细流程为：取 10g 茶叶，加入 100mL 蒸馏水，放入 100℃水浴中煮沸 50min，冷却至室温，过滤为第 1 次萃取液；放入 100mL 容量瓶定容，过滤为第 2 次萃取液；再加入 100mL 蒸馏水，重复以上步骤，萃取 2 次，合并两次萃取液成为染液。

茶色素随 pH 的不同，其颜色会发生不同变化。当 pH<5 时，色素溶液为浅黄色；当 pH=6、7 时，色素溶液为黄棕色；pH>8 时，色素溶液近深棕色，茶叶特征颜色基本消失。其吸光度随着 pH 的增加而呈波动状态，说明溶液的 pH 对色素稳定性影响非常明显，可能是由于色素的分子结构发生了转变。为了使色素溶液保持正常的颜色，溶液的 pH 应维持在近中性偏弱酸条件下。

茶色素易溶于水、乙醇、低浓度乙酸等极性溶液，不溶于苯、丙酮、氯仿、乙醚等非极性溶剂，属水溶性色素；茶色素对氧化剂、还原剂比较敏感，溶液颜色均有不同程度的变化，使用过程中注意避免强氧化、强还原条件；金属钙、铜、锌、镁、钠、钾、铅、锡、镍离子的存在对色泽色素基本无影响，但铁、铝离子的存在对色素有不良影响。

在常温下，萃取液可以保存 3 个月，有少量沉淀，再次使用时须搅动和过滤后使用。

也有研究表明，在萃取时采用碱性提取有一定作用。方法是：茶叶 100g/L，碳酸钠 8g/L，萃取温度 90℃，时间 40min。

乙醇提取法：用 100% 无水乙醇，醇茶比为 30mL∶1g，煮沸 1h，静置 10min，过滤，滤液备用。或用 80% 乙醇，醇茶比分别为 25mL∶1g、20mL∶1g、10mL∶1g，各煮沸 1h，静置 10min，过滤，滤液备用。

四、茶染料染色成分

茶多酚是茶叶中 30 多种多酚类物质的总称，包括儿茶素、黄酮类、花青素和酚酸四大类物质。茶多酚占干物质总质量的 20%~35%。在茶多酚总量中，儿茶素约占 70%，它是决定茶叶色、香、味的重要成分。儿茶素是茶溶液中的主要可溶性色素，结构复杂、分子差异大，包括表儿茶素（EC）、表没食子儿茶素（EGC）、表儿茶素没食子酸酯（ECG）和没食子儿茶素没食子酸酯（EGCG），被确认为茶叶染色的主要着色成分。

五、茶染料染色工艺

茶染料染色主要采用浸染方式。现以苎麻为例介绍几种不同的染色工艺。

茶染料染色除直接染色外，还需要媒染剂配合染色以增加多种色光、色相和色牢度。常用的媒染剂为明矾、蓝矾、皂矾。

1. 直接染色法　织物于 40℃入染，浴比 1∶50，缓慢升温（2℃/min）至 60℃左右，保温染色 30min 后降温、水洗、晾干。染色过程中可加 NaCl 促染。

2. 预媒染色法　将织物按浴比 1∶50 在 5g/L 的媒染剂溶液中浸泡 15min 以上，轧压后晾干，再按常规染色法进行染色。常用媒染剂有 $FeCl_3$、$CuSO_4 \cdot 7H_2O$、$MnSO_4$、$Al_2(SO_4)_3$、$CeCl_2$、$LaCl_3$ 等。

3. 同媒染色法　将媒染剂加入茶叶染液中，投入织物，缓慢升温至 65℃左右，保温染色 30min

后降温、水洗、晾干。

4. 后媒染色法　将织物按常规染色法于60℃左右保温染色40min后，在染液中加入媒染剂，继续于60℃左右保温染色40min。最后降温、水洗、晾干。

5. 阳离子改性染色法　将织物用阳离子化剂改性后按直接染色法进行染色。

其他织物茶染料染色工艺和上述工艺相似，但具体的工艺条件需要做适当调整。

茶染料对棉的染色，步骤同以上的苎麻染色。茶叶的水溶性萃取物对棉织物染色都可以染得棕色，染色产品耐水洗牢度和耐晒牢度良好，采用适当金属盐作媒染剂可进一步提高产品的耐水洗牢度和耐晒牢度，而且后媒染色法得到的织物颜色最浓，牢度也最好。以硫酸亚铁为媒染剂，采用不同媒染工艺在绿茶萃取液中染棉纤维，结果表明，后媒染法对棉纤维染色效果最好。

茶染料染真丝得到自然柔和的棕色或黄色，耐皂洗牢度达到4级。茶多酚在弱酸性介质和低温条件下对蚕丝具有更好的吸附性能。以硫酸亚铁或硫酸铜为媒染剂对蚕丝织物进行染色，可以得到较深的紫灰色和黄棕色。

不同媒染剂对染色织物的色相影响显著，既造成颜色的不稳定性，同时也可利用此性质选择媒染剂以染得所需的颜色。

茶叶加工的工艺不一样，造成有不发酵、半发酵和全发酵等，这几种茶染料染色的结果不一样，总的来说，偏于黄色，但普洱等黑茶类，用直接染色法染出的色泽偏红光，得色率最高，白茶的得色率最低。

茶染料除单独使用外，通常还可以与其他植物染料混合使用。茶染料与其他天然染料的结合，可以增强染色的耐光性和抗氧化性能。如有些植物染料如栀子、槐米等，色泽鲜艳，但耐水洗、耐光等性能较差，加入一定量的茶染料，可以保持颜色的光鲜度，同时牢度与抗氧化性得到提高。

与其他颜色的植物染料混染、套染可以得到更多的颜色，增加了茶染料的颜色，扩大了用途。茶染料染色工艺过程如图6-1所示。

（1）煮茶。准备好染布所需的茶叶、容器，用来做染材的白布。一般以二两茶一升水的比例，熬煮半个小时，然后将茶水与茶叶用滤网分离，用来染色的茶汤需要澄澈无杂质。

（2）布料造型。用皮筋、筷子、网兜等任何手边的东西都可以把布料"凹"出不同的造型。首先要把布料去除杂质，用温水浸湿，把它撮皱、挤揪、拢团、包入筷子、装进网兜……最终的颜色深浅、色彩排布，都可以设法控制，捆布球的手法很重要：布球表面凹凸和内部疏密不同，染液的渗透效果就会不同。

（3）染色。把做好的布团放在茶汤中翻煮，茶汤保持在65°左右比较合适。翻煮的时间、次数根据对染色要求的深浅而定。使用媒染固色，比如铁锈粉。将铁锈粉溶入水中，水呈淡黄色，把已经染好的布料在铁锈水中浸泡，发生的化学反应使之转为灰蓝色，铁锈水的颜色也发生了改变。

胭脂虫是一种特殊的天然能源建设料，是一种生长在仙人掌上的昆虫，其体内满是天然的红色色素，对人体无害，将其碾碎后可以制成染料。将胭脂粉末撒入水中，水立即变成胭脂红色，将染好的布料投入红水之中，也会立即变色。

（4）染好的布料。完成染布程序后，将布团用清水冲洗干净，打开，它会呈现意想不到的图案——晕色、斑点、条纹等，成为一块古典而斯文的帕子。

（1）煮茶

（2）布料造型

（3）染色

（4）成品展示

图6-1 茶染图解

六、常见茶染料及染色效果

（一）黑茶

1. 黑茶概况 黑茶，六大茶类之一，属全发酵茶，主产区为四川、云南、湖北、湖南等地（图6-2）。

黑茶按地域分布，主要分类为湖南安化黑茶、四川雅安黑茶、广西六堡黑茶及湖北青砖茶。

图6-2 黑茶

黑茶的起源，一般认为是始于16世纪初。明朝嘉靖三年，即公元1524年，明御使陈讲疏奏云："商茶低伪，悉征黑茶……官商对分，官茶易马，商茶给买。"

2. 染料提取及染色 茶叶中染色的主要成分是茶黄素和茶红素。每个不同的茶种染色后的颜色不尽相同。在天然纤维的上色上有极好的效果，牢度高于其他染料，且颜色多样。本次使用的是四川产黑茶，但因黑茶的价格较高，我们可以采用黑茶末。染液采用水萃取法。直接染色得黄色，明矾作媒染剂染色得稍明亮的黄色，蓝矾作媒染剂染色得土黄色，部分面料上呈现咖色；硫酸铁作媒染剂呈现军绿，皂矾作媒染剂呈现灰色。总体来说，在丝绸和羊毛织物上颜色深，棉麻织物上颜色浅。

黑茶染色效果如图6-3所示。

| 棉 | 麻 | 毛 | 丝 |

图6-3 黑茶染色效果

中国植物染技法

（二）油茶果壳

1. 油茶果壳概述　　油茶，别名茶子树、茶油树、白花茶，属茶科，常绿小乔木（图6-4）。因其种子可榨油（茶油）供食用，故名。油茶果壳（图6-5）尽管不是叶类，但为分类方便仍将其当作茶染料。

油茶果壳俗称茶壳，其含有大量木素、多缩戊糖、单宁、皂素等，是提炼和制取工业和化工农药等的重要原料。其提取的油茶碳酸钾，在印染工业和纤维工业上用作染料的助溶剂和洗涤剂。

有关专家研究得出，油茶果壳烧制的活性炭对水中的铜离子有分解作用，这对天然染色来说是一个利好消息。因为有些颜色需要蓝矾做媒染剂，如加入一定剂量的油茶果壳液体，也能起到一定的作用。

2. 染料提取及染色

（1）染料提取方法。

①将油茶果壳粉碎至颗粒状。

②洗净。

③1kg果壳加1L水浸泡4h。

④加火煮开后小火煮30min。

⑤过滤。

⑥剩下的残壳加水1L重复第一次提取过程。

⑦过滤，混合到第一次染液。

⑧反复三次，得到染液。

如能使用超声波或微波提取，效果可能会更好。

（2）染色方法。

①布料退浆，浸湿。

②染液根据染色浓度预备。染浅色可加适量的水。

③如染黄色，可用白矾做媒染剂，用量5g/L。染灰色用皂矾做媒染剂，用量8g/L。媒染剂需温水浸泡10~15min。

④染液加温至35℃，放入媒染过的布料。

⑤染液缓慢升温，染色30min。染液最高温度不超过65℃。

⑥洗涤干净，用中性洗涤剂再洗一次。

⑦将织物捞出拧干，晾干。

可直接染色得黄色，也可用媒染剂染色。明矾做媒染剂得稍明亮的黄色，蓝矾做媒染剂得偏绿色的黄色，皂矾作媒染剂得灰色。在棉、麻、丝、毛四种织物上染色结果比较一致。油茶果壳染色效果如图6-6所示。

图6-4　油茶　　　　图6-5　油茶果壳

棉布

亚麻

素缎

羊绒

图6-6　油茶果壳染色效果

065

（三）绿茶

1. 绿茶概况 绿茶是采取茶树的新叶或芽，未经发酵，经杀青、整形、烘干等工艺而制作的，其制成品的色泽和冲泡后的茶汤较多地保存了鲜茶叶的绿色格调（图6-7、图6-8）。

图6-7 绿茶

绿茶是未经发酵制成的茶，保留了鲜叶的天然物质，含有茶多酚、儿茶素、叶绿素、咖啡因、氨基酸、维生素等成分也较多。

2. 染料提取及染色 绿茶染料的提取方法多种多样，对于不同的方法其提取的温度及 pH 也不同，所提取的染液染色得色率也不同。

图6-8 绿茶汤

（1）染料提取方法。

①将绿茶稍加揉碎。

②洗净。

③1kg 绿茶加 1L 水浸泡 4h。

④加火煮开后小火煮 30min。

⑤过滤。

⑥剩下的残渣加 1L 水重复第一次提取过程。

⑦过滤，混合到第一次染液。

⑧反复三次，得到染液。

如能使用超声波或微波提取，效果可能会更好。

（2）染色方法。

①布料退浆，浸湿。

②染液根据染色浓度预备。染浅色可加适量的水。

③如染黄色，可用白矾做媒染剂，用量 5g/L。染灰色用皂矾做媒染剂，用量 8g/L。媒染剂需温水浸泡 10~15min。

④染液加温至 35℃，放入媒染过的布料。

⑤染料缓慢升温，染色 30min。染料最高温度不超过 65℃。

⑥洗涤干净，用中性洗涤剂再洗一次。

⑦将织物捞出拧干，晾干。

可直接染色得黄色，也可用媒染剂染色。明矾做媒染剂得稍明亮的黄色；蓝矾做媒染剂在麻织物上得卡其色，在羊毛织物上染色得军绿色；皂矾作媒染剂在丝绸上得黑色。

绿茶染色效果如图 6-9 所示。

（四）黄茶

1. 黄茶概况 黄茶是中国特产。其按鲜叶老嫩芽叶大小又分为黄芽茶、黄小茶和黄大茶。如沩山毛尖、平阳黄汤、雅安黄茶等均属黄小茶；而安徽皖西金寨、霍山、湖北英山和广东大叶青则为黄大茶。黄茶的品质特点是"黄叶黄汤"（图6-10）。

图6-9 绿茶染色效果

中国植物染技法

黄茶属轻发酵茶类，加工工艺近似绿茶，只是在干燥过程的前或后，增加一道"闷黄"的工艺，促使其多酚叶绿素等物质部分氧化。其主要做法是将杀青和揉捻后的茶叶用纸包好，或堆积后以湿布盖之，时间以几十分钟或几个小时不等，促使茶坯在水热作用下进行非酶性的自动氧化，形成黄色。

图6-10　黄茶

黄茶古已有之，但不同的历史时期，不同的观察方法赋予黄茶概念以不同的含义。历史上最早记载的黄茶概念，不同于现今所指的黄茶，是依茶树品种原有特征，茶树生长的芽叶自然显露黄色而言。如在唐朝享有盛名的安徽寿州黄茶和作为贡茶的四川蒙顶黄芽，都因芽叶自然发黄而得名。

2.染料提取及染色　本次染色试验采用黄大茶。黄大茶的品质特点是，外形梗壮叶肥，叶片成条，梗叶相连形似钓鱼钩，梗叶金黄显褐，色泽油润，汤色深黄显褐，叶底黄中显褐，滋味浓厚醇和，具有高嫩的焦香。

实验中取100g茶叶，加1L水，提取两遍，得染液1L。染色面料有丝绸和棉布两种。

媒染剂有白矾、蓝矾、皂矾，分别做试验，其中一个是无媒染剂。

染色温度为55℃，时间为40min，然后洗净晾干。

可直接染色，棉布上得浅驼色，丝绸上得黄色。也可用媒染剂染色，明矾做媒染剂，染棉布得稍带绿味的黄色，丝绸得黄色；蓝矾做媒染剂得偏绿色的黄色；皂矾作媒染剂棉上得灰色，丝绸上得军绿色。

黄茶染色效果如图6-11所示。

从最后结果看，丝绸和棉布的颜色基本一致，只是丝绸更鲜亮一些。

棉　　　　　　丝

图6-11　黄茶染色效果

（五）普洱茶

1.普洱茶概况　其属于黑茶，因产地旧属云南普洱府（今普洱市），故得名。现在泛指普洱茶区生产的茶，是以公认普洱茶区的云南大叶种晒青毛茶为原料，经过后发酵加工成的散茶和紧压茶（图6-12）。普洱茶是"可入口的古董"，不同于别的茶贵在新，普洱茶贵在"陈"，往往会随着时间逐渐升值。普洱茶以发酵不同，分为生茶和熟茶两种。普洱熟茶，是以云南大叶种晒青毛茶为原料，经过渥堆发酵等工艺加工而成的茶。

2.染料提取及染色　普洱茶是用来喝的，用来品的，但有段时间被人为炒作，价格离谱。如果普洱茶用作染料是不可能用正规茶的，只能是茶渣、茶梗。提取染料的过程中，茶香扑鼻，是一种享受；染色过程，满屋茶香绕梁也是一种享受。

图6-12 普洱茶

图6-13 普洱茶汤

普洱茶的萃取与其他茶类一样，1kg茶渣加5L水的比例煮，提取2~3次合并为染液（图6-13）。

试染一下，的确不错，更重要的是抗氧化功能好，不仅可以直接染色，还可以作为抗氧化剂配伍其他染料，提高色牢度。

普洱茶染液偏红色，可直接染色，棉布上呈现带红光的黄色，丝绸上出现米黄色；蓝矾作媒染剂出现丝绸如直接染色；明矾作媒染剂，在棉布和丝绸上明度增加；皂矾作媒染剂棉上得咖色，丝绸上得浅咖色。

普洱茶染，不论在棉布、亚麻、丝绸、羊绒上均有极好的染色效果，大体与红茶染色相近，但颜色比红茶更浓，更偏向红光，且有浓郁的太阳味道。这也许与该茶所处的地方位于云贵高原，光照时间长有关。

普洱茶染色效果如图6-14所示。

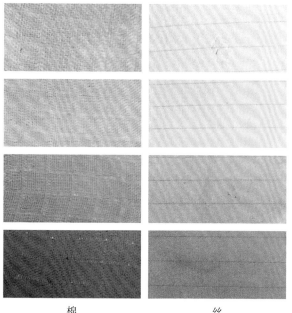

棉　　　　　　　　　丝

图6-14 普洱茶染色效果

普洱茶里含有丰富的单宁酸。单宁酸具有强烈的杀菌作用，故普洱茶染料染色的内衣、家纺等产品有很好的杀菌作用。

（六）决明子

1. 决明子概况　决明子是豆科一年生草本植物决明或小决明的干燥成熟种子（图6-15）。

图6-15 决明子　　　　图6-16 决明

决明子也叫草决明、羊明、羊角、马蹄决明、还瞳子、狗屎豆、假绿豆、马蹄子、千里光、芹决、羊角豆、野青豆、猪骨明、猪屎蓝豆、细叶猪屎豆、夜拉子、羊尾豆。决明生长于村边、路旁和旷野等处，分布于长江以南各省区，全世界热带地方均有（图6-16）。

2. 染料提取及染色　决明子除了做药以外，常用的就是作为茶饮料和做枕头芯。笔者把决明子归入茶染料一类，决明子染色自然也属于茶染一类。

决明子含蒽醌类化合物，主要成分为大黄素、大黄素甲醚、大黄酚、芦荟大黄素，以及钝叶

素、决明素、黄决明素、橙黄决明素及它们的苷类和大黄酸等，此外还含黏液、蛋白质、谷甾醇、氨基酸及脂肪油等。决明子可按常规染色工艺对各类纤维进行染色，且得色很深，牢度较好。决明子运输储藏方便，保质期长，价格低廉，对现有印染设备无需改进，且达到相同染色深度所需染料量与合成染料相当，综合比较其成本低于合成染料。决明子其作为一种可做茶饮的中药，主要成分不仅对皮肤无致敏性和致癌性，还具有抗菌、防虫等功效。此类纺织品可用于服装，尤其是内衣和妇婴用品、家用纺织品及用于劳动保护的特殊纺织品等，同时有助于打破绿色堡垒，提高我国纺织行业在国际市场的竞争力，增加贸易额，而且对决明子原料的需求可带动我国经济作物种植业，有利于解决"三农"问题。

染液提取：1kg 决明子加 5L 水，提取 2~3 次合并为染液。

可直接染色，也可用媒染剂染色。直接染色在棉布上呈带绿色的黄色；明矾做媒染剂染色得稍明亮的黄色，在麻布上颜色稍浅于棉布，在丝绸上为亮黄色，在羊毛上呈土黄色；明矾做媒染剂，在棉布和羊毛织物上比直接染色明亮，在麻布和丝绸上与直接染色变化不大；蓝矾做媒染剂在棉布上得土黄色，在麻布上呈浅木红色，丝绸上呈偏红味的黄色，羊毛上呈黄军绿色；皂矾作媒染剂在棉上呈灰绿色，麻布上呈浅灰色，丝绸和羊毛织物上呈军绿色；用硫酸铁作媒染剂与皂矾做媒染剂接近，但颜色偏黄。硫酸铁与皂矾做媒染剂染色后皂洗，棉麻织物呈驼灰色，丝毛织物呈咖色。

决明子染色效果如图 6-17 所示。

| 棉 | 麻 | 丝 | 毛 |

图 6-17　决明子染色效果

（七）白茶

1. 白茶概况 白茶，属微发酵茶，是中国茶农创制的传统名茶，中国六大茶类之一（图6-18）。白茶是采摘后，不经杀青或揉捻，只经过晒或文火干燥后加工的茶。它具有外形芽毫完整，满身披毫，毫香清鲜，汤色黄绿清澈，滋味清淡回甘的品质特点（图6-19）。因其成品茶多为芽头，满披白毫，如银似雪而得名。其主要产区在福建、云南、浙江和山东等地。

2. 染料提取及染色 本次染色使用的是安吉白茶的粗茶及茶梗。提取及染色过程的流程与其他茶无异，故不多写，读者可参考其他茶叶染色的制作。白茶提取的染液如图6-20所示。其染色效果如图6-21所示。原本以为白茶色淡，实验结果却不是这样，特别在黑灰色出现后令人大跌眼镜。

白茶染液可直接染色，也可用媒染剂染色。直接染色在棉布和丝绸上呈黄色；明矾做媒染剂在棉布和丝绸得稍浅绿色；蓝矾作媒染剂在棉布上呈浅土黄，在丝绸上呈深土黄；皂矾作媒染剂在棉布上呈浅灰色，在丝绸上呈黑色；用硫酸铁作媒染剂在棉布和丝绸上得深灰色。

目前经茶染料染色的纺织品已经在日常生活中得到使用，如服装、丝巾，袜子、毛巾、布包、布玩具、玩偶、荷包、靠垫、窗帘、床上用品等，相信在不久的将来茶染料染色的天然纺织产品会越来越受到人们的欢迎。

图6-18 白茶

图6-19 白茶汤

图6-20 白茶提取的染液

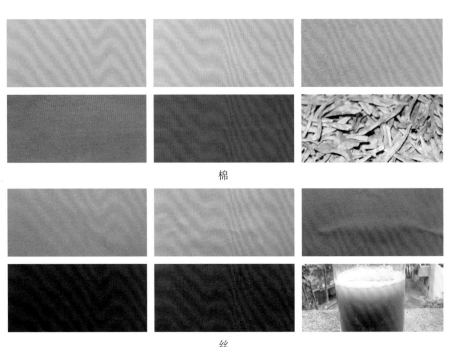

棉

丝

图6-21 白茶染色效果

茶染作为一种新的手工艺术和休闲方式走入大众生活，正成为一种生活的艺术。

图6-22为一些茶染作品，供欣赏。

图6-22　茶染料染色作品欣赏

第二节　花卉染

花卉染是指利用花卉的花朵、果实、枝叶、根茎等作为染料染色的工艺。很多花卉染料可以做花卉染。

一、红花

1. 红花概况　红花，其花红色，"叶颇似蓝"，故也叫红蓝花、红蓝草（图6-23）。

《博物志》记载：张骞得种于西域。今魏地亦种之。花下作多刺，花出大。其花曝干，以染真红，又作胭脂。

图6-23　红花（红蓝花）

红花可直接在纤维上染色，故在红色染料中占有极为重要的地位。红色曾是隋唐时期的流行色，唐代李中的诗句"红花颜色掩千花，任是猩猩血未加"形象地概括了红花非同凡响的艳丽效果。根据现代科学分析，红花中含有黄色和红色两种色素，其中黄色素溶于水和酸性溶液，无染料价值；而红色素易溶解于碱性水溶液，在中性或弱酸性溶液中可产生沉淀，形成鲜红的色淀。

唐代诗人白居易有诗曰："红线毯，择茧缫丝清水煮，拣丝练线红蓝染。染为红线红于蓝，织作披香殿上毯。"这里的红蓝染，指的就是用红花染色。

2.染料提取及染色 《齐民要术》中记载古人采用红花炮制红色染料的过程如下：将带露水的红花摘回后，经"碓捣"成浆后，加清水浸渍。用布袋绞去黄色素（即黄汁），这样一来，浓汁中剩下的大部分已为红色素了。之后，再用已发酸的酸粟或淘米水等酸汁冲洗，进一步除去残留的黄色素，即可得到鲜红的红色素。这种提取红花色素的方法，古人称之为"杀花法"，此方法在隋唐时期就已传到日本等国。如要长期使用红花，只需用青蒿（有抑菌作用）盖上一夜，捏成薄饼状，再阴干处理，制成"红花饼"存放即可。待使用时，只需用乌梅水煎出，再用碱水或稻草灰澄清几次，便可进行染色了。"红花饼"在宋元时期之后得到了普及推广。

红花是我国古代重要的红色染料之一，有其举足轻重的地位。但现在用红花做染料，价格几乎无法承受。

红花在丝、棉等天然纤维面料上均可染色，但在丝、毛面料上染色效果较好。本次实验采用明矾作为媒染剂，在丝绸、棉布上做了染色，上色效果不错，但用市售洗衣粉在温度为80℃洗涤时，褪色较为严重，尤其在棉布上。就染出的颜色看，丝绸上可染出大红色，棉布上仅能染出橡皮红，但皂洗褪色严重，且变色（图6-24）。

考虑当今红花价格太高，可选择同类的红色染料配伍染色，如茜草、苏木等在明矾的作用下，与单独红花染差异不大。在洗涤剂的选择上，尽可能避开化学洗涤剂，采用天然洗涤剂如茶籽粉、无患子、皂荚等。

棉

丝

图6-24 红花染色效果

二、红花继木

1.红花继木概况 红花继木，又名红继木、红桎木、红桠木、红继花、红桎花、红桠花、红花继木，为金缕梅科、继木属继木的变种，常绿灌木或小乔木（图6-25）。其主要分布于长江中下游及以南地区、印度北部，花、根、叶可药用。

图6-25 红花继木

2.染料提取及染色　前些年在江苏时就尝试过用红花继木的叶子做染料试验，效果尚可。本次采集标本来自长沙，据说是主产地。染料萃取方法：水萃取。布料使用了丝绸和棉布，媒染剂分别是明矾、蓝矾、皂矾。温度 50℃，染色时间 30min。

可直接染色，也可用媒染剂染色。直接染色在棉布上呈带绿色的黄，丝绸上颜色较为深一些；明矾做媒染剂染色在棉布上比直接染色略深，蓝矾做媒染剂在棉和丝绸上呈偏绿色的黄色；皂矾作媒染剂在棉布上呈灰绿色，丝绸上呈深咖色。

经试验后，笔者认为，这个植物假如做染料使用，属于媒介染料。红花继木染液对丝绸染色的最佳方法为以硫酸铜或硫酸亚铁为媒染剂，采用先染后媒工艺染色。染色后的真丝绸色泽艳丽，以硫酸铜为媒染剂呈绿黄色，以硫酸亚铁为媒染剂呈灰咖色，媒染可有效提高染色丝绸的耐水洗色牢度。

在棉布与丝绸上染色，棉布上色效果较差，特别不耐碱，在蛋白质纤维上有上色效果（图 6-26）。

棉布上染色：直接染色得黄绿色；媒染剂为明矾，用量 5g/L，得黄色；媒染剂为醋酸铁，用量 5g/L，得黄绿色。媒染剂为皂矾，用量 5g/L 得灰色。

丝绸上染色：直接染色得黄色；媒染剂为明矾，用量 5g/L，得亮黄色；媒染剂为醋酸铁，用量 5g/L，得军绿色；皂矾做媒染剂，用量 8g/L，得黑色。

麻布上染色：直接染色得黄绿色；媒染剂为明矾，用量 5g/L，得黄色；媒染剂为醋酸铁，用量 5g/L，得驼灰色。媒染剂为皂矾，用量 5g/L，得深灰色。

羊毛织物上染色：直接染色得驼色；媒染剂为明矾，用量 5g/L，得黄色；媒染剂为蓝矾，用量 5g/L，染色得军绿色；皂矾做媒染剂，用量 8g/L，得黑色。

棉　　　　　　　　丝

图 6-26　红花继木染色效果

三、槐米

1.槐米概况　槐花广义上是豆科植物槐的干燥花蕾及花。中国各地区都有分布，以黄土高原和华北平原为多。夏季花未开放时采收其花蕾，称为"槐米"；花开放时采收，称为"槐花"（图 6-27、图 6-28）。

槐树有国槐和洋槐（刺槐）两种。槐米一般采集自国槐，可作茶，也可入药。同时槐米自古以来就是染黄色的天然染料，不仅可以做食品的色素，还可以做纺织品的染料。

图 6-27　槐米　　　　　　图 6-28　槐花

诗经中"绿衣黄裳"的黄就是由槐米染成。槐米作为染料时，"折其未开花"，"炒过煎水染黄甚鲜"。在《天工开物》的记载中，槐黄普遍被用来套染大红官绿色（槐花煎水染，蓝淀盖，浅深皆用明矾）、油绿色（槐花薄染，青矾盖）等。

据现存资料考证，产生于宋末元初的武强年画，其所用木板材料又为常见的杜木、梨木。颜料红色为红花或石榴花熬制，黄色为槐米制成，蓝色为靛蓝草制成。

2. 染料提取及染色 染料萃取方法：水萃取。染色温度：50℃，染色时间：30min。

槐米可直接染色，也可作媒介染色，是取材容易、染色方便的天然花卉染料。在丝绸、棉布、羊毛等天然纤维材料上均有很好的上色效果（图6-29）。

直接染色在棉布上呈深绿黄色，在丝绸上为绿黄色，在羊毛织物上呈土黄色；明矾、蓝矾做媒染剂，在棉布上是一致的黄色，在丝绸上明矾为亮黄色；蓝矾做媒染剂与直接染色一致，呈绿黄色。皂矾作媒染剂在棉布上呈咖色，丝绸上呈军绿色。

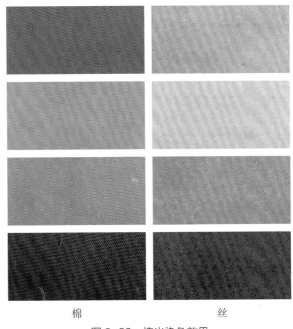

棉　　　　　丝

图6-29　槐米染色效果

四、蜀葵

1. 蜀葵概况 蜀葵花别名一丈红、吴葵华、侧金盏、白淑气花、棋盘花、蜀其花、蜀季花、麻秆花、舌其花、大蜀季花、果木花、木槿花、熟季花、秫秸花、端午花、大秫花、饼子花、公鸡花、擀杖花、单片花。蜀葵花原产于中国，因在四川发现最早故名蜀葵。蜀葵古称戎葵、大福琪，历来受到人们的喜爱，在院内、墙角、堂前、屋后栽植数枝，极易成活，初夏时节开始吐红露粉（也有白色、黄色等），不久便繁花似锦（图6-30、图6-31）。蜀葵在中国栽培历史悠久，历代诗文都给予很高的评价。

图6-30　蜀葵　　　　　图6-31　蜀葵花

2. 染料提取及染色 蜀葵花的红色素，在酸性时呈红色，碱性时呈褐色，可作中和的指示剂。从花中提取的花青素，可为食品的着色剂。从蜀葵花瓣中提取的紫色素是一种安全无害的天然染料。自古以来我国就有利用蜀葵花做染料的记载。我国古医书中记载可用于制作胭脂的原料，就有蜀葵花。

本次试验采用的是红色蜀葵花，染色面料是棉布和丝绸。

中国植物染技法

染料的提取方法采用了水萃取和乙醇萃取两种。染色采用了直接染色和媒介染色两种方法。媒染剂为明矾和皂矾。

直接染色在棉上是咖色，丝绸上呈红咖色。明矾作媒染剂在棉上呈军绿色，丝绸上呈咖色；皂矾作媒染剂棉和丝绸上均呈军绿色（图6-32）。

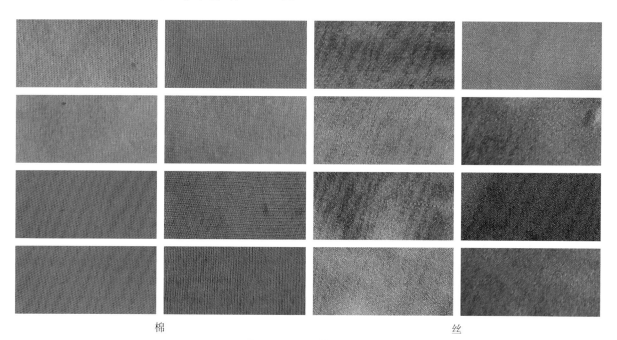

棉　　　　　　　　　　　　　　丝

图6-32　蜀葵花染色效果

五、野牵牛

1. 野牵牛概况　野牵牛，学名田旋花，又名小旋花、中国旋花、箭叶旋花、拉拉菀、车子蔓、曲节藤，为多年生根蘖草本植物，喜潮湿肥沃的黑色土壤，可通过根茎和种子繁殖、传播，生于耕地及荒坡草地、村边路旁（图6-33）。

全草含 β- 甲基马栗树皮革素；地上部分含黄酮甙，甙元为槲皮素、山柰酚、正烷烃、正烷醇、α- 香树脂醇、菜油甾醇、豆甾醇及 β- 谷甾醇；地下部分含咖啡酸、红古豆碱。

2. 染料提取和染色　经多次实践，证明这种植物是属于可以利用的染料之一。在丝绸和棉麻织物上有染色效果。起染料作用的成分为黄酮甙。

野牵牛采集于宋庄路边，用水萃取染液。染色温度50℃，时间30min。染色材料为棉布、丝绸。

图6-33　野牵牛

直接染色棉上呈深土黄色，丝绸上呈米色。明矾做媒染剂，在棉布上呈冷色调的黄色，在丝绸上呈暖色调的黄色；蓝矾做媒染剂，在棉布上呈黄军绿色，丝绸上呈绿色调的黄色；皂矾作媒染剂在棉布上呈军绿色，丝绸上呈浅军绿色。

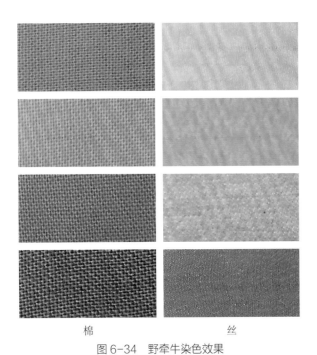

棉　　　　　　　　　　丝

图6-34　野牵牛染色效果

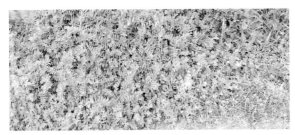

图6-35　紫云英

图6-36　紫云英花朵

（1）萃取　　　　　　（2）过滤

（3）染液　　　　　　（4）染色

图6-37　紫云英染料提取

野牵牛染色效果如图6-34所示（左边是棉布，右边是丝绸染色）。

六、紫云英

1. 紫云英概况　紫云英又名翘摇、红花草、草子、荷花草、莲花草，豆科，黄芪属是中国主要蜜源植物之一。二年生（越年生）草本植物，多在秋季套播于晚稻田中，作早稻的基肥，是我国稻田最主要的冬季绿肥作物（图6-35、图6-36）。

紫云英原产中国长江中下游地区。《尔雅》中记载的"柱夫""摇车"以及《齐民要术》一书中记载的翘尧均为今日的紫云英。唐宋以后开始在太湖水稻地区作为绿肥栽培，明清时代扩大到长江中下游各省。20世纪70年代，紫云英已北移至黄河边，西至关中渭河流域。

2. 染料提取及染色　没有任何记载紫云英能做天然染料，在宋庄路边摘得一些，回来试验还真有收获。

紫云英用水萃取两遍得染料（图6-37）。染色材料：棉布、丝绸。染色温度：50℃，染色时间：30min。其染色效果如图6-38所示。

此染料仅可作媒介染料。用明矾作媒染剂，

图6-38　紫云英染色效果

在棉布和丝绸上呈浅灰绿；用蓝矾作媒染剂，在棉布上呈黄绿色，丝绸上呈浅绿色；皂矾作媒染剂，在棉布上呈浅灰色，丝绸上呈浅绿色，皂洗颜色变化不大。

七、百日红

1.百日红概况　百日红别名小叶紫薇、细叶紫薇、满堂红、入惊儿树，为千屈菜科紫薇属双子叶植物。我国华东、华中、华南及西南均有分布，各地普遍栽培。紫薇树姿优美，树干光滑洁净，花色艳丽；开花时正当夏秋少花季节，花期极长，由6月可开至9月，故称"百日红"（图6-39）。

2.染料提取及染色　百日红能否做染料，国内无任何资料。2016年初冬时节在山东邹平采集得叶子与果实做染料染色试验。

在棉布和丝绸上染色，采用的媒染剂有白矾、蓝矾、皂矾。树叶与果实分开做试验。经试验表明，百日红有可做染料的元素，树叶与果实大抵相同，色光稍有变化。直接染色，在棉布上呈米灰色，丝绸上呈驼色。明矾作媒染剂，棉布和丝绸上呈黄绿色；蓝矾作媒染剂，棉布上呈浅咖色，丝绸上呈深黄绿色；皂矾作媒染剂，棉布上呈灰色，丝绸上呈军绿色。媒染剂用量均为5g/L。

百日红染色效果如图6-40和图6-41所示。

图6-39　百日红

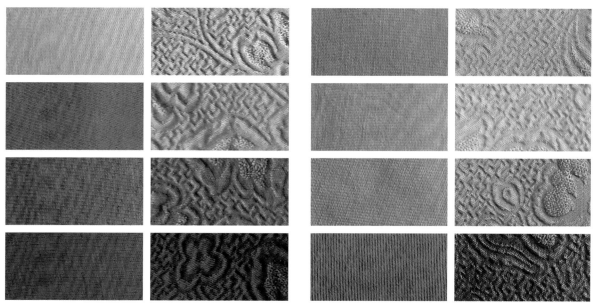

图6-40　百日红果实染色效果　　　　图6-41　百日红叶子染色效果

八、紫藤

1.紫藤概况　紫藤，豆科紫藤属，是一种落叶攀缘缠绕性大藤本植物，花紫色或深紫色，十分美丽（图6-42）。紫藤为暖温带植物，对气候和土壤的适应性强，较耐寒，能耐水湿及瘠薄土壤，喜光，较耐阴。其广泛分布于我国境内，具有较高的园艺装饰价值和药用价值。

2. 染料提取及染色　提取和染色的具体过程不再赘述。本试验使用棉布和真丝素缎来染色。在提取色素的过程中，花香弥漫整个屋子，犹如在泡一杯碧螺春茶，淡淡的花香味沁入心扉，只有亲身经历才有韵味无穷的感觉。

　　媒染剂为明矾，用量 5g/L，丝绸上呈黄绿色，棉布上呈淡绿色；媒染剂为皂矾，用量 5g/L，丝绸上呈浅灰绿色，棉布上呈灰绿色。染色温度 50℃，染色时间 30min。紫藤花染色效果如图 6-43 所示。

图 6-42　紫藤

九、臭牡丹

　　1. 臭牡丹概况　臭牡丹又名大红袍、臭八宝、矮童子、大红花、野朱桐、臭枫草、臭珠桐、矮桐、逢仙草、臭灯桐、臭树、臭草、臭黄根、臭茉莉、臭芙蓉、臭梧桐等，为马鞭草科大青属的植物。其叶色浓绿，花朵优美，花期长，是一种非常美丽的园林花卉（图 6-44）。

　　臭牡丹叶和茎含有琥珀酸、茴香酸、香草鞋酸、乳酸镁、硝酸钾和麦芽醇。

　　2. 染料提取及染色　没有查到资料记载臭牡丹可作为染料。本试验中，臭牡丹采集地及时间：湖北神农架，2015 年元月。本次采集的时间不是很理想。染材部位：茎秆，染色温度：50℃，染色时间：30min，染色布料：棉布、丝绸。直接染色，丝绸和棉布颜色几乎一致。媒染剂为明矾，用量 5g/L，丝绸和棉布均是淡绿色；媒染剂为皂矾，用量 5g/L，丝绸和棉布都是军绿色。

　　臭牡丹染色效果如图 6-45 所示。

图 6-43　紫藤花染色效果

图 6-44　臭牡丹

图 6-45　臭牡丹染色效果

十、蝶豆花

1. 蝶豆花概况　蝶豆花又名叫蝶豆花、蓝蝶花、蓝蝴蝶、蝴蝶兰花、蝴羊豆、豆碧等，为典型的热带蔓性草本植物，主要分布于热带和亚热带地区，全年盛开，因花朵形似蝴蝶，故名之。蝶豆花的叶子是深绿色，大致椭圆形。花朵通常是紫蓝色的蝶形花，植株和花朵都很有观赏价值，花姿柔丽幽雅，花色蓝紫，非常美丽迷人（图6-46）。用蝶豆花当作高品位浪漫的茶品饮用，以及当作天然食品色素制作糕点是拉丁美洲和东南亚国家的风情和习俗。蝶豆花的味道自然甘甜，东南亚国家的一些五星级酒店通常把蝶豆花茶当作高贵的迎宾茶来接待贵宾。

图6-46　蝶豆花

2. 染料提取及染色　其能否用于纺织品染色？本次测试的蝶豆花来自马来西亚，用水萃取得染液。经试验表明，有染料价值，但不耐碱性，在酸性条件下染色比较好。受酸碱影响大，使用不同媒染剂染色可呈现不同的颜色。在丝绸上染色的效果比棉布好。如能进一步解决色牢度的问题，蝶豆花作为天然染料是完全可行的。

媒染剂：明矾、蓝矾、皂矾。

棉布上染色：直接染色得军绿色，皂洗后得浅卡其色。媒染剂为明矾，用量5g/L，得深灰色，皂洗后得浅绿灰色；媒染剂为蓝矾，用量5g/L，染色得墨绿色，皂洗后得浅绿灰色；媒染剂为皂矾，用量8g/L，染色得深军绿色，皂洗后得中卡其色。

丝绸上染色：直接染色得浅蓝灰色，皂洗后得浅绿色。媒染剂为明矾，用量5g/L，得蓝色，皂洗后得绿灰色；媒染剂为蓝矾，用量5g/L，染色得黛蓝色，皂洗后得绿色；媒染剂为皂矾，用量8g/L，染色得墨绿色，皂洗后得军绿色。

丝麻上染色：直接染色得绿灰色，皂洗后得浅灰绿色。媒染剂为明矾，用量5g/L，得靛蓝色，皂洗后得浅绿色；媒染剂为蓝矾，用量5g/L，染色得蓝紫色，皂洗后得浅灰绿色；媒染剂为皂矾，用量8g/L，染色得深军绿色，皂洗后得军绿色。

染色温度50℃，染色时间30min。蝶豆花染色效果如图6-47所示。

棉

图6-47

丝

丝麻

图 6-47 蝶豆花染色效果

十一、密蒙花

1. 密蒙花概况 密蒙花，又名蒙花、小锦花、黄饭花、疙瘩皮树花、鸡骨头花、羊耳朵、蒙花树、米汤花、染饭花、黄花树，湖北称为"绵糊条子"。其为马钱科、醉鱼草属灌木，小枝略呈四棱形，灰褐色；小枝、叶下面、叶柄和花序均密被灰白色星状短绒毛，叶对生，叶片纸质，狭椭圆形、长卵形、卵状披针形或长圆状披针形，外果皮被星状毛，基部有宿存花被；种子多颗，狭椭圆形，两端具翅。花期为 3~4 月，果期为 5~8 月。全株供药用，花有清热利湿、明目退翳之功效，根可清热解毒（图 6-48）。

图 6-48 密蒙花

其产于山西、陕西、甘肃、江苏、安徽、福建、河南、湖北、湖南、广东、广西、四川、贵州、云南和西藏等省区。西双版纳傣族和其他少数民族多用来染糯米饭，染出的糯米饭颜色金黄剔透芳香四溢，所以叫它染饭花。

密蒙花主要含黄酮类蒙花苷、环烯醚萜苷类等成分。其中黄酮类有蒙花苷、密蒙花新苷、木樨草素、木樨草素 -7-O- 葡萄糖苷、木樨草素 -7-O- 芸香苷、秋英苷、芹菜素、刺槐素等，环烯醚萜苷类有桃叶珊瑚苷、对甲氧基桂皮酰桃叶珊瑚苷、对甲氧基桂皮酰梓醇、海胆苷、梓苷、梓醇等。

实践证明，密蒙花不仅是一味良药，也是做美食和天然染料的好东西。其抗菌、抗氧化的功能更是作为功能性天然染料不可多得的良品。

2. 染料提取及染色 密蒙花可提取芳香油，亦可做黄色染料。

（1）染料提取。干花 1kg，水 5L，水烧开后转小火煮 30min，过滤，得染液，再按比例加水萃取一次，两次染液合在一起。

（2）染色。媒染剂：明矾、蓝矾、皂矾。

棉布上染色：直接染色得浅黄色。媒染剂为明矾，用量5g/L，得深黄色；媒染剂为蓝矾，用量5g/L，得中黄色；媒染剂为皂矾，用量8g/L，得咖色。丝绸上染色：直接染色得浅黄色。媒染剂为明矾，用量5g/L，得深黄色；媒染剂为蓝矾，用量5g/L，得中黄色；媒染剂为皂矾，用量8g/L，得深咖色。丝绸上得色比棉布得色深。

染色温度为50℃，染色时间为30min。

本次试验采用云南西双版纳的密蒙花。密蒙花染色效果如图6-49所示。

棉　　　　　　　　　丝
图6-49　密蒙花染色效果

十二、玫瑰茄

1.玫瑰茄概况　玫瑰茄又名洛神花、洛神葵、山茄等，是锦葵科木槿属的一年生草本植物，广布于热带和亚热带地区，原产于西非、印度，目前在我国的广东、广西、福建、云南、台湾等地均有栽培。玫瑰茄植株高1.5~2m，茎淡紫色，直立，主干多分枝，叶互生。花在夏秋间开放，花期长，花萼杯状，紫红色，花冠黄色。每

图6-50　玫瑰茄

当开花季节，红、绿、黄相间，十分美丽，有"植物红宝石"的美誉（图6-50）。

玫瑰茄的花萼肉质多汁，并可提取天然食用色素，色素为花青素，与葡萄、草莓、樱桃等水果色素相同。

玫瑰茄略有特殊气味，为水溶性色素，酸性时呈鲜红色，中性至碱性时呈红至紫色。耐热、耐光性不良。对蓝光最不稳定，耐红色光，故宜用红色玻璃包装。可添加植酸等金属螯合剂或氯化物，以提高其耐热、耐光性。其抽提液呈强酸性，耐金属离子（如Fe^{3+}）性较差。任意混溶于水、乙醇、丙二醇等醇性有机溶剂，不溶于动植物油、氯仿、苯等亲油性有机溶剂。

红色（至紫红色）色素，适用于pH在4以下、不需高温加热的食品，在一定条件下可以作为天然纤维的染色剂使用。

2.染料提取及染色

（1）染料提取。玫瑰茄花萼除去腐败叶子，洗净晾干，用20倍量的水加热至沸，保温搅拌0.5h，趁热过滤；滤渣用10倍量的水按上法浸提3次，第三、第四次滤液可作为下一批玫瑰茄花萼的浸提溶剂。合并第一、第二次滤液，在60~70℃下减压浓缩至含固形物30%~40%为止，得染液。

100g干花萼可得1.5g总花色苷，为提高耐光性，可添加抗氧化剂（L-抗坏血酸），并使用不透紫外线的包装材料，氮气置换包装等。

该色素耐酸性强，耐碱性差，pH=3~3.5时最稳定，pH=5.1时略褪色，pH=6.32时呈现淡黄色。

其耐热性也差，在提取时，50℃提取4h为最适宜条件。浴比为1∶10。

（2）染色。在对棉麻丝毛四种天然纤维的染色中，使用了多种媒染剂和染色方法，得到多色。

媒染剂：明矾、蓝矾、皂矾、醋酸铁。

棉布上染色：直接染色得薯红色，皂洗后得浅绿色。媒染剂为明矾，用量5g/L，得灰绿色；媒染剂为蓝矾，用量5g/L，得浅绿色；媒染剂为皂矾，用量8g/L，得浅红灰色，皂洗后得浅灰绿色；媒染剂为醋酸铁，用量8g/L，得浅红灰色，皂洗后得浅绿色。

丝绸上染色：直接染色得薯红色，皂洗后得浅绿色。媒染剂为明矾，用量5g/L，得灰绿色；媒染剂为蓝矾，用量5g/L，得中黄色；媒染剂为皂矾，用量8g/L，得紫红色，皂洗后得浅黄绿色；媒染剂为醋酸铁，用量8g/L，得浅紫灰色，皂洗后得黄绿色。

麻布上染色：直接染色得薯红色，皂洗后得浅绿色。媒染剂为明矾，用量5g/L，得灰绿色；媒染剂为蓝矾，用量5g/L，得军绿色；媒染剂为皂矾，用量8g/L，浅红灰色，皂洗后得浅灰绿色；媒染剂为醋酸铁，用量8g/L，得浅红灰色，皂洗后得浅绿色。与棉布染色基本一致。

羊毛织物上染色：直接染色得黄咖色，皂洗后得浅绿色。媒染剂为明矾，用量5g/L，得浅咖色；媒染剂为蓝矾，用量5g/L，得墨绿色；媒染剂为皂矾，用量8g/L，得紫咖色，皂洗后得浅绿色；媒染剂为醋酸铁，用量8g/L，得土黄色，皂洗后得浅绿色。

染色温度为50℃，染色时间为30min。玫瑰茄原料采集自福建，其染色效果如图6-51所示。

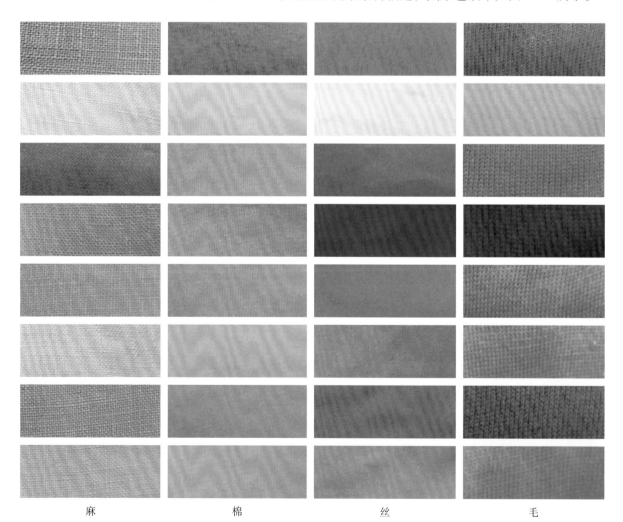

| 麻 | 棉 | 丝 | 毛 |

图6-51 玫瑰茄染色效果

中国植物染技法

082

十三、栀子

1.栀子概况 栀子,又名黄栀子、山栀、白蟾、支子、木丹、越桃、鲜支、卮子、黄支仔、黄支子、浅支子等,是茜草科植物栀子的果实。栀子又分成只开花不结果,观赏用花种,所开的白花是复瓣,叫作玉堂春等;栀子的果实供药用,具有泻火除烦、清热利湿、凉血解毒等功能(图6-52)。栀子不仅是重要的中药资源,而且是化工、食品工业的重要原料。栀子色素是天然染料和食用色素。

栀子的果实含有一种天然黄色素,自古以来就被作为染布的染料。此外,它也可以用于食品色素或作为绘画颜料。另外,栀子也是古代一种极为重要的经济作物。《史记·货殖列传》记载:"若千亩卮茜,千畦姜韭;此其人皆与千户侯等。"这里的"卮茜"指的就是栀子和茜草,茜草也是一种染色材料,可见秦汉时期采用栀子染色是很盛行的。

2.染料提取及染色 染料萃取方法及染色步骤如下(图6-53)。

(1)将丝、麻、棉三种织物先置入明矾水中,媒染15~20min后,取出并用清水洗净。

(2)将栀子洗净,加1:10的水以高温热煮20min。

(3)将清水洗净后之织物置入染液中浸染,依所需颜色深浅调整染色时间。

(4)将织物取出清洗,染色完成。栀子染色效果如图6-54所示。

图6-52 栀子植株

(1)加明矾,水中化开 　(2)织物放入媒染剂溶液媒染后清洗

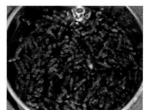

(3)栀子洗净 　(4)提取染液

(5)染色 　(6)过滤

(7)清洗干净

图6-53 栀子染料萃取方法及染色步骤

棉

麻

图6-54

丝

毛

图 6-54　染色效果

十四、鸡蛋花叶

1. 鸡蛋花概况　鸡蛋花又名缅栀子、蛋黄花、擂捶花、大季花、鸭脚木、番缅花、蕃花、善花仔（图 6-55）。我国福建、台湾、广东、海南、广西、云南等地有栽培。灌木至小乔木，高3~7m，有乳汁。小枝肥厚而多肉质，有叶聚生于顶。花冠外面白色而略带淡红，内面基部黄色，长 5~6cm，裂片倒卵形，彼此覆盖。花期 8 月。

其树皮中含 α- 香树脂醇、β- 香树脂醇、β- 谷甾醇、鸡蛋花苷、东莨菪素等；根中含环烯醚萜类化合物，如 13-O- 咖啡酰鸡蛋花苷、13- 脱氧鸡蛋花苷、β- 二氧鸡蛋花新酸葡萄糖酯苷、1α- 鸡蛋花苷、原鸡蛋花素、A，8- 异鸡蛋花苷等。叶含黄酮苷：如山奈醇葡萄糖苷、槲皮素葡萄糖苷。

2. 染料提取及染色　给笔者提供材料的福建朋友说，在他们那里鸡蛋花染色很不错。但从有关资料查询不到有关染色记录。不过从此植物的别名叫缅栀子来看，应该有与栀子相似的色素。本次得到的不是花，是树叶。

图 6-55　鸡蛋花

鸡蛋花叶去杂质，洗净。1kg 叶加 5L 水，大火烧开转小火煮 30min，过滤。重复以上流程再来一遍，过滤。两遍染液合在一起。

布料浸泡透。染液加媒染剂加热至 35℃时加入布料染色，不断翻动，温度 50℃，时间 40min，染色完成后拧干，清洗，晾干。

媒染剂：明矾、蓝矾、皂矾、醋酸铁。

棉布上染色：直接染色得黄绿色。媒染剂为明矾，用量 5g/L，得黄色；媒染剂为蓝矾，用量 5g/L，得黄色；媒染剂为皂矾，用量 8g/L，得浅绿色，皂洗后得浅灰绿色。

丝绸上染色：直接染色得黄绿色。媒染剂为明矾，用量 5g/L，得黄色；媒染剂为蓝矾，用量 5g/L，得黄色；媒染剂为皂矾，用量 8g/L，得浅绿色，皂洗后得浅军绿色。

鸡蛋花叶染色效果如图 6-56 所示。

棉　　　　　丝

图 6-56　鸡蛋花叶染色效果

中国植物染技法

084

十五、罗勒

1.罗勒概况　罗勒又名兰香、九层塔、气香草、矮糠、零陵香、光明子等，为唇形科罗勒属植物。其叶子呈椭圆尖状，花朵为紫白色（图6-57、图6-58）。一般为药食两用芳香植物，味似茴香，全株小巧，叶色翠绿，花色鲜艳，芳香四溢。在潮州菜中又名"金不换"，客家人称为"满园香""满姨香"。原生于亚洲热带地区，对寒冷非常敏感，在热和干燥的环境下生长得最好。

图6-57　罗勒　　　　　　图6-58　罗勒花

有人说罗勒是外来物种，实为误传。从古籍看，在中国至少唐代就有了。唐代名医孙思邈《千金食治》中记载，"罗勒味苦、辛、温、平、涩，无毒。消停水，散毒瓦斯。不可久食，涩荣卫诸气。"

2.染料提取及染色　染色试验的罗勒非作者采集，是采用学生寄来的干燥罗勒，在丝绸和棉布上进行了染色实验。媒染剂为明矾、蓝矾、皂矾。罗勒染色效果如图6-59所示。

布料浸泡透。染液加媒染剂加热至35℃时加入布料染色，不断翻动。温度50℃，时间40min，染色完成后拧干，清洗，晾干。

棉　　　　　　　　　丝

图6-59　罗勒染色

棉布上染色：直接染色得咖色。媒染剂为明矾，用量5g/L，得浅咖色；媒染剂为蓝矾，用量5g/L，得深咖色；媒染剂为皂矾，用量8g/L，得灰绿色。

丝绸上染色：直接染色得浅咖色。媒染剂为明矾，用量5g/L，得浅绿色；媒染剂为蓝矾，用量5g/L，得深咖色；媒染剂为皂矾，用量8g/L，得深军绿色。

第三节　水果染

一、板栗（壳、叶）

1.板栗概况　板栗（图6-60），又叫毛栗、风栗、栗子。板栗品种资源丰富，分布地域辽阔，重点产区为燕山、沂蒙山、秦岭和大别山等山区及云贵高原。

中国栽培板栗的历史悠久，可追溯到西周时期。《诗经》有云："栗在东门之外，不在园圃之间，则行道树也"；《左传》也有"行栗，表道树也"的记载，说明在当时栗树就已被植入园地或作为行道树。西汉司马迁在《史记·货殖列传》中就有"燕，秦千树栗，……此其人皆与千户侯等"的明确记载。

2. 染料提取及染色

（1）板栗果壳。板栗果是大家喜欢的美食，其外壳（图6-61）是古代就有记载的天然染料之一。《天工开物》记有"用栗壳或莲子壳煎煮一日，漉起，然后入铁砂化矾锅内，再煮一宵，即成深黑色"的记载。《原色台湾药用植物图鉴2》在栗的成分中记有"树皮及叶含丹宁"，而日本草木染相关的书籍中也多数会提到运用栗子壳、树皮与树叶染色，这些部位因含有丰富的丹宁成分，故能产生良好的染色效果。板栗壳染色效果如图6-62所示。

①将收集的栗壳用清水冲净，再用适量冷水浸泡一夜，次日置于不锈钢锅中煎煮萃取色素，萃取时间为水沸30min，共萃取三四次。

②萃取的染液过滤后，混合在一起，并使之降温作染浴。

③被染物先浸透清水，拧干、打松后投入染浴中缓慢升温染色，煮染的时间约30min。

④取出被染物，拧干后进行媒染30min。

⑤经媒染后的被染物再入原染浴中染色30min。

⑥煮染之后，被染物取出水洗、晾干而成。

⑦注意事项：以铁媒粉作媒染剂时，若要染成较黑的颜色，可以在第二次液染之后再入媒染浴中媒染一回；为彻底滤净萃取液中的针刺，过滤的纱网应选择最细密的网目，或以细棉布过滤，以免染色时刺伤了手指。

棉布上染色：直接染色得咖色；媒染剂为明矾，用量5g/L，得黄色；媒染剂为皂矾，用量8g/L，得深灰色。

丝绸上染色：直接染色得咖色；媒染剂为明矾，用量5g/L，得土黄色；媒染剂为皂矾，用量8g/L，得黑色。

亚麻上染色：直接染色得咖色；媒染剂为明矾，用量5g/L，得土黄色；媒染剂为皂矾，用量8g/L，得深灰色。

羊绒上染色：直接染色得咖色；媒染剂为明矾，用量5g/L，得土黄色；媒染剂为皂矾，用量8g/L，得黑色。

（2）板栗树叶。收集一些板栗树叶，洗净，用水萃取三遍合在一起成染液。染色过程同板栗壳染色。板栗树叶染色采用无媒染、铝媒染、铁媒染三种方法。染色的面料有棉布、丝绸素缎、羊绒针织布、亚麻布四种材料。结果显示，可得出黄色、军绿、灰色、黑色。特别在丝绸和羊绒上染出纯正的黑色。证明板栗树叶和板栗壳一样完全可以作为天然染料使用。板栗树叶染色效果如图6-63所示。

图6-60　板栗树

图6-61　板栗果壳

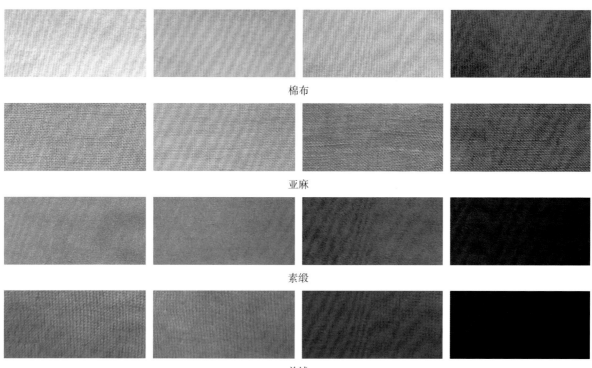

棉布

亚麻

素缎

羊绒

图 6-62　板栗壳染色

棉布上染色：加熟石灰得黄绿色，直接染色得浅绿色，加碱得浅黄绿色，加酸同直接染色；媒染剂为明矾，用量5g/L，得亮黄色；媒染剂为蓝矾，用量5g/L，得黄绿色；媒染剂为皂矾，用量8g/L，得军绿色。

丝绸上染色：加熟石灰得黄绿色；直接染色得浅绿色；棉加碱得浅黄绿色，棉加酸同直接染色；媒染剂为明矾，用量5g/L，得亮黄色；媒染剂为蓝矾，用量5g/L，得黄绿色；媒染剂为皂矾，用量8g/L，得军绿色。

棉

丝

图 6-63　板栗树叶染色

二、槟榔果

1.槟榔果概况 槟榔有名榔玉、宾门、青仔、国马、槟楠、尖槟、鸡心槟榔。槟榔为常绿性乔木，果实为坚果，椭圆形，长4~5cm（图6-64）。海南省是我国槟榔的主要产区。槟榔果一般用于嚼食，槟榔果核（图6-65）可作为染料。

2.染料提取及染色 槟榔子在我国用以染色不知始于何时，然而日本在镰仓时代已有使用记录，如《当世染物鉴》《鄙事记》等书中有槟榔果核染色的记载。槟榔果核主要是和石榴、五倍子等物合用，并以蓝靛打底，加上铁媒染后可得到黑色。

其具体染色方法如下。

（1）捡拾槟榔落果，只要种仁仍未腐朽，大小新旧皆可利用，槟榔果核先以杵臼或铁槌敲破，然后加入适量清水，于不锈钢锅中煎煮萃取色素，每次萃取时间为水沸后30min以上，可萃取三四次。

（2）各次萃取的染液经细网或纱布过滤后，调和在一起作染浴。

（3）被染物先浸透清水，拧干、打松后投入染浴中升温染色，煮染的时间约为染液煮沸后30min。槟榔富含槟榔红色素及儿茶精，染色时应勤加搅动，以免局部迅速氧化而产生染斑。

（4）取出被染物，拧干后进行媒染30min。

（5）经媒染后的被染物再入原染浴中染色30min。

（6）煮染之后，被染物不要存放在染锅中待冷，直接取出水洗、晾干。

槟榔果核染色在棉布与丝绸的色调大致相似。直接染色，丝绸为带橙味的肌肤色，棉布为灰褐色；铜媒染丝绸为较浓的红褐色，棉布为带深灰的暗褐色；铁媒染丝绸为灰褐色，而棉布为带紫褐色调的深灰色。槟榔果核染色的效果如图6-66所示。

图6-64 槟榔果

图6-65 槟榔果核

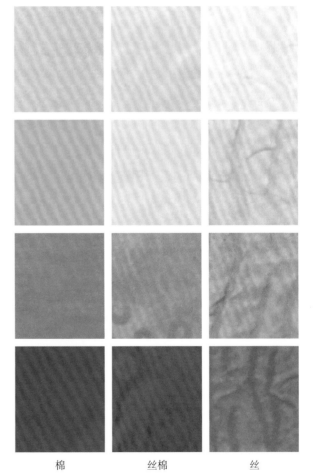

棉　　　　　丝棉　　　　　丝

图6-66 槟榔果核染色效果

三、草莓叶

1.草莓概况 草莓又叫凤梨草莓、红莓、洋莓、地莓等，是蔷薇科、草莓属多年生草本，是一种红色的水果。其外观呈心形，鲜美红嫩，果肉多汁，含有特殊的浓郁水果芳香（图6-67）。

现代草莓栽培品种起源于亚洲、欧洲、美洲野生种的杂交后代，属于凤梨草莓，世界各地均有分布。

2.染料提取及染色　草莓是鞣酸含量丰富的植物，那么就有作为天然染料的可能。

新鲜草莓叶提取两遍，混合染液，在丝和棉布上做染色实验。温度50℃，染色时间50min。草莓叶染色效果如图6-68所示。

棉布上染色：媒染剂为明矾，用量5g/L，得浅黄绿色；媒染剂为蓝矾，用量5g/L，得中黄绿色；媒染剂为皂矾，用量8g/L，得深灰色。

丝绸上染色：直接染色，得浅土黄色；媒染剂为明矾，用量5g/L，得黄绿色；媒染剂为皂矾，用量8g/L，得黑灰色。

亚麻上染色：直接染色得灰绿色；媒染剂为明矾，用量5g/L，得浅绿色；媒染剂为皂矾，用量8g/L，得深灰色。

羊绒上染色：媒染剂为明矾，用量5g/L，得浅绿色；媒染剂为蓝矾，用量5g/L，得中咖色；媒染剂为皂矾，用量8g/L，得深军绿色。

四、梨树叶

1.梨树概况　梨树，又名水梨、山檎、玉露、蜜父、快果、果宗、玉乳。梨树为蔷薇科梨属植物，资源丰富，主要作为经济栽培的国内有5种，分别为秋子梨、白梨、沙梨、洋梨和新疆梨，此外有杜梨（棠梨）、豆梨（鹿梨）、褐梨和川梨等野生种。梨在国内南北广泛栽培，在落叶果树中的经济地位仅次于苹果（图6-69）。

2.染料提取及染色　笔者根据多年的染色实践经验认为，梨树的枝叶也是一个良好的植物染料，对人体无毒无害，环保安全，对天然纤维染色亲和力好，是极好的天然染料。本试

图6-67　草莓

棉　　　　　　　　　麻

丝　　　　　　　　　毛

图6-68　草莓叶染色效果

图6-69　梨树

验染材来源：江苏茅山，采集时间：十月中秋。

洗净树叶，切成细条，1kg鲜叶加水5L煮，大火煮开后转小火煮30min，过滤。重复加水5L煮。两次染液合在一起。

布料分别用明矾、蓝矾、皂矾做前媒染处理。染色40min，温度50℃。染色后再后媒染一次，时间5min。清洗，晾干。梨树叶染色效果如图6-70所示。

棉布上染色：直接染色得黄色；媒染剂为明矾，用量5g/L，得中黄色；媒染剂为蓝矾，用量5g/L，得浅黄绿色；媒染剂为皂矾，用量8g/L，得绿色。

丝绸上染色：直接染色得浅咖色；媒染剂为明矾，用量5g/L，得亮黄色；媒染剂为蓝矾，用量5g/L，得浅绿色；媒染剂为皂矾，用量8g/L，得绿色。

亚麻上染色：直接染色得土黄色；媒染剂为明矾，用量5g/L，得黄色；媒染剂为蓝矾，用量5g/L，得浅黄绿色；媒染剂为皂矾，用量8g/L，得绿色。

羊毛织物上染色：直接染色得浅咖色；媒染剂为明矾，用量5g/L，得黄色；媒染剂为蓝矾，用量5g/L，得亮绿色；媒染剂为皂矾，用量8g/L，得灰绿色。

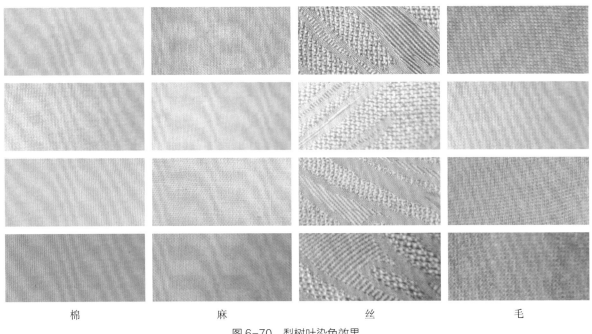

棉　　　　　　　麻　　　　　　　丝　　　　　　　毛

图6-70　梨树叶染色效果

五、蓝莓

1.蓝莓概况　蓝莓为杜鹃花科越橘属常绿灌木，是原产于北美洲的一种具有较高经济价值的浆果。其果皮呈蓝色或蓝黑色，故称蓝莓，意为蓝色的浆果之意（图6-71、图6-72）。蓝莓有两种，一种是低灌木，矮脚野生，颗粒小，但花青素的含量很高；第二种是人工培育蓝莓，能成长至240cm高，果实较大，水分较多，花青素含量相对偏低。我国主要产区在大兴安岭和小兴安岭林区，尤其是大兴安岭中部，而且都是纯野生的。近年来才成功进行人工驯化培植。蓝莓的产季为每年5~10月，在7月达最高峰。

2.染料提取和染色　蓝莓富含抗氧化剂，热量低，素有"超级食物"之称。蓝莓可作为天然食

图 6-71 蓝莓

图 6-72 蓝莓果

品染料。美国健康基金会资料显示，早期美国居民曾用牛奶与蓝莓同煮制作灰色涂料。

本次试验利用来自大兴安岭的蓝莓果渣提取染料对棉、麻、丝面料进行染色。效果好得有些意外。特别是在棉布上染出了绿色。蓝莓果染色效果如图 6-73 所示。

染料萃取过程为：1kg 果实渣加水 5L 煮，大火煮开后转小火煮 30min，过滤。重复加水 5L 煮。两次染液合在一起。

棉布上染色：直接染色得咖色；媒染剂为明矾，用量 5g/L，得灰咖色；媒染剂为蓝矾，用量 5g/L，得橄榄绿色；媒染剂为皂矾，用量 8g/L，得深墨绿色。皂洗后得红咖色。

丝绸上染色：直接染色得浅咖色；媒染剂为明矾，用量 5g/L，得紫红色；媒染剂为蓝矾，用量 5g/L，得绿色；媒染剂为皂矾，用量 8g/L，得深灰色。皂洗后得深咖色。

棉　　　　　　　　　丝

图 6-73 蓝莓果染色效果

六、荔枝木

1.荔枝概况　提起荔枝，大家都会记起唐代诗人杜牧的名句："长安回望绣成堆，山顶千门次第开。一骑红尘妃子笑，无人知是荔枝来。"妃子笑后来竟成了荔枝的著名品种。

荔枝，又名大荔、丹荔，无患子科荔枝属，常绿乔木，树皮灰褐色，不裂（图 6-74）。其原产于我国南部，主产区主要分布在广东、广西、福建、海南、台湾等省区，云南、贵州、四川等地也有少量栽培。18 世纪末向世界各地传播，现栽培面积较大并已发展成为商品性生

图 6-74 荔枝树

产的国家有泰国、越南、印度、澳大利亚、美国、南非等。

2.染料提取及染色 荔枝木长期以来只能作燃料和烧木炭，没有得到更好的应用（图6-75）。十年前笔者用荔枝木做了染料染色实验，效果是很不错的，在丝绸和棉布上都有较好的上色效果。

（1）染料提取。将木材劈成小块，再用粉碎机打碎、打松。1kg木材加10L水萃取。两次提取液合在一起。

（2）染色。布料做好前处理，润湿润透。染液加热至35℃时放入布料，温度控制在45℃，媒染剂采用同浴。30min后取出，在凉水里浸泡15min，洗涤，晾干。荔枝木染色效果如图6-76所示。

棉布上染色：直接染色得木红色；媒染剂为明矾，用量5g/L，得红驼色；媒染剂为蓝矾，用量5g/L，得深红驼色；媒染剂为皂矾，用量8g/L，得驼色。

丝绸上染色：直接染色得深木红色；媒染剂为明矾，用量5g/L，得深驼色；媒染剂为蓝矾，用量5g/L，得深红驼色；媒染剂为皂矾，用量8g/L，得深军绿色。

图6-75 荔枝木

棉　　　　　　　　丝

图6-76 荔枝木染色效果

七、龙眼木

1.龙眼概况 龙眼，又名龙目、桂圆、圆眼、益智，无患子科龙眼属，常绿大乔木（图6-77）。其果实外形圆滚如弹丸，却略小于荔枝；皮青褐色，革质而脆；去皮则剔透晶莹偏浆白，隐约可见内里红黑色果核，极似眼珠，故以"龙眼"命名之。

广东南部、海南岛、云南东南部、台湾、广西南部、贵州和四川均有栽培，尤以福建和两广

图6-77 龙眼树

栽培更为普遍。龙眼栽培历史可追溯到2000多年前的汉代。北魏贾思勰《齐民要术》记载："龙眼一名益智，一名比目。"因其成熟于桂树飘香时节，俗称桂圆。古时列为重要贡品。

2.染料提取及染色 早期文献所记不外乎龙眼形态及其作用，从不曾见过有将它用于染色。本

次染色试验使用了来自福建仙游的干材和枝叶作为染料来源（图 6-78）。

龙眼木的染料提取与荔枝木相似。龙眼木染色效果如图 6-79 所示。

棉布上染色：直接染色得浅咖色；媒染剂为明矾，用量 5g/L，得咖色；媒染剂为蓝矾，用量 5g/L，得灰咖色；媒染剂为皂矾，用量 8g/L，得浅军绿色。

丝绸上染色：直接染色得红咖色；媒染剂为明矾，用量 5g/L，得土黄色；媒染剂为蓝矾，用量 5g/L，得卡其色；媒染剂为皂矾，用量 8g/L，得深军绿色。

八、葡萄皮

1. 葡萄概况 葡萄，又名（蒲桃、草龙珠、山葡芦、李桃、提子），是葡萄属的一种常见植物；落叶藤本植物，褐色枝蔓细长；浆果多为圆形或椭圆，有青绿色、紫黑色、紫红色等（图 6-80）。

2. 染料提取和染色 现代研究表明，葡萄皮富含花色苷类色素，且作为鲜果不可食用部分及葡萄加工的副产物（图 6-81），来源广泛，价格低廉，实属可以开发利用的天然食用色素资源。据印度媒体报道，从葡萄皮中提取的天然染料可用于羊毛和丝织物的染色。通过对耐摩擦色牢度、耐日光色牢度、耐热色牢度及耐水洗色牢度的测试，发现葡萄皮中的葡萄紫染料和其他天然染料有很好的相容性，并且发现其对丝织物的色牢度要优于对羊毛染色的色牢度。

葡萄皮的主要着色成分为锦葵素、芍药素、翠雀素和 3′-甲花翠素或花青素的葡萄糖苷，从中可以提取葡萄紫色素。葡萄紫的色调随 pH 的变化而变化，酸性时呈红至紫红色，碱性时呈暗蓝色。在铁离子的存在下呈暗紫色。染着性、耐热性不太强，易氧化变色。葡萄紫的来源与制法：将制造葡萄汁或葡萄酒后的残渣除去种子及杂物，经浸提、过滤、浓缩等精制，或进一步添加麦芽糊精、变性淀粉后经喷雾干燥制得。

图 6-78 龙眼木

棉　　　　　　　　　丝

图 6-79 龙眼木染色

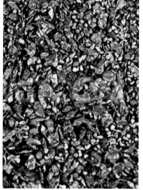

图 6-80 葡萄　　　图 6-81 葡萄渣

试着用葡萄紫对几种天然纺织品进行了染色，其效果很惊艳（图6-82、图6-83）。

棉布上染色：明矾5g/L，得紫红色，皂洗后得咖色；蓝矾5g/L，得咖色，皂洗后得卡其色；皂矾5g/L，得深紫红色，皂洗后得驼色。

丝绸上染色：明矾5g/L，得紫红色，皂洗后得深灰蓝色；调整酸碱度，pH=12~14，可得从浅蓝色到黛青色；蓝矾5g/L，得墨绿色，皂洗后得绿色；皂矾5g/L，得深紫色，皂洗后得绿色。

用葡萄皮水提取液作染料染色也有不错的效果（图6-84）。

棉布上染色：直接染色得咖色；媒染剂为明矾5g/L，得浅灰紫色；媒染剂为蓝矾5g/L，得浅咖色；媒染剂为皂矾5g/L，得深灰色。

丝绸上染色：直接染色得深紫红色；媒染剂为明矾5g/L，得紫红色；媒染剂为蓝矾5g/L，得紫红灰色；媒染剂为皂矾5g/L，得深紫灰色。

棉

图6-82　葡萄紫染色效果（明矾）

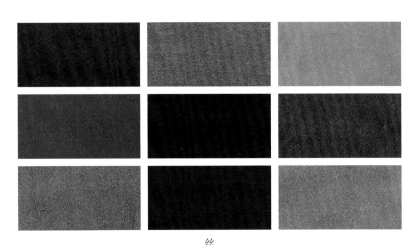

丝

图6-83　葡萄紫染色效果（明矾加皂洗）

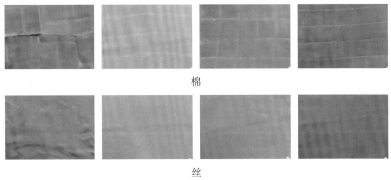

棉

丝

图6-84　葡萄皮染色效果

九、石榴皮

1.石榴概况　石榴树是落叶灌木或小乔木。其浆果为近球形且多子，外种皮为肉质（图6-85）。原产西域（指敦煌以西诸国），汉代传入中国，历代本草多有记述。我国南北都有栽培，以江苏、河南等地较多。

石榴皮含鞣质、蜡质、树脂肪、甘露醇、黏液质、没食子酸、苹果酸、果胶和草酸钙、树胶、菊糖、非结晶糖等。干燥的石榴皮呈不规则形或半圆形的碎片状，为暗红色或棕红色，一般作中药用（图6-86）。

2.染料提取及染色　在古文献中虽然查不到石榴皮作为染料使用的记载，但实际上也可作为天然染料使用（图6-87）。石榴皮的主要染料成分是鞣质，其具有多酚类酯的结构，显酸性。

图6-85　石榴

图6-86　石榴皮

图6-87　石榴皮染布

其提取的方法很简单，用中性水萃取即可。本次试验的石榴皮采集自山东枣庄。具体操作是：1kg干燥石榴皮加10L水，在75℃条件下萃取1h，滤去染液，再加同样的水重复萃取三次，合并染液即可。

染色可直接染色，也可以加媒染剂做媒介染色，效果均可。最佳染色温度为50℃，染色时间为30min，pH=3~4。

棉布上染色：直接染色得绿灰色；媒染剂为明矾，用量5g/L，得黄绿色；媒染剂为皂矾，用量8g/L，得灰军绿色。皂洗后得浅军绿色。

丝绸上染色：直接染色得深黄绿色；媒染剂为明矾，用量5g/L，得浅黄绿色；媒染剂为皂矾，用量8g/L，得黑色。皂洗后得深咖色。

亚麻织物上染色：直接染色得浅绿色；媒染剂为明矾，用量5g/L，得黄绿色；媒染剂为皂矾，用量8g/L，得浅橄榄绿色。皂洗后得灰绿色。

羊毛织物上染色：直接染色得黄绿色；媒染剂为明矾，用量5g/L，得浅黄绿色；媒染剂为皂矾，用量8g/L，得黑色。皂洗后得深咖色。

石榴皮染色效果如图6-88所示。

石榴皮染色使用不同的媒染剂颜色会偏差很大。在天然纤维上染色效果好，并具有不错的色牢度。由于染材价格低廉，使用方便，石榴皮在天然染料中性价比很高。

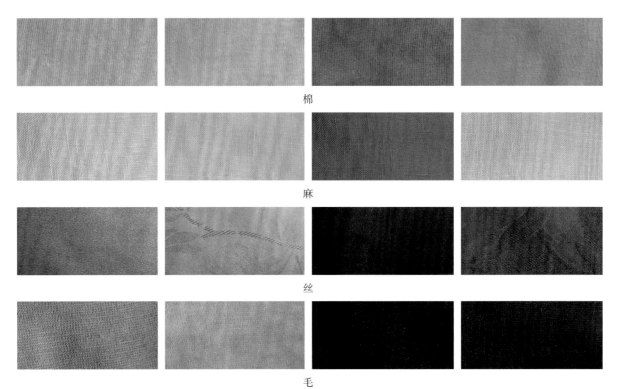

棉

麻

丝

毛

图 6-88　石榴皮染色效果

十、石榴花

1.石榴花概况　石榴为石榴科落叶灌木或小乔木，高2~5m，原生长于亚洲西部地区，经汉代张骞带入我国。经过历代培植，品种渐多。石榴皮、石榴树的枝叶都是极好的染料。石榴花却没有试过。

石榴花多红色，也有白色、粉红色、黄色、玛瑙色等（图 6-89）。石榴花分实花和空花两种。实花结石榴，空花易落，落花自然就是空花了。

2.染料提取及染色　本次采用的是骤雨过后的落花。提取前先浸泡1h，加水萃取，然后在毛、麻、棉织物上做染色试验。

棉布上染色：直接染色得黄绿色；媒染剂为明矾，用量 5g/L，得土黄色；媒染剂为皂矾，用量 8g/L，得黑色。

丝绸上染色：直接染色得灰绿色。

亚麻织物上染色：直接染色得黄绿色；媒染剂为明矾，用量 5g/L，得土黄色；媒染剂为皂矾，用量 8g/L，得深灰色。

羊毛织物上染色：直接染色得深黄绿色。

石榴花染色效果如图 6-90 所示。

图 6-89　石榴花

图 6-90　石榴花染色效果

十一、青柿子、柿叶

1.柿子概况　柿子，是柿科植物浆果类水果，成熟季节在 10 月左右，果实形状较多，如球形、扁圆、近似锥形等，不同的品种颜色从浅橘黄色到深橘红色不等（图 6-91）。

柿子原产中国长江和黄河流域，现全国各地广为栽培。柿子树多用于结果实，也有用于园林绿化。

柿子根据其在树上成熟前能否自然脱涩分为涩柿和甜柿两类。造成涩柿涩味的物质是鞣酸（又称单宁酸）。

图 6-91　青柿子

2.染料提取和染色　青柿子、成熟的柿子皮、柿子叶中含有大量的鞣酸，这正是做染料需要的成分。

柿子的染法是使用柿树的未成熟果实，在果皮仍是绿色、有涩味无法食用的阶段即可采用。其茎叶也可以染色，是以热煮法，煮出其色素，再浸入铁离子化合物溶液里，就可得到较深的咖啡色色相。如浸入铜离子化合物溶液里，就可得到较偏赭色的色相。

（1）青柿子的染色方法。

①将青柿子捣碎榨出果汁，过滤去渣后，即可储存使用。

②先将被染物浸入榨好的涩柿子汁里，浸泡数十分钟后，拿出干燥，并重复浸泡晾干。

③将被染物阴干或接受紫外线的自然照射一星期，就可得到浅棕色或咖啡色的染色效果。

④再以碱性的生石灰水浸泡，则会加深其色相。

青柿子一般用皂矾作为媒染剂，棉、麻、丝、毛织物均可染色，染后的色彩均呈现灰色色相（图 6-92）。

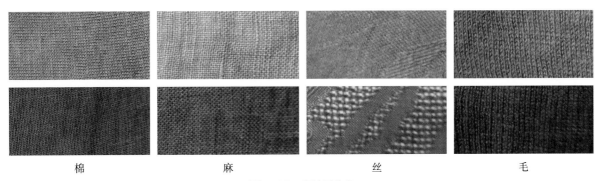

| 棉 | 麻 | 丝 | 毛 |

图 6-92　青柿子染色

（2）柿子叶染色。直接染色得灰绿色；明矾作媒染剂，用量 5g/L，得浅绿色；皂矾作媒染剂，用量 5g/L，得深灰色，皂洗后得深咖色（图 6-93）。

（3）柿子皮染色。将未成熟落下的青柿子皮用刀削下来，晒干保存，随用随提取（图 6-94）。

染料提取过程：干皮去杂质，洗净，1kg 皮加 1L 水；大火烧开，转小火煮 30min，过滤；重复以上流程再来一遍，过滤。两遍染液合在一起。

布料浸泡透。染液加媒染剂加热。染液 35℃时加入布料染色，不断翻动。升温至温度 50℃，时间 40min，染色完成，拧干清洗，晾干。

经过实验，在天然纤维上均有较好的上色效果（图 6-95）。其中白矾作染媒剂得黄色；蓝矾作染媒剂得土黄色；皂矾作染媒剂得灰绿色。

柿染与一般植物染更优越的地方，除了可以冷染、热染外，还可以绘染，绘出如国画般的质感，这让柿染作品可结合艺术呈现多元丰富的面向。更不一样的是，一般植物染经过日晒会随时间渐渐变淡，但柿染作品日晒后却不易褪色，颜色甚至会加深，相当特殊。

十二、酸枣叶、酸枣枝

1. 酸枣树概况 酸枣，又名山枣、野枣、山酸枣，其植株为落叶灌木或小乔木，野生于山坡、旷野或路旁，主要产于我国北方地区。酸枣树是酸枣树属灌木科木本植物，很难成材（图 6-96）。

酸枣树全身都是宝。树皮和根皮可治疗神经官能症。树叶可提取酸叶酮，对冠心病有较好的疗效。果肉可制酸枣面、酿酒、做醋、防暑饮料，有健胃助消化的功能。酸枣花是发展养蜂业的好蜜源。可带刺的酸枣树枝一直没有什么作用（图 6-97）。

图 6-93 柿子叶染色

图 6-94 柿子皮

棉　　　　　　　　丝

图 6-95 柿子皮染色效果

图 6-96 酸枣树　　　图 6-97 酸枣枝

2. 染料提取及染色　查遍资料，没有酸枣叶做染料的记录。2016 年 6 月在北京潭柘寺后山上采集了一些枝叶。以前用过陕西的酸枣枝叶，这次是第二次做酸枣枝叶的染色实践。

（1）用酸枣叶作染材，染料提取工艺不再赘述。酸枣叶染色效果如图 6-98 所示。

棉布上染色：直接染色得卡其色；媒染剂为明矾，用量 5g/L，得浅绿色；媒染剂为蓝矾，用量 5g/L，得土黄色；媒染剂为皂矾，用量 8g/L，得深灰咖色。

丝绸上染色：直接染色得驼灰色；媒染剂明矾和蓝矾，用量 5g/L，均得浅黄绿色；媒染剂为皂矾，用量 8g/L，得黑色。

（2）用酸枣枝作染材试验。选用织物有羊绒织物、丝绸和棉布，媒染剂有明矾、皂矾和蓝矾。酸枣枝染色效果如图 6-99 所示。

棉布上染色：直接染色得粉灰色；媒染剂为明矾，用量 5g/L，得浅驼色；媒染剂为蓝矾，用量 5g/L，得深驼色；媒染剂为皂矾，用量 8g/L，得深灰色。

丝绸上染色：直接染色得红驼色；媒染剂为明矾，用量 5g/L，得土黄色；媒染剂为蓝矾，用量 5g/L，得深土黄色；媒染剂为皂矾，用量 8g/L，得黑色。

羊绒织物上染色：直接染色得浅驼灰色；媒染剂为明矾，用量 5g/L，得浅灰色；媒染剂为蓝矾，用量 5g/L，得绿灰色；媒染剂为皂矾，用量 8g/L，得深蓝灰色。

十三、杏树

1. 杏树概况　杏树为落叶乔木，蔷薇科杏属植物（图 6-100）。

杏树多数为栽培，尤以华北、西北和华东地区种植较多，少数地区为野生，在新疆伊犁一带野生成纯林或与新疆野苹果林混生，海拔可达 3000m。世界各地也均有栽培。

棉　　　　　　　丝

图 6-98　酸枣叶染色效果

毛　　　　丝　　　　棉

图 6-99　酸枣枝染色效果

2. 染料提取及染色

（1）染料提取。树叶（鲜）与水的比例为1:5（重量），加水大火煮开，转小火煮30min，过滤；再加与上次同样数量的水，萃取一次。两次萃取后的染液合在一起。

（2）染色。布料浸透，染液加热至35℃时下被染物，染色30min，温度50℃。

棉布上染色：直接染色得杏色；媒染剂为明矾，用量5g/L，得驼色；媒染剂为蓝矾，用量5g/L，得红驼色；媒染剂为皂矾，用量8g/L，得深绿灰色。

丝绸上染色：直接染色得浅杏色；媒染剂为明矾，用量5g/L，得驼色；媒染剂为蓝矾，用量5g/L，得深红咖色；媒染剂为皂矾，用量8g/L，得灰色。

其染色效果如图6-101所示。杏树枝叶取自陕西佳县泥河沟村，染色试验时间：2015年6月。

图6-100　杏树

棉　　　　　　　　　丝

图6-101　杏树染色

十四、桃树枝叶

1. 桃树概况　中国是桃树（图6-102）的故乡。《诗经·魏风》中就有"园有桃，其实之淆"的句子。园中种桃，自然是人工栽培的；植桃为园，则表明已有一定的种植规模。其他古籍如《管子》《尚书》《韩非子》《山海经》《吕氏春秋》等都有关于桃树的记载，表明在古代，黄河流域广大地区都已遍植桃树。《礼记》中说，当时已把桃列为祭祀神仙的五果（桃、李、梅、杏、枣）之一。

2. 染料提取及染色　中国有这么多有关的桃文化，不能没有桃染。除了树枝染色外，还试了桃树叶的染色，效果绝佳。染料提取方法不再赘述。

（1）桃树枝染色。

棉布上染色：直接染色得浅黄绿色；媒染剂为明矾，用量5g/L，得浅驼色；媒染剂为蓝矾，用量5g/L，得浅绿色；媒染剂为皂矾，用量8g/L，得绿灰色。

丝绸上染色：直接染色得浅灰色；媒染剂为明矾，用量5g/L，得黄色；媒染剂为蓝矾，用量

图6-102　桃树

5g/L，得浅绿色；媒染剂为皂矾，用量 8g/L，得绿灰色。

（2）桃树叶染色。

棉布上染色：直接染色得绿色；媒染剂为明矾，用量 5g/L，得亮绿色；媒染剂为蓝矾，用量 5g/L，得中绿色；媒染剂为皂矾，用量 8g/L，得深绿色；皂洗后得浅绿色。

丝绸上染色：直接染色得浅绿色；媒染剂为明矾，用量 5g/L，得亮绿色；媒染剂为蓝矾，用量 5g/L，得绿色；媒染剂为皂矾，用量 8g/L，得深绿色，皂洗后得军绿色。

其染色效果分别如图 6-103、图 6-104 所示。桃树枝叶取自陕西佳县泥河沟村，染色试验时间：2015 年 6 月。

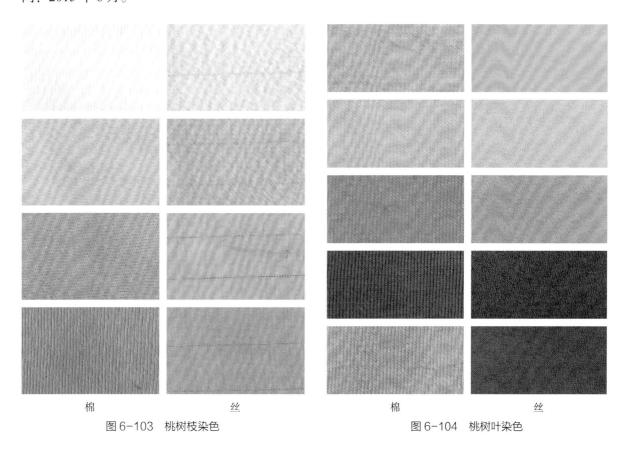

| 棉 | 丝 | 棉 | 丝 |

图 6-103　桃树枝染色　　　　　　　　图 6-104　桃树叶染色

十五、橄榄树叶

1. 橄榄概况　橄榄树，又名洋橄榄、齐墩果、阿列布，橄榄科橄榄属常绿乔木。橄榄是很好的防风树和行道树；其果卵圆形至纺锤形可生食或渍制，也可药用，其核可供雕刻；其种仁可榨油，或用于化工原料（图 6-105、图 6-106）。

橄榄原产自我国南方，古书《三辅黄图》《齐民要术》均有相关记载。现在福建、广东、广西、云南等省市均有栽培。

图 6-105　橄榄树　　　　图 6-106　橄榄果

现代生物技术分析表明，橄榄叶中主要含有裂环烯醚萜及其苷、黄酮及其苷、双黄酮及其苷、低分子单宁等成分，裂环烯醚萜类为主要活性成分。其抗氧化活性成分较橄榄果提取物更为突出，裂环烯醚萜类主要存在于油橄榄叶提取物中。目前，国外对油橄榄叶提取物的研究报道较多，将其深加工并广泛用于化妆品、药品和食品补充剂。

2.染料提取及染色　橄榄叶在生活中没有得到好的利用，其抗氧化与抗菌作用如能用在纺织品上将会提高其功能性，作为染料是个不错的选择。

（1）染料提取。新鲜橄榄叶（取自广东潮州）切碎，洗净。1kg 叶加 5L 水。大火烧开转小火煮 30min。过滤，重复以上流程再来一次，过滤。两次染液合在一起。

（2）染色。布料浸泡透。染液加媒染剂，加热。染液 35℃时加入布料染色，不断翻动。温度 50℃，时间 40min，染色完成。拧干清洗，晾干。

经过实验，在麻布及丝绸上均有较好的上色效果（图 6-107）。

麻布上染色：直接染色得卡其色；媒染剂为明矾，用量 5g/L，得黄绿色；媒染剂为蓝矾，用量 5g/L，得深黄绿色；媒染剂为皂矾，用量 8g/L，得深咖色。

丝绸上染色：直接染色得土黄色；媒染剂为明矾，用量 5g/L，得浅绿色；媒染剂为蓝矾，用量 5g/L，得深黄绿色；媒染剂为皂矾，用量 8g/L。得深墨绿色。

麻　　　　　　丝

图 6-107　橄榄树叶染色效果

十六、樱桃树叶

1.樱桃树概况　樱桃树，蔷薇科李属落叶小乔木，又名莺桃《本草纲目》、荆桃《尔雅》、楔桃《广雅》、英桃、牛桃《博物志》、樱珠、含桃（《礼记》）、朱樱（《蜀都赋》）、朱果（《品汇精要》）、家樱桃（《中国树木分类学》）等。樱桃在我国分布很广，北起辽宁，南至云南、贵州、四川，西至甘肃、新疆均有种植，但以江苏、浙江、山东、北京、河北为多（图 6-108）。

樱桃的种子含氰甙，水解产生氢氰酸；树皮中含有芫花素、樱花素和一种甾体化合物；树叶含有黄酮类化合物，具有广泛的药理活性。正是看中樱桃树叶中含有的黄酮化合物，作为天然染料是非常合适的。

图 6-108　樱桃树

2. 染料提取及染色

（1）染料提取。新鲜樱桃叶（取自北京密云）切碎，洗净。1kg 叶加 5L 水。大火烧开转小火煮 30min。过滤，重复以上流程再来一次，过滤。两次染液合在一起。

（2）染色。其染色效果如图 6-109 所示。棉布上染色：直接染色得土黄色；媒染剂为明矾，用量 5g/L，得灰绿色；媒染剂为蓝矾，用量 5g/L，得深驼色；媒染剂为皂矾，用量 8g/L，得军绿色。

丝绸上染色：直接染色得驼色；媒染剂为明矾，用量 5g/L，得黄驼色；媒染剂为蓝矾，用量 5g/L，得深驼色；媒染剂为皂矾，用量 8g/L，得深墨绿色。

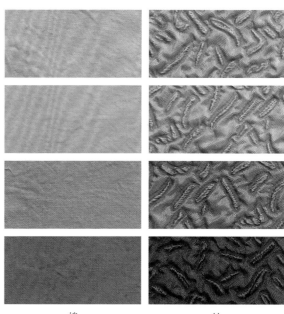

棉　　　　　　　　　　丝

图 6-109　樱桃树叶染色

十七、杨梅枝叶

1. 杨梅概况　杨梅，杨梅科杨梅属小乔木或灌木植物，又称圣生梅、白蒂梅、树梅，具有很高的药用和食用价值，在中国华东和湖南、广东、广西、贵州等地区均有分布。中国已知的有杨梅、白杨梅、毛杨梅、青杨梅和矮杨梅等，经济栽培主要是杨梅（图 6-110）。

2. 染料提取及染色　杨梅的枝叶、树根含鞣质，是制作植物染料的好原料。《南平县志》有"杨梅皮染皂"的记载。杨梅果是水果，不可作染料，作染材者为枝叶、树皮、树根等。

图 6-110　杨梅

树皮不能剥，树根也难挖，唯有枝叶易得。取其枝叶，切碎，洗净，熬出染液，染料成矣。再取棉布、丝绸，水浸透，染液加热，加媒染剂染色，30min 便可染成。洗净晾干即可。

棉布上染色：直接染色得米灰色；媒染剂为明矾，用量 5g/L，得浅绿色；媒染剂为蓝矾，用量 5g/L，得淡绿色；媒染剂为皂矾，用量 8g/L，得灰色。

丝绸上染色：直接染色得棕灰色；媒染剂为明矾，用量 5g/L，得淡绿色；媒染剂为蓝矾，用量 5g/L，得绿色；媒染剂为皂矾，用量 8g/L，得深灰绿色。

棉布、丝绸织物染色效果分别如图 6-111、图 6-112 所示。

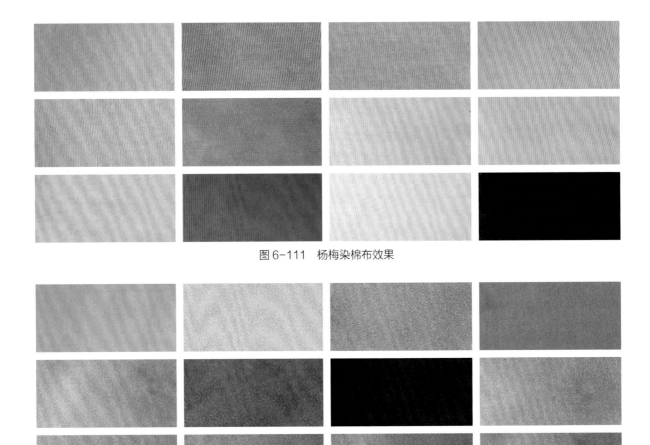

图6-111　杨梅染棉布效果

图6-112　杨梅染丝绸效果

十八、火龙果

1.火龙果概况　火龙果，仙人掌科量天尺属植物，又称红龙果、龙珠果、仙蜜果、玉龙果、青龙果，因其外表肉质鳞片似蛟龙外鳞而得名。其果实呈椭圆形，外观为红色或黄色，有绿色圆角三角形的叶状体，白色、红色或黄色果肉，有芝麻状黑色种子（图6-113）。

2.染料提取及染色　火龙果皮没有作染料的先例，加上是外来物种水果，我国古籍资料里也没有记载。

本次试验是选用的红皮白肉的火龙果皮。取果皮100g，加水1L水萃取。由于花青素对温度敏感，高温萃取后花青素丧失，仅存胡萝卜素。在棉布和丝绸上进行了染色，结果颜色偏淡（图6-114）。需进一步改变萃取方法再做染色试验。

棉布上染色：直接染色得浅黄绿色；媒染剂为明矾，用量5g/L，得淡灰绿色；媒染剂为皂矾，用量8g/L，得淡灰绿色，两者颜色深浅稍有变化。

丝绸上染色：直接染色得浅黄绿色；媒染剂为明矾，用量5g/L，得淡绿色；媒染剂为皂矾，用量8g/L，得灰绿色。

图6-113　火龙果

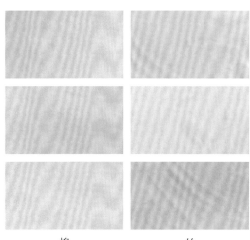

棉　　　　　　　　丝

图6-114　火龙果皮染色效果

图6-115　山竹

图6-116　山竹壳

十九、山竹

1.山竹概况　山竹原名莽吉柿，原产于东南亚，中国台湾、福建、广东和云南也有引种或试种。一般种植10年才开始结果，对环境要求非常严格，是名副其实的绿色水果，与榴梿齐名，号称"果中皇后"。其属藤黄科常绿乔木，树高可达15m，果树寿命长达70年以上。山竹可生食或制果脯。

山竹果实大小如柿，果形扁圆，壳厚硬，呈深紫色，由4片果蒂盖顶，酷似柿样（图6-115）。果壳甚厚，较不易损害果肉。最初果实的外果皮色素为绿色，上有红色条纹，接着整体变为红色，最后变为暗紫色。山竹的外果皮中包含具有收敛作用的一系列多酚类物质，包括氧杂蒽酮和单宁酸，故可用来制作染料。

2.染料提取及染色　将山竹壳打成小碎片（图6-116）。加水萃取三次成染液。染液分别加明矾、蓝矾、皂矾作为媒染剂。染色时间60min，温度50℃。染色完毕拧干，洗净，晾晒。其染色效果如图6-117所示。

棉布上染色：媒染剂为明矾，用量5g/L，得驼灰色；媒染剂为皂矾，用量8g/L，得灰色。媒染剂为醋酸铁，用量5g/L，得深灰色。

丝绸上染色：媒染剂为明矾，用量5g/L，得米驼色；媒染剂为皂矾，用量8g/L，得浅军绿色，媒染剂为醋酸铁，用量5g/L，得深咖色。

羊毛织物上染色：媒染剂为皂矾，用量8g/L，得深军绿色。

麻布上染色：媒染剂为皂矾，用量8g/L，得灰色。右边图为加酸后的效果。

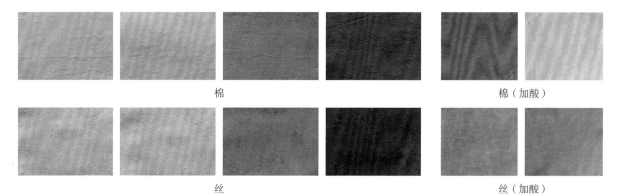

棉　　　　　　　　　　　　　　棉（加酸）

丝　　　　　　　　　　　　　　丝（加酸）

图6-117　山竹壳染色效果

二十、枣树

1.枣树概况　枣，别称枣子、大枣、刺枣、贯枣。枣树，属李科枣属植物，落叶小乔木，稀灌木，树皮褐色或灰褐色，高可达 10m（图 6-118）。

枣树，在中国的培育史已超过 4000 年。枣自古以来就被列为"五果"（桃、李、梅、杏、枣）之一，历史悠久。

《诗经·豳风·七月》中有"八月剥枣，十月获稻。"儒家经典对枣的记述更为详尽，《周礼·天官·笾人》里讲"馈食之笾，其实枣、卤、桃、榛实。"

2.染料提取及染色　枣树叶含蜡醇、原阿片碱和小檗碱，总量为 0.2%。但不确定能否作为染料使用，笔者收集了一些枣树的枝叶提取染液做染色实践。

图 6-118　枣树

通过染料提取和染色试验，发现枣树枝叶可以作为天然染料使用，但色素含量一般。

棉布上染色：直接染色得黄色；媒染剂为明矾，用量 5g/L，得黄绿色；媒染剂为蓝矾，用量 5g/L，得黄色；媒染剂为皂矾，用量 8g/L，得军绿色。

丝绸上染色：直接染色得深土黄色；媒染剂为明矾，用量 5g/L，得浅绿色；媒染剂为蓝矾，用量 5g/L，得棕黄色；媒染剂为皂矾，用量 8g/L，得军绿色。

羊毛上染色：直接染色得黄色；媒染剂为明矾，用量 5g/L，得黄绿色；媒染剂为蓝矾，用量 5g/L，得绿色；媒染剂为皂矾，用量 8g/L，得墨绿色。

麻布上染色：直接染色得棕黄色；媒染剂为明矾，用量 5g/L，得黄绿色；媒染剂为蓝矾，用量 5g/L，得卡其色；媒染剂为皂矾，用量 8g/L，得灰绿色。

枣树枝叶染色效果如图 6-119 所示。

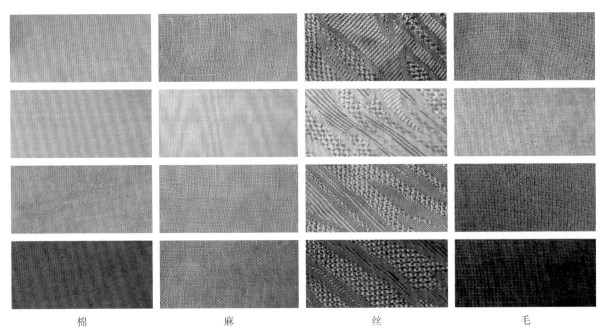

| 棉 | 麻 | 丝 | 毛 |

图 6-119　枣树枝叶染色效果

第四节 蔬菜染

一、红薯叶

1.红薯概况 红薯,旋花科番薯叶属(多年生蔓性草本植物),又称地瓜。红薯叶即红薯生长过程中茎上的叶子。红薯叶有很多用途,如有提高免疫力、保护视力、延缓衰老,解毒等作用。人们一般食用的是秧茎顶端的嫩叶(图6-120)。

经研究发现,红薯叶的蛋白质、维生素、矿物质元素含量极高。红薯叶与菠菜、芹菜、白菜、油菜、韭菜、黄瓜、南瓜、冬瓜、莴苣、紫甘蓝、茄子、番茄、胡萝卜比较,在14种营养成分中,蛋白质、脂肪、碳水化合物、热量、纤维、钙、磷、铁、胡萝卜素、VC、VB_1、VB_2烟酸等13项红薯叶均居于首位。

2.染料提取及染色 十年前笔者就一直在研究怎么将红薯叶作为染料使用。恰好一位客户要求做大豆纤维的天然染色实验,便首次做了红薯叶染色。媒染剂为明矾、皂矾,用量5g/L。经过试验,红薯叶对大豆纤维有较好的上色效果(图6-121)。

(1)染料提取。新鲜红薯叶切碎,洗净。1kg叶加5L水。大火烧开,转小火煮30min,过滤,重复以上流程再来一次,过滤。两次染液合在一起。

(2)染色。布料浸泡透。染液加媒染剂加热,35℃时加入布料染色,不断翻动。温度50℃,时间40min,染色完成,拧干清洗,晾干。

二、丝瓜叶

1.丝瓜概况 丝瓜,葫芦科植物,别名天丝瓜、天罗、蛮瓜、绵瓜、布瓜、天罗瓜、鱼鲛、天吊瓜、纯阳瓜、天络丝、天罗布瓜、虞刺、洗锅罗瓜、天罗絮、纺线、天骷髅、菜瓜、水瓜、縑瓜、絮瓜、砌瓜、坭瓜等,呈蔓藤状生长,开黄花,绿色硕大的叶片(图6-122)。丝瓜叶含三萜类及其皂甙,还含黄酮类成分等。

2.染料提取及染色 以前用丝瓜叶做过染色试验,这次做系统试验,重点在于寻找绿色。采用的面料有全棉针织布、真丝素缎、羊绒针织布四种。通过采用明矾、蓝矾、皂矾、醋酸铁四种不同的媒染剂试验,在棉针织布上分别可得浅黄色、浅粉绿色、米色、米黄色;在丝绸上分别可得黄绿色、浅绿色、

图6-120 红薯叶

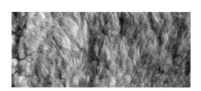

草绿

黄绿

墨绿

豆绿

图6-121 红薯叶染色效果

图6-122 丝瓜

军黄色、土黄色；在羊绒上分别可得黄绿色、绿色、深土黄色、土黄色（图6-123）。究其绿色来看，在羊绒上最为理想，其次是丝绸。看来蛋白质纤维比较适合丝瓜叶染色。颜色不算很深，特别在棉布上的上染率不高。一是有染料浓度不够的原因；二是还需要在上染率上下功夫，找到更好的上染方法。

天然绿色染料，历来极难获得。虽说有资料记载最早染绿色的植物是荩草，可那只是黄绿色，还不是真正意义上的绿色。古诗有"绿兮衣兮，绿衣黄裳"，估计就是荩草染色的。还有一种称为"中国绿"的冻绿，采用了多地提供的鼠李科染材进行试验，结果均不理想。绿色已经有了很多的染料来源，但一种植物染料染绿色，目前丝瓜叶还算理想。

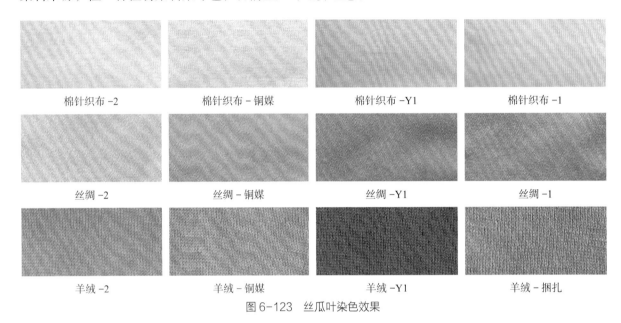

棉针织布-2	棉针织布-铜媒	棉针织布-Y1	棉针织布-1
丝绸-2	丝绸-铜媒	丝绸-Y1	丝绸-1
羊绒-2	羊绒-铜媒	羊绒-Y1	羊绒-捆扎

图6-123　丝瓜叶染色效果

三、甜菜根

1.甜菜根概况　甜菜根，也称甜菜、恭菜、根甜菜、红菜头、紫菜头等，藜科甜菜属二年生草本块根生植物，肉质根呈球形、卵形、扁圆形、纺锤形等，多汁。甜菜广泛种植于温带和寒温带地区，温热地区则在凉爽季节种植。甜菜根叶亦是一种可食蔬菜，甜菜根的色素含量极为丰富，根皮及根肉均呈紫红色（图6-124）。如西欧每年大约产出20万吨的甜菜根，其中大约有10%用来作为色素用途。

2.染料提取及染色　甜菜根的色素萃取可以用两种方法。

（1）用榨汁机榨汁（图6-125）。

（2）甜菜根切丁后（图6-126），水加热萃取。

图6-124　甜菜根

图6-125　榨汁　　　　图6-126　切丁

用水萃取后液体为黄色。染色后洗涤，大部分颜色消失。究其原因，一个是含水分多，可用色素少；另一个是甜菜根所含花青素类不耐高温，色素被分解。即使用了多种媒染剂，效果也不是十分明显。可见，甜菜根可以作为色素，但无法作为纺织品的染料使用，还需进一步研究。

本次是用萃取方法，效果有一些，但不甚理想。甜菜根染色效果如图 6-127 所示。

棉布上染色：直接染色得浅灰色；媒染剂为明矾，用量 5g/L，得淡绿色；媒染剂为蓝矾，用量 5g/L，得浅绿色；媒染剂为皂矾，用量 8g/L，得浅军绿色。

丝绸上染色：直接染色得淡绿色；媒染剂为明矾，用量 5g/L，得浅绿色；媒染剂为蓝矾，用量 5g/L，得浅灰绿色；媒染剂为皂矾，用量 8g/L，得浅绿色。

羊毛织物上染色：直接染色得黄绿色；媒染剂为皂矾，用量 8g/L，得军绿色。

麻布上染色：直接染色得浅灰色；媒染剂为明矾，用量 5g/L，得淡绿色；媒染剂为蓝矾，用量 5g/L，得浅绿色；媒染剂为皂矾，用量 8g/L，得浅绿色。

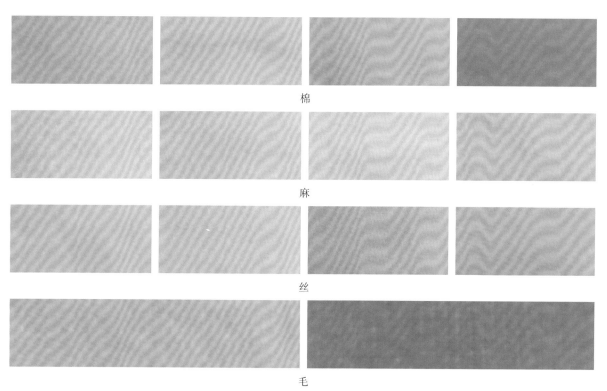

棉

麻

丝

毛

图 6-127 甜菜根染色效果

四、洋葱皮

1. 洋葱概况 洋葱，别名球葱、圆葱、玉葱、葱头、荷兰葱、皮牙子等，百合科葱属二年生草本植物（图 6-128）。洋葱在中国分布广泛，南北各地均有栽培，是中国主栽蔬菜之一。中国的洋葱产地主要有福建、山东、甘肃、内蒙古、新疆等地。洋葱的用途以食用蔬菜为主，最外层的洋葱皮（图 6-129）则为天然染料。洋

图 6-128 洋葱

图 6-129 洋葱皮

葱中含有植物杀菌素如大蒜素等，因而有很强的杀菌能力。洋葱皮用做染料对纺织品染色，既有天然性，又有保健功能。

2.染料提取及染色 用洋葱皮萃取染料，简单易得，生态环保。对天然纤维类的面料染色，无论是棉麻织物还是丝毛织物均有较好的染色效果。通过使用不同的媒染剂还可以得到更多的颜色，与其他染料配伍更是色彩丰富，妙不可言。

（1）染料提取。将收集回来的洋葱皮膜（最薄的有鳞片的那种，颜色越深越好）用清水清洗（以去除部分黏附的尘杂）并晾干（图6-130）。取200g置于不锈钢锅中，加入2L清水后升温煎煮以萃取色素（图6-131）。萃取时间约为水沸后30min，共萃取2~3次。将各次萃取后的染液经细网过滤后，调和在一起作为染浴使用。

（2）染色。被染物先浸泡清水，加温煮10min，清水漂洗，拧干、打松后投入染浴中染色，染色时升温的速度不宜过快，并随时用玻璃棒或竹筷加以搅拌，煮染的时间约为染液煮沸后降温保持30min（图6-132）。

（3）媒染。

①媒染剂配备：明矾5g加1L水，石灰30g加1L水。

②取出被染物，拧干后进行约30min媒染。

③经媒染后再入原染浴中染色30min。可加点食盐以用于固色。

④煮染之后，被染物取出水洗、晾干而成（图6-133）。

⑤将布料在染色前放入豆浆中浸泡会有较好效果。

笔者把用洋葱皮染色的面料样卡汇集在一起，供大家参考。（头层洋葱皮染色效果如图6-134所示，二层洋葱皮染色效果如图6-135所示）。头层洋葱皮染色过程如下。

棉布上染色：直接染色得深土黄色；媒染剂为明矾，用量5g/L，得浅土黄色；媒染剂为蓝矾，用量5g/L，得中土黄色；媒染剂为皂矾，用量8g/L，得军绿色，皂洗后为咖色；媒染剂为熟石灰，得红咖色。

丝绸上染色：直接染色得豆沙色；媒染剂为明矾，用量5g/L，得浅黄绿色；媒染剂为蓝矾，用量5g/L，得军绿色；媒染剂为皂矾，用量8g/L，得灰绿色，皂洗后得深豆沙色；媒染剂为熟石灰，得深土黄。

羊毛织物上染色：直接染色得浅咖色；媒染剂为明矾，用量5g/L，得黄绿色；媒染剂为蓝矾，用量5g/L，得军绿色；媒染剂

图6-130 洗干净的洋葱皮

图6-131 萃取色素

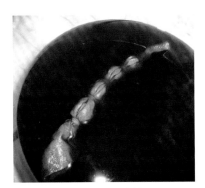

图6-132 煮染

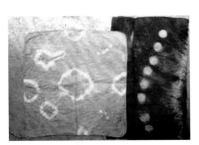

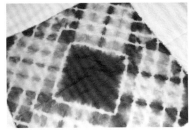

图6-133 洋葱皮染色参考图

为皂矾，用量 8g/L，得深墨绿色，皂洗后得浅咖色；媒染剂为熟石灰，得咖色。

麻布上染色：直接染色得淡绿色；媒染剂为明矾，用量 5g/L，得黄绿色；媒染剂为蓝矾，用量 5g/L，得浅土黄色；媒染剂为皂矾，用量 8g/L，得浅灰色，皂洗后得米色；媒染剂为熟石灰，得浅卡其色。

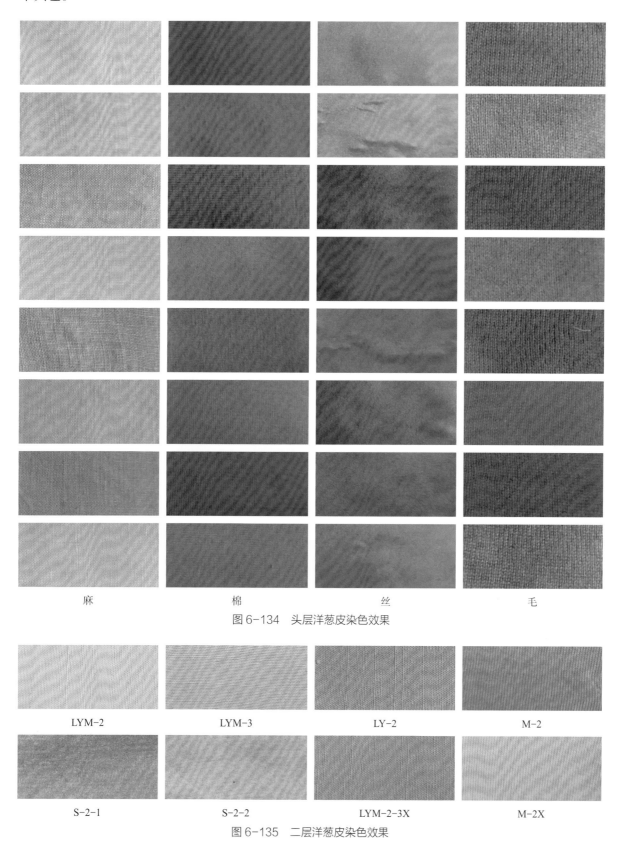

| 麻 | 棉 | 丝 | 毛 |

图6-134　头层洋葱皮染色效果

| LYM-2 | LYM-3 | LY-2 | M-2 |
| S-2-1 | S-2-2 | LYM-2-3X | M-2X |

图6-135　二层洋葱皮染色效果

五、花椒

1. 花椒概况 花椒，又名檓、大椒、秦椒、蜀椒、川椒或山椒，为芸香科花椒属落叶灌木或小乔木（图6-136）。除东北和新疆外分布于全国各地，野生或栽培，喜生于阳光充足、温暖、肥沃的地方。果实为调味料，并可提取芳香油，入药有散寒燥湿、杀虫之效；种子可榨油也可加工制作肥皂；叶可制作农药，孤植又可作防护刺篱。

图6-136 花椒

2. 染料提取及染色 花椒作为烹饪调料及中药使用颇为常见，但作为天然染料使用恐怕鲜为人知。

本次使用的是新鲜的花椒果实。新鲜花椒去杂质，洗净。1kg果实加5L水。大火烧开转小火煮30min。过滤，重复以上流程再来一次，过滤。两次染液合在一起。

布料浸泡透，染液加媒染剂加热，染液35℃时加入布料染色，不断翻动，温度50℃，时间40min，染色完成，拧干，清洗，晾干。

经过实验，在天然纤维上均有较好的上色效果（图6-137）。

棉布上染色：直接染色得浅咖色；媒染剂为明矾，用量5g/L，得咖色；媒染剂为蓝矾，用量5g/L，得深红咖色；媒染剂为皂矾，用量8g/L，得军黄色。

丝绸上染色：直接染色得卡其黄色；媒染剂为明矾，用量5g/L，得卡其色；媒染剂为蓝矾，用量5g/L，得深土黄色；媒染剂为皂矾，用量8g/L，得黑色。

棉　　　　　　　　　丝

图6-137 花椒染色效果

六、紫苏叶

1. 紫苏概况 紫苏，古名荏，又名苏子、白苏、桂荏、荏子、赤苏、红苏、香苏、黑苏、白紫苏、青苏、野苏、苏麻、苏草、唐紫苏、皱叶苏、鸡苏、臭苏、大紫苏、假紫苏、水升麻、野藿麻、聋耳麻、孜珠、兴帕夏噶（藏语）等，是唇形科紫苏属下唯一一种，一年生草本植物，主产于中国台湾、江西、湖南等地区，日本、缅甸、朝鲜半岛、印度、尼泊尔也引进此种，而北美洲也有生长（图6-138）。

紫苏是一味中药，也是南方人爱吃的一种蔬菜。绿苏其实也是紫苏的一类，也称白苏。

图6-138 紫苏

只是因为叶子不是紫色，是绿色，花为白色，所以又叫绿苏、白苏。绿苏很少作为中药使用，一般也是作为蔬菜食用。这个主要在北方。据说著名的朝鲜泡菜里面是一定要只有绿苏的。北方人称为"苏子叶"为一年生直立草本，高常 1m 余；作为蔬菜可以凉拌吃，更多的是做咸菜。

2.染料提取及染色 紫苏作为染料，以前试过，绿苏是第一次见到，禁不住也拿来做一回染料试试。

用的面料还是毛麻丝棉，助剂用了 3 个，颜色大体上是黄色和绿灰色。比较有变化的是铁媒的同媒和后媒颜色有差异。前者是带红色的灰，后者是带绿色的灰。染色效果如图 6-139 所示。

棉布上染色：直接染色得浅黄绿色；媒染剂为明矾，用量 5g/L，得黄色；媒染剂为蓝矾，用量5g/L，得浅灰绿色；媒染剂为皂矾，用量 8g/L，得深军绿色。

羊毛上染色：直接染色得黄色；媒染剂为明矾，用量 5g/L，得黄色；媒染剂为蓝矾，用量5g/L，得绿色；媒染剂为皂矾，用量 8g/L，得深军绿色。

丝绸上染色：直接染色得浅黄绿色；媒染剂为明矾，用量 5g/L，得浅黄绿色；媒染剂为蓝矾，用量 5g/L，得黄绿色；媒染剂为皂矾，用量 8g/L，得深军绿色。

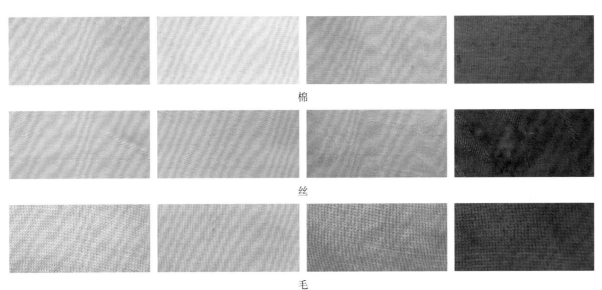

棉

丝

毛

图 6-139 紫苏叶染色效果

七、紫甘蓝

1.紫甘蓝概况 紫甘蓝又称红甘蓝、赤甘蓝，是结球甘蓝中的一个类型，由于它的外叶和叶球都呈紫红色，故名紫甘蓝（图6-140）。天然紫甘蓝色素是矢车菊类花色苷。甘蓝紫红色素是从紫甘蓝中提取的一种天然有色物质，具备色泽鲜艳、原料丰富、再生性强、环保安全、价格低廉等突出优点，具有良好的开发价值。目前，国内外对于蔬果类色素的提取利用主要是在食品加工领域，而对纺织品的染色加工尚极少涉及。

2.染料提取及染色 常常有染色爱好者向笔者询问紫甘蓝能否作为染料对面料染色的问题。实话说，以前做了很多次试验，

图 6-140 紫甘蓝

因为色素是有，但对布料的染色一直不是很合适，主要是色牢度，特别是耐日晒色牢度极差，实用价值不是很大，但大家喜欢，取材也很容易，故又对此再次进行了试验。

经试验结果表明，颜色还是比较多的，但受酸碱度的影响特别大。稍一改变 pH，颜色随之改变，在笔者染色的过程中，红、蓝、黄、绿、青、紫几乎都有，这是其他材料所没有的现象。笔者把它称作"百变妖姬"一点也不夸张。

由于该材料所含有的花青素在染色上极不稳定，因此很容易出现色花的现象，如图 6-141 所示。

对棉、麻、丝、毛四种天然纤维的染色结果来看，最好的是羊绒，其次是丝绸，最差的是棉和麻。假如要用于面料的染色，还是使用丝和毛纤维比较好。由于紫甘蓝含有丰富的硫元素，这种元素的主要作用是杀虫止痒，对于各种皮肤瘙痒、湿疹等疾患具有一定疗效，对于内衣等染色还是有较好的作用。

紫甘蓝中含有许多天然色素，遇酸呈现红色素的颜色，遇碱呈现绿色素的颜色。紫甘蓝挤压成蓝黑色的汁后可作酸碱指示剂，紫甘蓝在水中呈暗紫色，在白醋中呈红色，在纯碱溶液中呈蓝色，在食用盐溶液中呈蓝紫色，在肥皂水中呈绿色，在蒸馏水中呈蓝紫色。

对于紫甘蓝对面料的染色，需要解决的依然是老问题：耐日晒色牢度。如果耐日晒色牢度能有大的突破，紫甘蓝将是一种较好的天然蔬菜染料。

棉布上染色：直接染色得浅粉紫色；媒染剂为明矾，用量 5g/L，得灰紫色，加酸得紫色。

麻布上染色：同棉布效果。

羊毛织物上染色：直接染色得紫色；媒染剂为明矾，用量 5g/L，得灰紫色，加酸得酱紫色，加碱得绿色。

丝绸上染色：直接染色得紫色；媒染剂为明矾，用量 5g/L，得蓝紫色，加酸得红紫色，加碱得浅绿色。

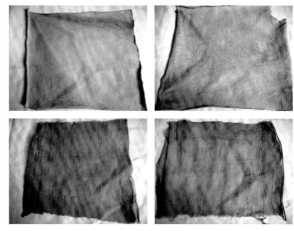

图 6-141 紫甘蓝染色不稳定的效果

紫甘蓝染色效果如图 6-142 所示。

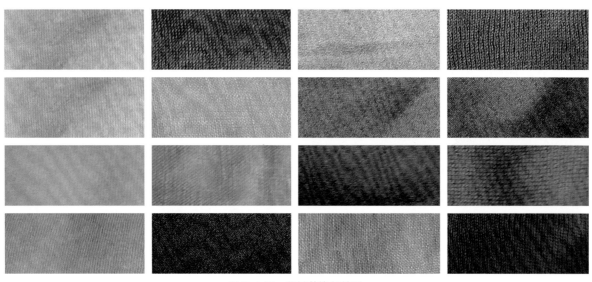

图 6-142 紫甘蓝染色效果

八、苦菜

1. 苦菜概况　苦菜（图 6-143），菊科苦苣菜属，一年生草本植物，又名天香菜、茶苦荬、甘马菜、老鹳菜、无香菜、蛇虫苗等。苦菜分布很广，除宁夏、青海、新疆、西藏、广东、海南岛等地外，全国各地均有分布，常生于山坡林下、林缘和灌丛中，以及路边、田埂边的草丛中。

苦菜一般为三大用途：药、菜、茶。苦菜具有良好的抑菌、抗氧化、抗炎消肿等功效，如能做天然染料将是一个好消息。也有专家建议可以作为护肤品成分，与其他天然染料合成制作天然护肤品将是一个不错的选择。

图 6-143　苦菜

2. 染料提取及染色　新鲜苦菜叶（来源于湖北咸宁蔬菜研究所）去杂质，洗净。1kg 叶加 5L 水。大火烧开转小火煮 30min，过滤。重复以上流程再来一次，过滤。两次染液合在一起。

布料浸泡透。染液加媒染剂加热，35℃时加入布料染色，不断翻动。温度 50℃，时间 40min，染色完成，拧干，清洗，晾干。经过试验，在天然纤维上均有较好的上色效果（图 6-144）。

棉布上染色：直接染色得深咖色；媒染剂为明矾，用量 5g/L，得卡其色；媒染剂为蓝矾，用量 5g/L，得浅咖色；媒染剂为皂矾，用量 8g/L，得军绿色。

丝绸上染色：直接染色得土黄色；媒染剂为明矾，用量 5g/L，得米黄色；媒染剂为蓝矾，用量 5g/L，得军绿色；媒染剂为皂矾，用量 8g/L，得咖色。

我国苦菜野生资源丰富，若致力于进一步深化研究，开发出新类型的染料产品，一定会有广阔的市场前景。

棉　　　　　　　　丝

图 6-144　苦菜染色效果

九、灰菜

1. 灰菜概况　灰菜（图 6-145），野生植物，藜科，又名粉仔菜、灰条菜、灰灰菜、灰蘿、白藜、涝藜或涝蘭。灰菜茎直立粗壮，有棱和绿色或紫红色的条纹，多分枝；叶片为菱状卵形或披针形，边缘常有不整齐的锯齿，下面灰绿色。灰菜是一种生命力很强的植物，生于田间、地头、坡上、沟涧，乃至城市中的荒僻幽落，处处可以见到它们密集丛生、摇曳的身影，在中国的华南、华北、东北、西南、东

图 6-145　灰菜

南等各地区均有生长。

灰菜全植物含齐墩果酸、L（-）亮氨酸及β-谷甾醇，花序含阿魏酸及香荚酸，叶含草酸盐。灰菜是一道古老的"家常菜"，也作为中药使用。

2.**染料提取及染色**　查资料没有发现灰菜可作染料的记录，因此笔者就将灰菜作为试验项目做了尝试，初步看还是有效果的，只是色素不太多，染色布料的颜色稍浅。

新鲜灰菜去杂质，洗净。1kg叶加5L水，大火烧开转小火煮30min，过滤，重复以上流程再来一次，过滤。两次染液合在一起。

布料浸泡透。染液加媒染剂加热，35℃时加入布料染色，不断翻动。温度50℃，时间40min，染色完成，拧干，清洗，晾干。经过试验，在天然纤维上均有较好的上色效果（图6-146）。

棉布上染色：直接染色得浅灰色；媒染剂为明矾，用量5g/L，得米黄色；媒染剂为蓝矾，用量5g/L，得浅绿色；媒染剂为皂矾，用量8g/L，得浅土黄色。

丝绸上染色：直接染色得灰绿色；媒染剂为明矾，用量5g/L，得黄色；媒染剂为蓝矾，用量5g/L，得浅军绿色；媒染剂为皂矾，用量8g/L，得中军绿色。

棉　　　　　　　丝

图6-146　灰菜染色效果

第五节　种植植物染

一、枫杨树

1.**枫杨树概况**　枫杨树，胡桃科枫杨属，落叶乔木，耐水耐寒，是优秀的园林植物。枫杨树又名水麻柳、榉柳、燕子树、麻柳、蜈蚣柳等，现广泛分布于华北、华南各地，以河溪两岸最为常见。树皮黑灰色，叶互生，花单性，黄褐色，雌雄同株异生，果实长椭圆形，串状（图6-147）。

枫杨树叶含有鞣质，故可用来染色；同时含有毒素成分，可用来提取制作杀虫剂。

图6-147　枫杨树

2.**染料提取及染色**　新鲜枫杨树枝叶去杂质，切成小段，洗净。1kg叶加5L水，大火烧开转小火煮30min，过滤。重复以上流程再来一次，过滤。两次染液合在一起。

布料浸泡透。染液加媒染剂加热，35℃时加入布料，不断翻动。温度50℃，时间40min，染色完成，拧干，清洗，晾干。

实践表明，在无媒染的情况下，在棉布上没有好的效果，只在丝、麻和羊毛织物上有上色效果。铝媒、铁媒的染色效果都不错。枫杨树枝叶染色效果如图6-148所示。

棉布上染色：媒染剂为明矾，用量5g/L，得米灰色；媒染剂为醋酸铁，用量5g/L，得绿灰色；媒染剂为皂矾，用量8g/L，得深灰色。皂洗后得咖色。

丝绸上染色：媒染剂为明矾，用量5g/L，得咖色；媒染剂为皂矾，用量8g/L，得军绿色。

麻布上染色：媒染剂为明矾，用量5g/L，得绿灰色；媒染剂为皂矾，用量8g/L，得灰色。

羊毛上染色：媒染剂为明矾，用量5g/L，得深土黄色；媒染剂为皂矾，用量8g/L，得深军绿色。

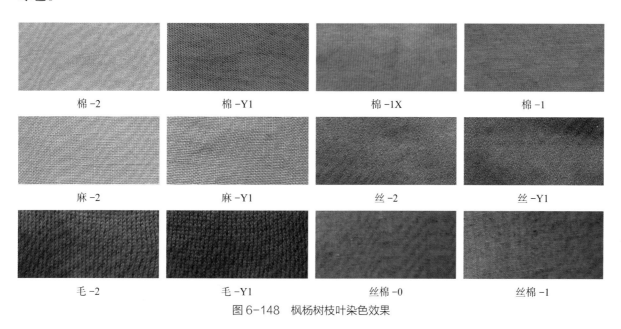

棉-2	棉-Y1	棉-1X	棉-1
麻-2	麻-Y1	丝-2	丝-Y1
毛-2	毛-Y1	丝棉-0	丝棉-1

图6-148　枫杨树枝叶染色效果

二、桉树

1. 桉树概况　桉树，又名尤加利树，是桃金娘科桉属植物的总称。桉树种类多、适应性强，它的生长环境很广，从热带到温带都有种植。它本是澳大利亚木本植物中最具代表性的树种，绝大多数生长在澳大利亚大陆，但在中国的南方如福建、云南也有一定数量的分布。其体形变化也大，从高耸入云的大乔木到低矮的灌木都有（图6-149）。

2. 染料提取及染色　有资料显示，有研究者用桉树树皮在丝绸上做染色实践，证明是可行的。但这个研究是没有多大市场价值的，因为不可能把树皮扒光。在广西，笔者采集了一点桉树枝叶做染色试验。

新鲜桉树叶去杂质，洗净。1kg叶加5L水，大火烧开转小火煮30min，过滤，重复以上流程再来一次，过滤。两

图6-149　桉树

次染液合在一起。

布料浸泡透。染液加媒染剂加热，35℃时加入布料染色，不断翻动。温度50℃，时间40min，染色完成，拧干，清洗，晾干。经过试验，在天然纤维上均有较好的上色效果（图6-150）。面料为全棉、羊绒、亚麻，色泽柔和，稳定，牢度好。用皂矾做媒染剂，在亚麻织物、羊绒、丝绸上均可得黑色。

棉布上染色：直接染色得卡其色；媒染剂为明矾，用量5g/L，得米灰色；媒染剂为蓝矾，用量5g/L，得绿灰色；媒染剂为皂矾，用量8g/L，得军绿色。

羊绒织物上染色：媒染剂为醋酸铁，用量5g/L，得深墨绿色；媒染剂为皂矾，用量8g/L，得军绿色。

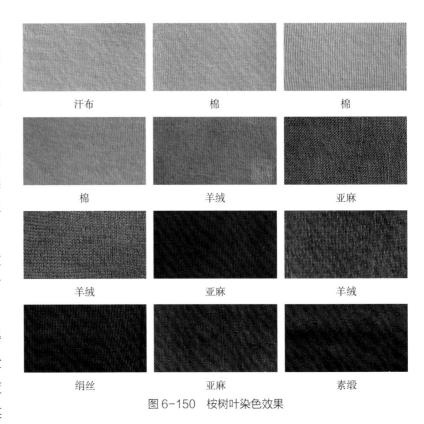

汗布	棉	棉
棉	羊绒	亚麻
羊绒	亚麻	羊绒
绢丝	亚麻	素缎

图6-150 桉树叶染色效果

三、串钱柳

1. 串钱柳概况 串钱柳，桃金娘科，常绿灌木或小乔木。其枝条细长柔软，下垂如垂柳状，叶互生，披针形或狭线形，又有红色花序相映衬，故别具一格，适合作庭园观赏树、行道树（图6-151）。串钱柳的树皮呈褐色，厚而纵裂。串钱柳原生于澳大利亚的新南威尔士及昆士兰，现在全球不少城市或花园基本都有栽培。

串钱柳得名于它独特的果实。木质蒴果结成时紧贴枝条上，略圆且数量繁多，好像把中国古时的铜钱串在一起的感觉，再加上柔软的枝条如杨柳一般。

2. 染料提取及染色 常言道：天生我才必有用！这么漂亮的树枝作染料能出色还是出彩？采集枝条做植物染料的试验。在全棉针织布上分别可以染出米色、淡绿色、浅红色、灰色、咖啡色。

新鲜枝叶切成小段，去杂质，洗净。1kg叶加5L水，

图6-151 串钱柳

大火烧开转小火煮 30min，过滤。重复以上流程再来一次，过滤。两次染液合在一起。

　　布料浸泡透。染液加媒染剂加热，35℃时加入布料染色，不断翻动。温度 50℃，时间 40min，染色完成，拧干，清洗，晾干。经过试验，在天然棉纤维上有较好的上色效果（图 6-152）。

　　树叶染色与树枝染色稍有差异。直接染，得米色（树叶）和浅驼色（树枝）；皂矾做媒染剂两者区别不大，均为军绿色，皂洗后两者一样。

图 6-152　串钱柳染色

四、冬青树

　　1.冬青树概况　冬青树，冬青科，又名北寄生、槲寄生、桑寄生、柳寄生或黄寄生，常绿乔木和灌木，是一类开花植物（图 6-153）。树皮灰色或淡灰色，有纵沟，小枝淡绿色，无毛。叶薄革质，狭长椭圆形或披针形，顶端渐尖，基部楔形，边缘有浅圆锯齿，干后呈红褐色，有光泽。花瓣为紫红色或淡紫色，向外翻卷。果实为椭圆形或近球形，成熟时深红色。

　　在中国，冬青的种类有 200 余种，主要分布于秦岭南坡、长江流域及其以南广大地区，而以西南和华南最多。现在北方也有栽培，主要作为城乡绿化和庭院观赏植物。

图 6-153　冬青树

　　2.染料提取及染色　冬青枝叶分开做染料实验，提取和染色过程基本一样。

　　新鲜枝叶去杂质，洗净。1kg 叶加 5L 水。1kg 树枝加 8L 水，大火烧开转小火煮 30min，过滤。重复以上流程再来一次，过滤。两次染液合在一起。

　　布料浸泡透。染液加媒染剂加热，35℃时加入布料染色，不断翻动。温度 50℃，时间 40min，染色完成，拧干，清洗，晾干。经过试验，在天然纤维上均有较好的上色效果。

　　冬青叶在丝、棉织物上染色：直接染得浅灰色；媒染剂为明矾，用量 5g/L，得绿灰色；媒染剂为蓝矾，用量 5g/L，得驼色；媒染剂为皂矾，用量 8g/L，得灰绿色。

　　冬青叶在亚麻布上染色：直接染得卡其色；媒染剂为明矾，用量 5g/L，得绿灰色；媒染剂为皂矾，用量 8g/L，得军绿色。

　　冬青枝在丝、棉织物上染色：直接染得深驼色；媒染剂为明矾，用量 5g/L，得米黄色；媒染剂为蓝矾，用量 5g/L，得驼色；媒染剂为皂矾，用量 8g/L，得灰绿色。

　　冬青枝染亚麻：直接染得橘黄色；媒染剂为明矾，用量 5g/L，得驼色；媒染剂为皂矾，用量 5g/L，得军绿色。

冬青枝染真丝：直接染得橘红色，媒染剂为明矾，用量 5g/L，得驼色。

冬青叶、冬青枝染色效果如图 6-154 和图 6-155 所示。

按冬青的名称望文思意，应该是叶绿素多，估计有染出绿色的可能。经过一番不懈的努力，结果出来了，仅有一个布料颜色接近绿色，橘黄、粉红、橘红色为多，呈现出一股股暖意。

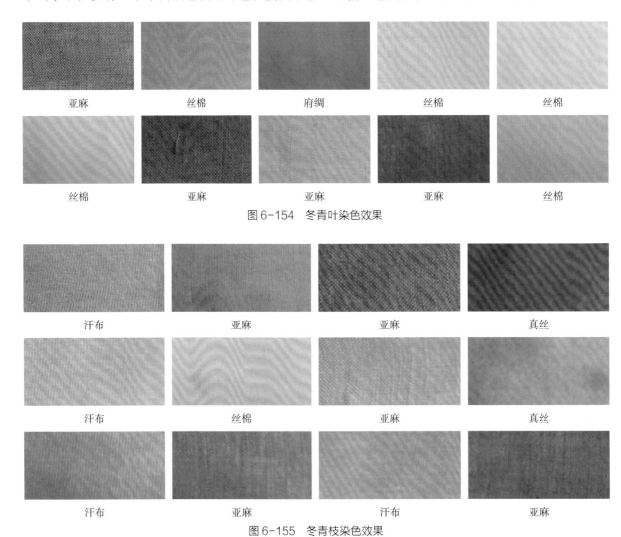

亚麻	丝棉	府绸	丝棉	丝棉
丝棉	亚麻	亚麻	亚麻	丝棉

图 6-154 冬青叶染色效果

汗布	亚麻	亚麻	真丝
汗布	丝棉	亚麻	真丝
汗布	亚麻	汗布	亚麻

图 6-155 冬青枝染色效果

五、杜英

1. 杜英概况　杜英，杜英科杜英属，又名杜莺、山杜英、胆八树、山冬桃、小冬桃、猴欢喜、松梧、厚壳仔、牛屎柯等。杜英为常绿性大乔木，株高可达 20 多米，层层轮生的枝条自上而下形成塔形的树冠。叶为披针形、长椭圆披针形、倒披针形，茂密而丛生于枝端，在浓密的绿叶间，四时皆可发现数片红叶夹杂其中（图6-156）。杜英产于中国南部，浙江、江西、福建、台湾、湖南、广东、广西及贵州南部均有分布，多生于海拔 1000m 以下之山地杂木林中。杜英的树皮及枝叶可作

图 6-156 杜英树

染料，植株可作行道树或庭园树，木材为良好的香菇材。

日本人山崎青树在《续草木染染料植物图鉴》中提到琉球地方以杜英的煎汁作为鼠色的染料，同时著名的"大岛绸"也多以杜英树皮染色。该书还引用《时局和森林》说：杜英为《皂黑色染料织物用》，引用《台湾植物图说》所记："树皮含单宁之染料植物"，同时还引用《台湾有用树木志》所记载的"琉球地方以剥取的杜英树皮作为织物的染料"，等等。这都充分说明杜英确实可以染色。

2.**染料提取及染色**　第一次见到杜英树是在常熟的尚湖，杜英树干高挺，树皮很光滑。想采集一点试试，但树皮是不可能剥的，只好采集了一些修剪的树枝和落叶。

染料提取及染色过程如下。

（1）采集鲜叶，并以菜刀将叶子切成细段，加入适量清水，并加水量千分之一的碳酸钾于不锈钢锅中煎煮萃取色素。萃取时间为水沸后30min，可萃取2~3次。

（2）萃取后的染液经细网过滤后，调和在一起作染浴，并加入少许冰醋酸，将染液调至pH为6左右。

（3）被染物先浸透清水，拧干、打松后投入染浴中升温染色，升温的速度不宜过快，煮染的时间约为染液煮沸后30min。

（4）取出被染物，拧干后进行媒染30min。

（5）经媒染后的被染物再入原染浴中染色30min。

（6）煮染之后，被染物不要存放在染锅中待冷，直接取出水洗、晾干而成。

杜英染色在丝绸与棉布上呈现的颜色相当一致。无媒染、铝媒染、锡媒染、石灰媒染皆呈卡其色，铜媒染的颜色较深，为黄茶色，铁媒染则呈带紫的深灰色（图6-157）。

图6-157　杜英树落叶染色效果

六、非洲小叶紫檀

1.**非洲小叶紫檀概况**　非洲小叶紫檀，豆科杂色豆属植物。因与原产于印度的小叶紫檀英文名相同、宏观性质极其相似，故而得名非洲小叶紫檀，但二者并非同种植物。其广泛生长于尼日利亚、加纳、多哥等热带雨林气候的西部非洲原始森林，以及作为观赏植物广泛种植，芯材形成极其缓慢。材质新切面色泽为纯淡黄色，空气中久置变色为血红色，终至浑厚的紫红色（图6-158）。其红色芯材质地细密，具有光泽，颜色奇美，做成的工艺品和家具十分名贵。在西方和非洲历史上是有名的天然染料和植物药。

因在历史上作为红色染料而闻名，17世纪开始被大量运到欧洲作为重要的印染工业染料，由于其印染羊毛效果卓越，18世纪开始作为染料被贩卖至美洲，其间也有用印度檀香紫檀作为替代品一道用于西方印染工业。这一贸易过程随着现代印染工业技术淘汰古典印染材料而消失。

图6-158　非洲小叶紫檀

2. 染料提取及染色　非洲小叶紫檀比较少见，托朋友将修复老家具时剩下的锯末和刨花弄到一些，马上做了实验。染料水萃取四次混合成染液，分别用直接染色和媒介染色在丝绸和棉布上做了试验，染色效果如图6-159所示。

棉布上染色：直接染得橘黄色，加酸得粉紫色；媒染剂为明矾，用量5g/L，得紫色色；媒染剂为蓝矾，用量5g/L，得咖色；媒染剂为皂矾，用量8g/L，得军绿色，皂洗后色略浅；媒染剂为醋酸铁，用量5g/L，得灰绿色，皂洗后得咖色。

丝绸上染色：直接染得橘黄色，加酸得橘红色；媒染剂为明矾，用量5g/L，得橘红色；媒染剂为蓝矾或醋酸铁，用量5g/L，得深咖色；媒染剂为皂矾，用量8g/L，得黑色，皂洗后颜色变化不大。

麻布上染色：直接染得橘红色，加酸得木红色；媒染剂为明矾，用量5g/L，得紫色；媒染剂为蓝矾，用量5g/L，得红咖色，媒染剂为皂矾，用量8g/L，得深灰色。

羊毛织物上染色：直接染得橘黄色；媒染剂为明矾，用量5g/L，得橘红色；媒染剂为蓝矾，用量5g/L，得咖色；媒染剂为皂矾，用量8g/L，得深咖色，皂洗后颜色变化不大。

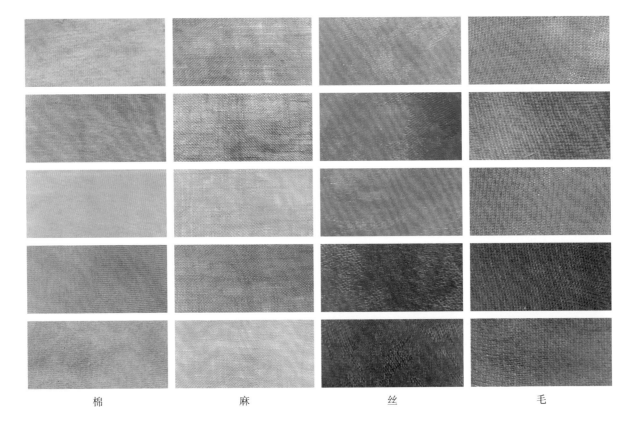

棉　　　　　　　　麻　　　　　　　　丝　　　　　　　　毛

| 棉 | 麻 | 丝 | 毛 |

图6-159 非洲小叶紫檀染色效果

七、香樟树

1.香樟树概况 香樟树为亚热带树种，是樟科梓属的常绿高大乔木（图6-160），别名樟树、香樟、樟木、瑶人柴、栳樟、臭樟、乌樟等，主要分布在长江以南地区。初夏开花，黄绿色、圆锥花序，果呈近球形、紫黑色，树冠广展，叶枝茂盛，浓荫遍地，气势雄伟，是优良的行道树及庭荫树。香樟树因含有特殊的香气和挥发油而具耐温、抗腐、祛虫等特点，是名贵家具、高档建筑、造船和雕刻等的理想用材。日常用的樟脑就是由香樟树的根、茎、枝、叶蒸馏而制成的白色晶体。

图6-160 香樟树

2.染料提取及染色 研究植物染料很多年了，一直对植物有职业敏感，这些修剪下来的香樟枝叶是否有用？抱着试一下的心态，在小区里捡到几支香樟枝叶开始做试验。通过不同的方法对棉布、亚麻、丝绸等试染，发现黄、绿、红等数色尽显，可见是一种颇为不错的植物染料来源。

新鲜枝叶去杂质，洗净。1kg叶加5L水，树枝加8L水，大火烧开转小火煮30min，过滤。重复以上流程再来一次，过滤。两次染液合在一起。

布料浸泡透。染液加媒染剂加热，35℃时加入布料染色，不断翻动。温度50℃，时间40min，染色完成，拧干，清洗，晾干。

树枝和树叶染色出来的颜色不同（图6-161、图6-162）。

棉布上染色：树叶直接染得米黄；媒染剂为明矾，用量5g/L，得淡绿色；媒染剂为皂矾，用量8g/L，得浅军绿色，皂洗后得浅绿灰色。树枝直接染得驼色；媒染剂为明矾，用量5g/L，得土黄色；媒染剂为皂矾，用量8g/L，得灰色，皂洗后得棕灰色。

丝绸上染色：树叶直接染得浅土黄；媒染剂为明矾，用量5g/L，得淡绿色；媒染剂为皂矾，用量8g/L，得黑色。树枝直接染得驼色；媒染剂为明矾，用量5g/L，得土黄色。

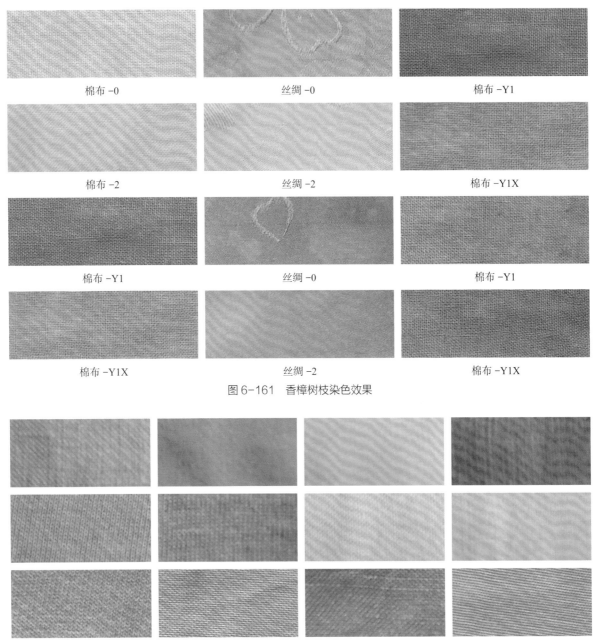

棉布 -0	丝绸 -0	棉布 -Y1
棉布 -2	丝绸 -2	棉布 -Y1X
棉布 -Y1	丝绸 -0	棉布 -Y1
棉布 -Y1X	丝绸 -2	棉布 -Y1X

图 6-161　香樟树枝染色效果

图 6-162　香樟树叶染色效果

八、国槐

1.国槐概况　国槐，又称槐树、槐蕊、豆槐、白槐、细叶槐、金药材、护房树、家槐、守宫槐、中国槐。国槐是良好的绿化树种，常作庭荫树和行道树，且具有一定的经济价值和药用价值（图 6-163）。槐花（俗称槐米）很早就被用作染料。《中国染料史话》（中华书局1962 年 8 月版）载："栌木叶、黄檗、地黄、槐花、荩草、姜黄等，都可以染黄色"。槐花染出

图 6-163　国槐树

来的织物色彩亮丽，多年不褪色，很实用。只是近年来槐花的价格一涨再涨，用得就比较少了。

2.**染料提取及染色**　有关槐树染色的资料历来只有槐花一说，其他部位从未有资料表明可以作为染料使用，对于研究这方面的人来说，任何机会都不会放过。经采用国槐枝叶做染料试验，结果证明，国槐的枝叶也是一种极好的染料。在棉、丝、竹纤维、莫代尔等面料上染色具有良好的效果，且可以呈现多种颜色。此举扩展了国槐的染料使用范围。

染料提取及染色过程如下。

新鲜枝叶去杂质，洗净。1kg叶加5L水，大火烧开转小火煮30min，过滤。重复以上流程再来一次，过滤。两次染液合在一起。

布料浸泡透。染液加媒染剂加热，35℃时加入布料染色，不断翻动。温度50℃，时间40min染色完成，拧干，清洗，晾干。

经过试验，在天然纤维上均有较好的上色效果（图6-164）。

棉布上染色：直接染得淡粉紫色；媒染剂为明矾，用量5g/L，得棕灰色；媒染剂为蓝矾，用量5g/L，得棕灰色；媒染剂为皂矾，用量8g/L，得浅军绿色；媒染剂为石膏粉，用量5g/L，得淡灰绿色。

丝绸上染色：直接染得浅红驼色；媒染剂为明矾，用量5g/L，得黄绿色；媒染剂为蓝矾，用量5g/L，得驼色；媒染剂为皂矾，用量8g/L，得军绿色；媒染剂为石膏粉，用量5g/L，得淡灰绿色。

棉　　　　　　　　丝

图6-164　国槐树叶染色效果

九、合欢树

1.**合欢树概况**　合欢树，豆科合欢属落叶乔木，又名合欢、夜合树、马缨花、绒花树、扁担树、芙蓉树等。伞形树冠，叶互生，伞房状花序，雄蕊花丝犹如缕状，半白半红，故有"马缨花""绒花"之称。树干浅灰褐色，树皮轻度纵裂。合欢叶纤细似羽，绿荫如伞，红花成簇，秀美别致（图6-165）。合欢树为阳性树种，好生于温暖湿润的环境，全国均有种植，长江、珠江流域较多。

2.**染料提取及染色**　新鲜树叶去杂质，洗净。1kg叶加5L水，大火烧开转小火煮30min，过滤。重复以上流程再来一次，过滤。两次染

图6-165　合欢树

液合在一起。染色效果如图 6-166 所示。

布料浸泡透。染液加媒染剂加热，35℃时加入布料染色，不断翻动。温度 50℃，时间 40min，染色完成，拧干，清洗，晾干。

棉布上染色：直接染得棕灰色；媒染剂为明矾，用量 5g/L，得浅绿色；媒染剂为蓝矾，用量 5g/L，得浅黄绿色；媒染剂为皂矾，用量 8g/L，得军绿色。皂洗后为咖色。

丝绸素缎上染色：媒染剂为明矾，用量 5g/L，得明黄色。

素缎

汗布

图 6-166 合欢树叶染色效果

十、红豆杉

1.红豆杉概况 红豆杉，红豆杉科红豆杉属常绿大乔木，是集观赏和药用于一身的珍贵树种（图 6-167）。树皮灰褐色、红褐色或暗褐色；叶排列成两列，条形，微弯或较直，上面深绿色，有光泽，下面淡黄绿色，有两条气孔带。种子生于杯状红色肉质的假种皮中，常呈卵圆形，上部渐窄，稀倒卵状，微扁或圆，上部常有二钝棱脊，先端有突起的短钝尖头，种脐近圆形或宽椭圆形。红豆杉为中国特有树种，其生长于甘肃南部、陕西南部、四川、云南东北部及东南部、贵州西部及东南部、湖北西部、湖南东北部、广西北部和安徽南部（黄山）等地，常生于海拔 1000~1200m 以上的高山上部。

2.染料提取及染色 染料提取及染色过程如下。

图 6-167 红豆杉

新鲜红豆杉叶（采集自黔东南侗族村寨）去杂质，洗净。1kg 叶加 5L 水，大火烧开转小火煮 30min，过滤。重复以上流程再来一次，过滤。两次染液合在一起。

布料浸泡透。染液加媒染剂加热，35℃时加入布料染色，不断翻动。温度 50℃，时间 40min，染色完成，拧干，清洗，晾干。

经过试验，在天然纤维棉麻丝毛四种材质面料上均有不错的染色效果（图 6-168）。

棉布上染色：直接染得咖色；媒染剂为明矾，用量 5g/L，得土黄色；媒染剂为蓝矾，用量 5g/L，得咖色；媒染剂为皂矾，用量 8g/L，得深灰色。

丝绸上染色：直接染得咖色；媒染剂为明矾，用量 5g/L，得土黄色；媒染剂为蓝矾，用量 5g/L，得咖色；媒染剂为皂矾，用量 8g/L，得军绿色。

麻布上染色：直接染得咖色；媒染剂为明矾，用量 5g/L，得土黄色；媒染剂为蓝矾，用量 5g/L，得咖色；媒染剂为皂矾，用量 8g/L，得深灰色。

羊毛织物上染色：直接染得咖色；媒染剂为明矾，用量 5g/L，得土黄色；媒染剂为蓝矾，用量 5g/L，得军绿色；媒染剂为皂矾，用量 8g/L，得深灰色。

| 棉 | 麻 | 丝 | 毛 |

图 6-168　红豆杉叶染色效果

十一、黄花梨

1.**黄花梨概况**　黄花梨为豆科植物，学名降香黄檀木，又称海南黄檀木、海南黄花梨木。其原产地中国海南岛吊罗山尖峰岭低海拔的平原和丘陵地区。因其成材缓慢、木质坚实、花纹漂亮，黄花梨木与紫檀木、鸡翅木、铁力木并称中国古代四大名木。其现为国家二级保护植物。

黄花梨木、紫檀木都是上等红木家具材料，但极难成材。

图 6-169　黄花梨锯末

2.**染料提取及染色**　这种又少又贵的材料当然无法做日常染料用，但加工的锯末、刨花等下脚料不妨一试。有朋友在做红木家具的厂里弄来一点锯木时剩下的锯末，据说是黄花梨的，也有说是紫檀木的（图 6-169）。据说紫檀木有檀香味，但在提取染料的过程中没有闻到这种香味，看来不是紫檀木，应为黄花梨的可能性大。

常规水萃取，仅有的 60g 锯末，只提取了 600ml 染液，刚刚够试验一次。

试验的面料有棉、麻、丝、毛四种。结果出来后还可以，但颜色并不多。黄花梨染色效果如图 6-170 所示。

棉布上染色：直接染得驼色；媒染剂为明矾，用量 5g/L，得土黄色；媒染剂为醋酸铁，用量 5g/L，得绿灰色；媒染剂为皂矾，用量 8g/L，得灰色。

丝绸上染色：直接染得咖色；媒染剂为明矾，用量 5g/L，得土黄色；媒染剂为醋酸铁，用量 5g/L，得浅军绿色；媒染剂为皂矾，用量 8g/L，得军绿色。

麻布上染色：直接染得驼色；媒染剂为明矾，用量 5g/L，得土黄色；媒染剂为醋酸铁，用量 5g/L，得绿灰色；媒染剂为皂矾，用量 8g/L，得灰色。

羊毛织物上染色：直接染得黄棕色色；媒染剂为明矾，用量 5g/L，得土黄色；媒染剂为醋酸铁，用量 5g/L，得浅军绿色；媒染剂为皂矾，用量 8g/L，得深军绿色。

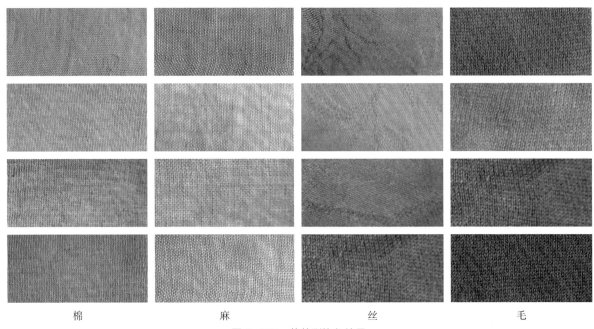

| 棉 | 麻 | 丝 | 毛 |

图 6-170 黄花梨染色效果

十二、染料植物——黄栌

1. 黄栌概况 黄栌，又名红叶树、烟树，落叶灌木或乔木，生于河北、山东、河南、湖北、四川等地中低海拔的向阳山坡林中。树叶秋季变红，北京著名的"香山红叶"主要树种就是黄栌（图 6-171）。

图 6-171 黄栌

黄栌木材为黄色，古代作黄色染料。《本草纲目·木二·黄栌》记载："黄栌生商洛山谷，四川界甚有之。叶圆木黄，可染黄色。"国外有人利用液相色谱及质谱联用技术在罗马尼亚和希腊的古代纺织品中检测出了天然染料黄栌漆黄素。黄栌含有许多有色物质，其提取物经适当处理可用作人造纤维和棉纤维的染料。这种染料结合紧密，耐碱、耐光，是一种应用广泛、非常重要的天然染料。

2. 染料提取及染色 笔者多次使用黄栌做染料，且来源不一，有神农架、北京房山、山东淄博、山西太行山的黄栌，但染色结果几乎一致。染料提取及染色过程如下。

木材劈成小段，粉碎机粉碎。1kg 黄栌木加 10L 水，大火烧开转小火煮 30min，过滤。重复以上流程再来三次，过滤。四次染液合在一起。

布料浸泡透。染液加媒染剂加热，35℃时加入布料染色，不断翻动。温度 50℃，时间 40min，染色完成，在凉水里浸泡 10min，拧干，清洗，晾干。

经过试验证明，在天然纤维上均有较好的上色效果。但黄栌对碱的反应较大，pH 不同，颜色不同（图 6-172、图 6-173）。

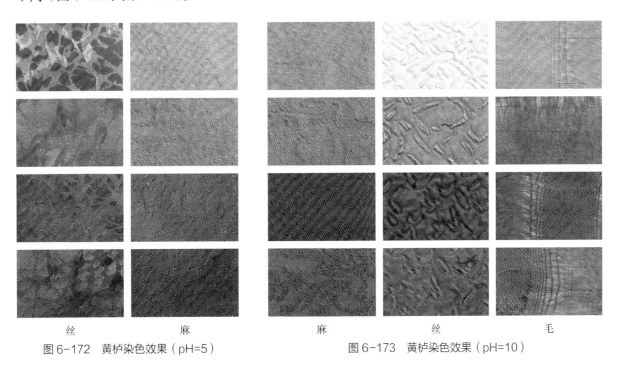

丝	麻

图 6-172　黄栌染色效果（pH=5）

麻	丝	毛

图 6-173　黄栌染色效果（pH=10）

十三、柳树

1.柳树概况　柳树，又名水柳、垂杨柳、清明柳（图 6-174）。柳树是我国的原生树种，也是我国人工栽培最早、分布范围最广的植物之一，甲骨文已出现"柳"字。

2.染料提取及染色　柳树除作为观赏植物外，药用功能也早有记载。笔者查阅了不少古籍资料，历史上没有柳树作为染料的记载。笔者采集了几枝带叶子的柳条和一些柳树皮做试验（图 6-175）。

染材去杂质，洗净。1kg 叶加 5L 水，大火烧开转小火煮 30min，过滤。重复以上流程再来一次，过滤。两次染液合在一起。

布料浸泡透。染液加媒染剂加热，35℃时加入布料染色，不断翻动。温度 50℃，时间 40min，染色完成，拧干，清洗，晾干。

经过试验，在天然纤维上均有较好的上色效果。不同部位提取的染料染出的色泽不同。

图 6-174　柳树

图 6-175　柳树皮

柳树枝、柳树叶、柳树皮染色效果分别如图 6-176~ 图 6-178 所示。

柳树枝染色结果如下。

棉布上染色：直接染得驼色；媒染剂为明矾，用量 5g/L，得浅驼色；媒染剂为醋酸铁，用量 5g/L，得黄绿色；媒染剂为皂矾，用量 8g/L，得灰军绿色。

丝绸上染色：直接染得驼色；媒染剂为明矾，用量 5g/L，得浅驼色；媒染剂为醋酸铁，用量 5g/L，得浅绿色；媒染剂为皂矾，用量 8g/L，得灰军绿色。

麻布上染色：直接染得驼色；媒染剂为明矾，用量 5g/L，得浅驼色；媒染剂为皂矾，用量 8g/L，得灰军绿色。

羊绒织物上染色：直接染得驼色；媒染剂为明矾，用量 5g/L，得咖色；媒染剂为醋酸铁，用量 5g/L，得深绿色；媒染剂为皂矾，用量 8g/L，得灰军绿色。

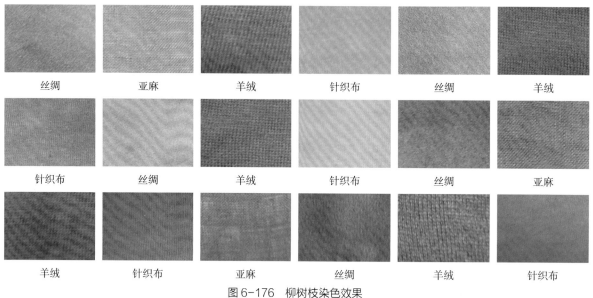

丝绸	亚麻	羊绒	针织布	丝绸	羊绒
针织布	丝绸	羊绒	针织布	丝绸	亚麻
羊绒	针织布	亚麻	丝绸	羊绒	针织布

图 6-176　柳树枝染色效果

柳树叶染色结果如下。

棉布上染色：媒染剂为明矾，用量 5g/L，得浅绿色；媒染剂为醋酸铁，用量 5g/L，得浅军绿色；媒染剂为皂矾，用量 8g/L，得灰绿色。

丝绸上染色：媒染剂为明矾，用量 5g/L，得黄绿色；媒染剂为醋酸铁，用量 5g/L，得军绿色；媒染剂为皂矾，用量 8g/L，得军绿色。

麻布上染色：媒染剂为明矾，用量 5g/L，得浅绿色；媒染剂为皂矾，用量 8g/L，得灰绿色。

羊绒织物上染色：媒染剂为明矾，用量 5g/L，得黄绿色；媒染剂为醋酸铁，用量 5g/L，得深军绿色；媒染剂为皂矾，用量 8g/L，得军绿色。

柳树皮染色结果如下。

棉布上染色：直接染得浅驼色；媒染剂为明矾，用量 5g/L，得驼色；媒染剂为醋酸铁，用量 5g/L，得红棕色；媒染剂为皂矾，用量 8g/L，得灰色。

丝绸上染色：直接染得红咖色；媒染剂为明矾，用量 5g/L，得军绿色；媒染剂为醋酸铁，用量 5g/L，得棕黄色；媒染剂为皂矾，用量 8g/L，得军绿色。

麻布上染色：直接染得浅驼色；媒染剂为明矾，用量 5g/L，得驼色；媒染剂为醋酸铁，用量 5g/L，得红棕色；媒染剂为皂矾，用量 8g/L，得灰色。

羊毛织物上染色：直接染得红咖色；媒染剂为明矾，用量 5g/L，得深军绿色；媒染剂为醋酸铁，用量 5g/L，得红棕色；媒染剂为皂矾，用量 8g/L，得深军绿色。

柳叶、柳枝、柳树皮在不同的媒染剂和不同的染色工艺下呈现出多种色彩，在棉毛丝麻上都可以作为天然染料使用。正应了一句话："无心插柳柳成荫"！

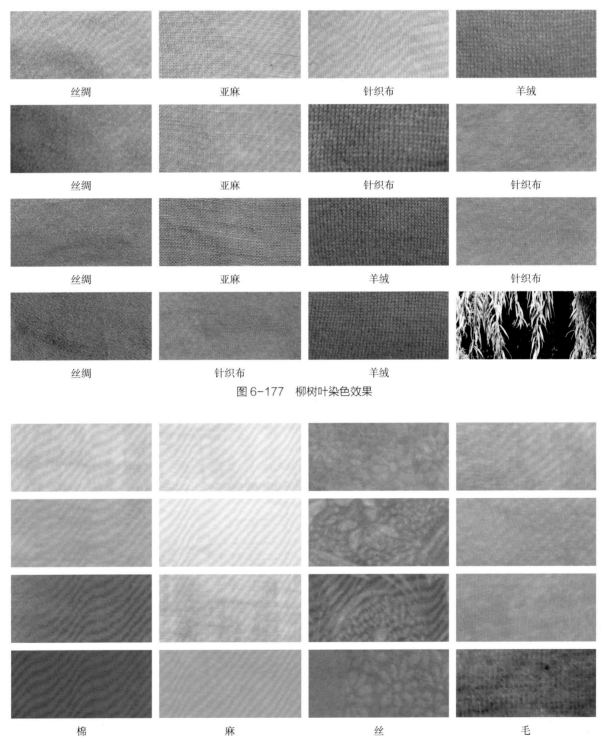

| 丝绸 | 亚麻 | 针织布 | 羊绒 |

| 丝绸 | 亚麻 | 针织布 | 针织布 |

| 丝绸 | 亚麻 | 羊绒 | 针织布 |

| 丝绸 | 针织布 | 羊绒 | |

图 6-177　柳树叶染色效果

| 棉 | 麻 | 丝 | 毛 |

图 6-178　柳树皮染色效果

十四、乌桕

1.乌桕概况 乌桕，大戟科乌桕属落叶乔木，又名腊子树、桕子树、木子树、乌桕、桊子树、柏树、木蜡树、木油树、木梓树、虹树、蜡烛树、油籽树、洋辣子树等，主要分布于中国黄河以南各省区，北达陕西、甘肃。叶片呈菱形，冬季变红落叶，有微毒性。

落叶可以用于染色（图6-179）。关于乌桕叶染色的记载，《本草纲目》说其"叶可以染皂色。乌臼木：染材，〔藏器曰〕叶可染皂"。《本草纲目》已经说明染色部位是使用其叶片，和铁化合物媒染后，可产生灰色的色相，深染后可得到黑色的色相，适合棉麻类织物。

2.染料提取及染色 染料提取及染色方法如下。

（1）先以无糖豆浆浸泡织物（助染），浸泡30min后晾干备用。乌桕叶染色效果如图6-180所示。

（2）浸泡乌桕叶，热煮染液30min，棉、麻、丝、毛织物均可放入，需持续搅拌使染色均匀。

（3）取出清洗后，再放入氯化铁媒染剂稀释液中浸泡10min。

（4）取出清洗，进行重复染，依所需颜色深浅调整染色时间。

（5）最后取出，清洗晾干。

图6-179 乌桕树

图6-180 染色结果

十五、红枫

1.红枫概况 红枫是鸡爪槭的变种，又名鸡爪枫，槭树科槭树属落叶小乔木或乔木，品种较多，主要分布在中国亚热带（特别是长江流域）全国大部分地区均有栽培（图6-181）。其叶形优美，红色持久，枝序整齐，层次分明，树姿美观，是一种非常美丽的观叶植物，广泛用于园林绿地及庭院做观赏树，以孤植、散植为主，也易于盆栽，观赏效果佳。

2.染料提取及染色 红枫做染料，没有见过历史资料记录，只能亲自试验。使用的媒染剂为白矾、蓝矾、皂矾。

图6-181 红枫

新鲜红枫叶去杂质，洗净。1kg叶加5L水，大火烧开转小火煮30min。过滤。重复以上流程再来一次，过滤。两次染液合在一起。

布料浸泡透。染液加媒染剂加热，35℃时加入布料，不断翻动。温度50℃，时间40min，染色完成，拧干，清洗，晾干。

试验结果表明，在棉、麻、丝、毛面料上都有不错的效果（图 6-182）。

棉布上染色：直接染得浅绿灰色；媒染剂为明矾，用量 5g/L，得灰绿色；媒染剂为醋酸铁，用量 5g/L，得灰军绿色；媒染剂为皂矾，用量 8g/L，得深灰色。

丝绸上染色：直接染得豆沙色；媒染剂为明矾，用量 5g/L，得浅军绿色；媒染剂为醋酸铁，用量 5g/L，得军绿色；媒染剂为皂矾，用量 8g/L，得深灰绿色。

麻布上染色：直接染得浅绿灰色；媒染剂为明矾，用量 5g/L，得灰绿色；媒染剂为醋酸铁，用量 5g/L，得绿灰色；媒染剂为皂矾，用量 8g/L，得浅灰色。

羊毛织物上染色：直接染得咖色；媒染剂为明矾，用量 5g/L，得灰绿色；媒染剂为醋酸铁，用量 5g/L，得军黄色；媒染剂为皂矾，用量 8g/L，得墨绿色。

图 6-182 红枫染色效果

十六、香椿

1. **香椿概况** 香椿，又名山椿、虎目树、虎眼、大眼桐、椿花、香椿头、香椿芽、香桩头、大红椿树、椿天等，为楝科，落叶乔木，分布于长江南北的广泛地区（图 6-183）。雌雄异株，叶呈偶数羽状复叶，圆锥花序，两性花白色，果实是椭圆形蒴果，翅状种子，种子可以繁殖，树体高大。香椿在汉代就遍布大江南北。古代农市上把香椿称椿，把臭椿称为樗。

香椿含有丰富的维生素 C、胡萝卜素等，有助于增强机体免疫功能，并有润滑肌肤的作用，是保健美容的良好食品。香椿具有抗菌消炎，杀虫的作用，可用于治疗蛔虫病、疮癣、疥癫等疾病。

2. **染料提取及染色** 香椿的药用和食用价值不容置疑，是否可以做染料呢？

图 6-183 香椿树

有资料称香椿树皮可以提取红棕色染料，但树皮是不能轻易剥皮的。据笔者以往的经验，树皮有色，树枝叶也应该有。于是采集了一些香椿叶做实验，结果是令人满意的。虽然没做出红棕色来，但起码黄色是有的，用皂矾做媒染剂可得军绿色。后来得到了香椿树皮，经试验，红棕色也还是没有。

新鲜叶去杂质，洗净。1kg 叶加 5L 水，大火烧开转小火煮 30min，过滤。重复以上流程再来一次，过滤。两次染液合在一起。

布料浸泡透。染液加媒染剂加热，35℃时加入布料，不断翻动。温度 50℃，时间 40min，染色完成，拧干，清洗，晾干。

香椿叶染色效果如图 6-184 所示。香椿如做染料使用，其抗菌消炎和润滑肌肤的作用就可以为纺织品增添功能效应了。

棉　　　　　　　丝

图 6-184　香椿染色效果

十七、栾树

1. 栾树概况　栾树，又名木栾、栾华、灯笼树、摇钱树、金雨树、大夫树、国庆花等，是无患子科栾树属植物。其为落叶乔木或灌木，树皮厚，灰褐色至灰黑色，老时纵裂；皮孔小，灰至暗褐色；小枝具疣点，与叶轴、叶柄均被皱曲的短柔毛或无毛。

栾树树形端正，枝叶茂密而秀丽，春季嫩叶多为红叶，夏季黄花满树，入秋叶色变黄，果实紫红，形似灯笼，十分美丽。栾树适应性

图 6-185　栾树

强、季相明显，是理想的绿化、观叶树种，宜做庭荫树、行道树及园景树（图 6-185）。

栾树生长于石灰石风化产生的钙基土壤中，耐寒，在中国只分布在黄河流域和长江流域下游，在海河流域以北很少见，也不能生长在硅基酸性的红土地区。栾树春季发芽较晚，秋季落叶早。

2. 染料提取及染色　栾树叶作为染料使用的记载不多，少数人知道花朵可作黄色染料，但几乎不知道树叶是极好的黑色染料。

染材使用部位为花朵和枝叶。树叶有粘手感，提取染液前需洗净。枝叶剪成碎片，花朵揉碎，1kg 加水 10L，大火煮开，改小火煮 1h，过滤。重复三次，染液混合可用。

此染料为媒介染料，根据所需颜色加不同的媒染剂，常用的有白矾、蓝矾、皂矾。

染深黑灰色，需重复媒染、染色过程数遍。

栾树花朵染色效果如图 6-186 所示，栾树枝叶染色效果如图 6-187 所示。

栾树花染针织棉布：直接染为米黄色，明矾作媒染剂染得灰绿色；蓝矾作媒染剂染得黄绿色；皂矾作媒染剂染得深灰色，皂洗后得深咖色。染机织棉布，明矾做媒染剂染得浅绿色。

栾树叶染棉布：直接染得淡灰绿；明矾作媒染剂染在棉布、丝绸上得浅绿色；蓝矾作媒染剂在丝绸上得黄绿色，羊绒织物上得浅咖色；皂矾作媒染剂，在棉布、丝绸、羊绒织物上均得黑色；醋酸铁作媒染剂，在丝绸和羊绒织物上得黑色。

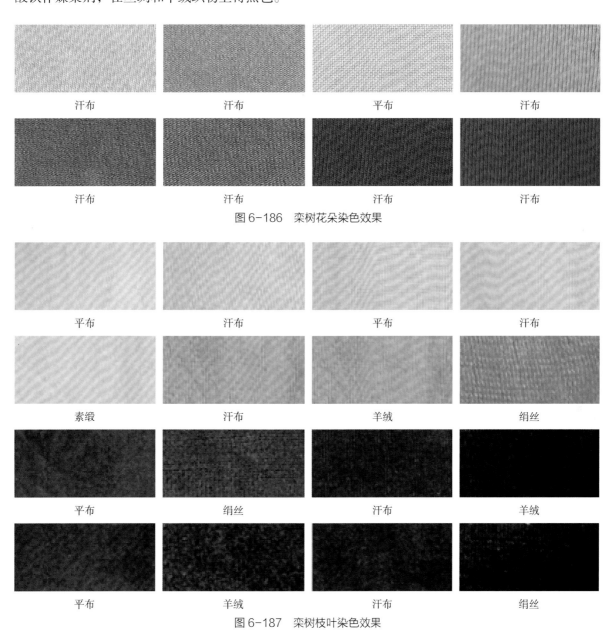

汗布	汗布	平布	汗布
汗布	汗布	汗布	汗布

图 6-186　栾树花朵染色效果

平布	汗布	平布	汗布
素缎	汗布	羊绒	绢丝
平布	绢丝	汗布	羊绒
平布	羊绒	汗布	绢丝

图 6-187　栾树枝叶染色效果

十八、竹叶

1. 竹子概况　竹原产中国，类型众多，适应性强，分布极广。我国素有"竹子王国"之称，是世界上产竹最多的国家之一。竹子共有 22 个属 200 多种，分布于全国各地，以珠江流域和长江流域最多，境内有竹类 40 多属 400 余种，竹林面积约 400 万公顷（图 6-188）。

竹叶提取物有良好的工艺特性，易溶于热水和低浓度的醇，具有高度的水、热稳定性，加工适应

图 6-188　竹叶

性好，并且具有高度的抗氧化稳定性，在局部浓度大大超标时，也不会发生茶多酚样的促氧化作用。同时竹叶提取物具有典型的竹叶清香，清爽怡人，微苦、微甜。竹叶提取物可广泛用于医药、食品、抗衰老产品及美容化妆品、染料等领域。

竹子以其独特的生物学、生态学及多用途等特点，日益受到人们的重视，在中国可持续发展战略中正发挥着越来越重要的作用。我国在竹叶有效成分的研究和开发方面处于国际领先水平，但对于竹叶的染料功能鲜有报道。如能开发出竹叶染料用于丝绸、羊毛织物的生态染色将有极大的意义。

2. 染料提取及染色　竹叶具有多种优良的性能，取材方便。经过无数次竹叶提取和染色实践证明，竹叶是一种良好的天然环保染料。竹叶染色技术对全毛毛线手工染色也获得成功（图 6-189），虽然还需进一步改进，但毕竟在竹叶染色领域在国内走出了第一步。

继毛线染色以后，在丝绸面料上染色同样很好，颜色清新淡雅，色牢度好（图 6-190）。在麻、棉织物上染色效果较差，颜色淡（图 6-191）。

媒染剂可采用明矾、蓝矾、皂矾三种。

图 6-189　毛线竹叶染色效果

图 6-190　丝绸竹叶染色效果

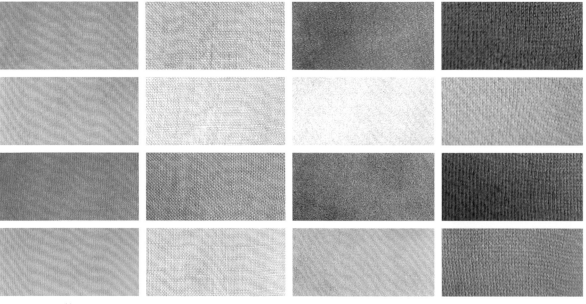

| 棉 | 麻 | 丝 | 毛 |

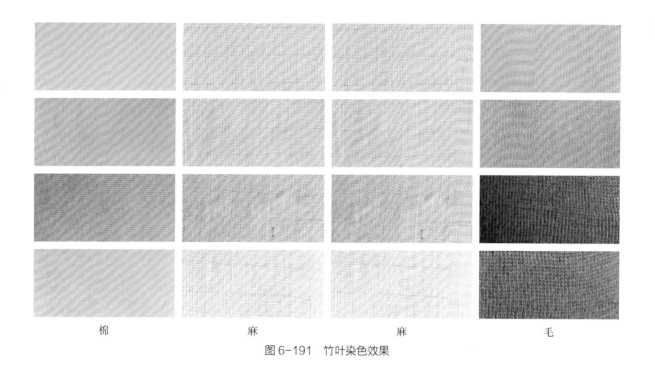

| 棉 | 麻 | 麻 | 毛 |

图6-191 竹叶染色效果

第六节 野生植物染

一、牡荆

1.牡荆概况 牡荆，北京、河南等地区称荆条，又名黄荆柴、黄金子、荆条棵、荆子、荆稍、五指柑、小荆实（《本经》）、牡荆实（《本草经集注》）、梦子（《石药尔雅》）、荆条果（《药材学》）、楚（《诗经》）、荆（《广雅》）、铺香、午时草、土柴胡、蚊子柴、山京木、土常山、奶疸、野牛膝、补荆草、蚊香草等，是马鞭草科落叶灌木。叶对生，幼枝、新叶为绿色。花淡紫色，着生于当年生枝端，花期6~7月。牡荆在中国北方地区广为分布，常生于山地阳坡上，形成灌丛，资源极丰富（图6-192）。

图6-192 牡荆

2.染料提取及染色 牡荆叶和牡荆子都富含黄酮类牡荆素天然化合物，可作为天然染料使用。前几年做过南方产的黄牡荆染色试验，效果不错，这次使用的是产于北京密云金叵罗村的紫牡荆（采集时间：2015年8月），染色效果同样不错（图6-193）。

新鲜紫荆条叶去杂质，洗净。1kg叶加5L水，大火烧开转小火煮30min，过滤。重复以上流程再来一次，过滤。两次染液合在一起。

布料浸泡透。染液加媒染剂加热，35℃时加入布料染色，不断翻动。温度50℃，时间40min，染色完成，拧干，清洗，晾干。

棉布上染色：直接染得淡绿色；媒染剂为明矾，用量5g/L，得浅绿色；媒染剂为蓝矾，用量5g/L，得浅军绿色；媒染剂为皂矾，用量8g/L，得深军绿色。

丝绸上染色：直接染得淡绿色；媒染剂为明矾，用量5g/L，得黄色；媒染剂为蓝矾，用量5g/L，得浅军绿色；媒染剂为皂矾，用量8g/L，得深军绿色。

二、黄花蒿

1.黄花蒿概况 黄花蒿，为菊科植物黄花蒿的全草，又名臭蒿、青蒿、桐臭蒿子、草蒿、香丝草、酒饼草、马尿蒿、苦蒿、黄香蒿、黄蒿、野筒蒿、鸡虱草、秋蒿、香苦草、野苦草等（图6-194）。

其为一年生草本，全体近于无毛。全国大部分地区有产，生长于荒野、山坡、路边及河岸边。

2.染料提取及染色 这种遍地都有的野草在很多时候没有被人注意，或者说没有得到充分的应用。本次（2015年1月）受乡村中心的委托，为贫困乡村建设编写培训用的教材，有针对性地选择对口的乡村（湖北神农架）提供的植物做染料制作试验。染料提取及染色过程如下。

新鲜黄花蒿去杂质，洗净。1kg叶加5L水，大火烧开转小火煮30min，过滤。重复以上流程再来一次，过滤。两次染液合在一起。

布料浸泡透。染液加媒染剂加热，35℃时加入布料染色，不断翻动。温度50℃，时间40min，染色完成，拧干，清洗，晾干。

试验表明，这种野草完全可以作为染料使用，在丝绸和棉布上的染色效果不错，尤其是色彩上有理想的颜色（图6-195）。

棉布上染色：直接染得浅咖色；媒染剂为

棉　　　　　　　　　　丝
图6-193 紫牡荆叶染色

图6-194 黄花蒿

棉　　　　　　　　　　丝
图6-195 黄花蒿染色效果

明矾，用量5g/L，得卡其色；媒染剂为蓝矾，用量5g/L，得卡其色；媒染剂为皂矾，用量8g/L，得深咖色。

丝绸上染色：直接染得米黄色；媒染剂为明矾，用量5g/L，得土黄色；媒染剂为蓝矾，用量5g/L，得绿色；媒染剂为皂矾，用量8g/L，得深军绿色。

三、鬼针草

1.鬼针草概况 鬼叶草其为菊科鬼针草属，一年生草本植物（图6-196）。又名鬼钗草、鬼黄花、山东老鸦草、婆婆针、鬼骨针、盲肠草、跳虱草、豆渣菜、叉婆子、引线包、针包草、一把针、刺儿鬼、鬼蒺藜、乌藤菜、清胃草、跟人走、粘花衣、鬼菊、擂钻草、山虱母、粘身草、咸丰草、脱力草、三叶鬼针草、四方枝、虾钳草、蟹钳草（广东、广西），对叉草、粘人草、粘连子（云南），一包针、引线包（江苏、浙江），豆渣草、豆渣菜（四川、陕西），盲肠草（福建、广东、广西），王八叉、小狗叉（山东、河南等地）。

图6-196　鬼针草

鬼针草分布在华东、华中、华南、西南各省区，生于村旁、路边及荒地中。全草含生物碱、鞣质、皂苷、黄酮苷，茎叶含挥发油、鞣质、苦味质、胆碱等，果实含油27.3%。全草可作为中药使用。

2.染料提取及染色 鬼针草除了药用外，还可以作为天然植物染料使用。

鬼针草全株都可以用染色，但是呈现的颜色有些许差异。整体看来，小花种的黄色素较浓，而大花种的在黄色中带有绿色。可能是因为两者所含的色素本身就有差异，或是因生长环境的不同而显现色相上的差别。

鬼针草全株皆可用来染色，具体方法如下。

（1）将鬼针草连根拔起，抖去根部泥土后，再用清水洗净，然后将全株用刀切成细段，加入适量清水，在不锈钢锅中煎煮以萃取色素，萃取时间为水沸后30min，共萃取2~3次。

（2）萃取后的染液经过细网过滤后，调和在一起作染浴。

（3）被染物先浸透清水，拧干、打松后投入染浴中升温染色，升温的速度不宜过快，煮染的时间约为染液煮沸后30min。

（4）取出被染物，拧干后媒染30min。

（5）经过媒染后的被染物再入原染浴中染色30min。

（6）煮染之后，被染物直接取出水洗、晾干而成。

染色效果如下。

棉布上染色：直接染得浅绿色；媒染剂为明矾，用量5g/L，得驼色；媒染剂为蓝矾，用量5g/L，得木红色；媒染剂为皂矾，用量8g/L，得浅军绿色。

丝绸上染色：直接染得淡黄色；媒染剂为明矾，用量5g/L，得土黄色；媒染剂为蓝矾，用量5g/L，得浅咖色；媒染剂为皂矾，用量8g/L，得军绿色。

麻布上染色：直接染得黄绿色；媒染剂为明矾，用量5g/L，得驼色；媒染剂为蓝矾，用量5g/L，得木红色；媒染剂为皂矾，用量8g/L，得灰绿色。

羊毛织物上染色：直接染得土黄色；媒染剂为明矾，用量5g/L，得黄色；媒染剂为蓝矾，用量5g/L，得深土黄色；媒染剂为皂矾，用量8g/L，得深绿色。

鬼针草染色效果如图6-197所示。

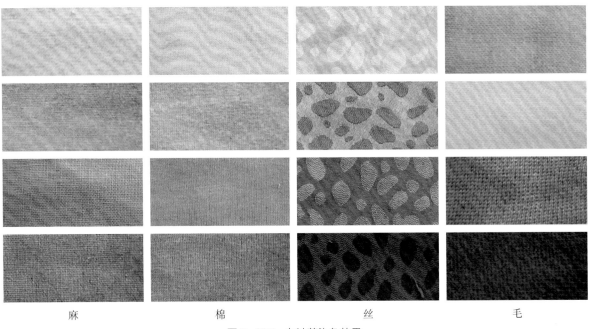

麻　　　　　　　　棉　　　　　　　　丝　　　　　　　　毛

图6-197　鬼针草染色效果

四、白背叶

1.白背叶概况　白背叶，又名叶下白、白背木、白背娘、白朴树、白帽顶、白面风（台湾）、白鹤叶、白面戟、白桃叶、酒药子树、白膜树、白叶野桐、白泡树、白面简、白鹤树、白叶子、白匏、帽顶、花山桐等，大戟科，半落叶乔木，喜生长在向阳的坡地。由于其叶背是灰白色，当风一吹，便看见满片的绿叶一瞬间变成白雪，故名白背叶（图6-198）。白背叶分布于中国南方大部，在山麓以至海拔1000m之上丛林或后生林内，荒坡、田边均可见。

2.染料提取及染色　这次染色试验采用白背叶的枝叶。

新鲜枝叶去杂质，洗净。1kg叶加5L水，大火烧开转小火煮30min，过滤。重复以上流程再来一次，过滤。两次染液合在一起。

布料浸泡透。染液加媒染剂加热，35℃时加入布料染色，不断翻动。温度50℃，时间40min，染色完成，拧干，清洗，晾干。

图6-198　白背叶

棉布上染色：直接染得浅驼色；媒染剂为明矾，用量 5g/L，得淡绿色；媒染剂为醋酸铁，用量 5g/L，得灰色。

丝绸上染色：直接染得米色；媒染剂为明矾，用量 5g/L，得浅绿色；媒染剂为醋酸铁，用量 5g/L，得军绿色；媒染剂为皂矾，用量 8g/L，得黑色。

羊毛织物上染色：直接染得浅灰绿色；媒染剂为明矾，用量 5g/L，得黄绿色；媒染剂为醋酸铁，用量 5g/L，得深军绿色。

白背叶染色结果如图 6-199 所示。

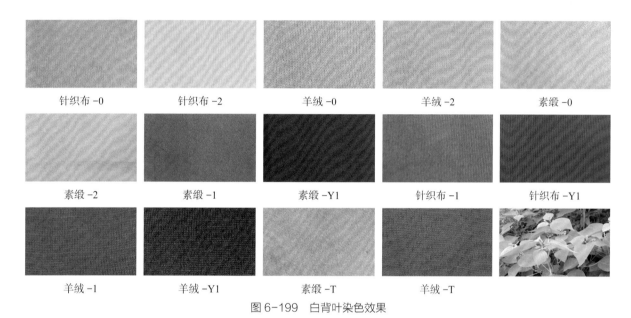

针织布 -0　　针织布 -2　　羊绒 -0　　羊绒 -2　　素缎 -0

素缎 -2　　素缎 -1　　素缎 -Y1　　针织布 -1　　针织布 -Y1

羊绒 -1　　羊绒 -Y1　　素缎 -T　　羊绒 -T

图 6-199　白背叶染色效果

五、蒲公英

1. 蒲公英概况　蒲公英属菊科，多年生草本植物。蒲公英又叫婆婆丁、地丁、苦碟子等，广泛生于中、低海拔地区的山坡草地、路边、田野、河滩（图 6-200）。头状花序，种子上有白色冠毛结成的绒球，花开后随风飘到新的地方孕育新生命。蒲公英植物体中含有蒲公英醇、蒲公英素、胆碱、有机酸、菊糖等多种健康营养成分，有利尿、缓泻、退黄疸、利胆等功效。蒲公英同时含有蛋白质、脂肪、碳水化合物、微量元素及维生素等，有丰富的营养价值，可生吃、炒食、做汤，是药食兼用的植物。蒲公英的花中午开，早晨和傍晚不开放。

2. 染料提取及染色　蒲公英可作药、作菜，可作染料吗？笔者查了许多资料，没有发现可作染料的记载。本次用蒲公英全株提取染液来染色，发现在棉、麻、毛上均可上色（图 6-201）。

染料提取及染色过程如下。

新鲜植物全株去杂质，洗净。1kg 叶加 5L 水，大火烧开转小火煮 30min，过滤。重复以上流程再来一次，过滤。两

图 6-200　蒲公英

次染液合在一起。

布料浸泡透。染液加媒染剂加热，35℃时加入布料染色，不断翻动。温度50℃，时间40min，染色完成，拧干，清洗，晾干。

麻布上染色：媒染剂为皂矾，用量5g/L，得淡绿色；媒染剂为醋酸铁，用量5g/L，得浅灰色。

丝绸上染色：直接染得米色；媒染剂为明矾，用量5g/L，得浅绿色；媒染剂为醋酸铁，用量5g/L，得军绿色；媒染剂为皂矾，用量8g/L，得黑色。

羊毛织物上染色：媒染剂为皂矾，用量5g/L，得黄绿色；媒染剂为醋酸铁，用量5g/L，得绿色。

棉

麻

丝

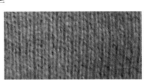
毛

图6-201 蒲公英染色效果

六、老鹳草

1.老鹳草概况 老鹳草又名老鹳嘴、老鸦嘴、贯筋、老贯筋、老牛筋、鸭脚草、老观草，为牻牛儿苗科多年生草本植物（图6-202），生于山坡、草地及路旁。

2.染料提取及染色 除药用外，老鹳草作为染料用也有记载，属于黄酮类植物染料。染料提取及染色过程如下。

图6-202 老鹳草

新鲜老鹳草去杂质，洗净。1kg叶加5L水，大火烧开转小火煮30min，过滤。重复以上流程再来一次，过滤。两次染液合在一起。

布料浸泡透。染液加媒染剂加热，35℃时加入布料染色，不断翻动。温度50℃，时间40min，染色完成，拧干，清洗，晾干。

经过试验，发现其在天然纤维上均有较好的上色效果（图6-203）。

棉布上染色：媒染剂为明矾，用量5g/L，得米色；媒染剂为醋酸铁，用量5g/L，得浅绿色。媒染剂为皂矾，用量5g/L，得浅军绿色。

麻布上染色：媒染剂为明矾，用量5g/L，得米色；媒染剂为醋酸铁，用量5g/L，得淡绿色。媒染为剂蓝矾，用量5g/L，得浅绿色；媒染剂为皂矾，用量5g/L，得浅绿色。

丝绸上染色：媒染剂为明矾，用量5g/L，得浅土黄色；媒染剂为醋酸铁，用量5g/L，得军绿色；媒染剂为蓝矾，用量8g/L，得深绿色；媒染剂为皂矾，用量8g/L，得土黄色。

羊毛织物上染色：媒染剂为明矾，用量5g/L，得土黄色；媒染剂为醋酸铁，用量5g/L，得深军绿色；媒染剂为蓝矾，用量5g/L，得米色；媒染剂为皂矾，用量8g/L，得深咖色。

图 6-203　老鹳草染色效果

七、 葎草

1.葎草概况　葎草，又称拉拉秧、拉拉藤、五爪龙、簕草、大叶五爪龙、拉狗蛋、割人藤、黑草、麻葛蔓、葛葎蔓、葛勒蔓、来毒草、葛葎草、涩萝蔓、苦瓜藤、锯锯藤、蛇干藤、蛇割藤、刺刺秧、刺刺藤、拉拉蔓、洋涩巴蔓、涩巴勒秧、涩涩秧，多年生茎蔓草本植物，为常见杂草。中国除新疆、青海、西藏外，其他各省区均有分布。嫩茎和叶可做食草动物饲料，主要为药用（图 6-204）。

葎草生长快速，以覆盖方式危害农作物、湿地植物和圃地苗木，在河滩地常形成较大面积的单优群落，是一种较难清除的有害植物。常生于荒地、废墟、林缘、沟边等地。

葎草全株含木犀草素、葡萄糖苷、胆碱及天门冬酰胺等，其他尚有挥发油、鞣质及树脂。

2.染料提取及染色　葎草属于黄酮类植物染料。

图 6-204　葎草

葎草是笔者 28 年前做的一个染料，可以说，是这个杂草将笔者引入了草木染的门。原因很简单，这个杂草随处都有，在路边、厂房外唾手可得。当时还不怎么会用媒染剂，提取也不是很规范，没有标准，扯了一些葎草剪碎放进锅里煮，然后将布扔进去染色。不料还真的染上了黄色，晒干后，再洗也不掉色。这次用媒染剂进行染色试验。

染料提取及染色过程：新鲜葎草去杂质，洗净。1kg 叶加 5L 水，大火烧开转小火煮 30min，过滤。重复以上流程再来一次，过滤。两次染液合在一起。

布料浸泡透。染液加媒染剂加热，35℃时加入布料染色，不断翻动。温度 50℃，时间 40min，染色完成，拧干，清洗，晾干。

棉布上染色：直接染色得黄色；媒染剂为明矾，用量 5g/L，得绿色；媒染剂为醋酸铁，用量 5g/L，得深灰色；媒染剂为皂矾，用量 5g/L，得灰色。

麻布上染色：直接染色得浅绿色；媒染剂为明矾，用量 5g/L，得绿色；媒染剂为醋酸铁，用量 5g/L，得深咖色；媒染剂为皂矾，用量 5g/L，得浅军绿色。

丝绸上染色：直接染色得浅军绿色；媒染剂为明矾，用量 5g/L，得绿色；媒染剂为醋酸铁，用量 5g/L，得深咖色；媒染剂为皂矾，用量 8g/L，得浅咖色。

羊毛织物上染色：直接染色得绿色；媒染剂为明矾，用量 5g/L，得绿色；媒染剂为醋酸铁，用量 5g/L，得黑色，皂洗后得咖色；媒染剂为皂矾，用量 8g/L，得深咖色。

葎草染色效果如图 6-205 所示。

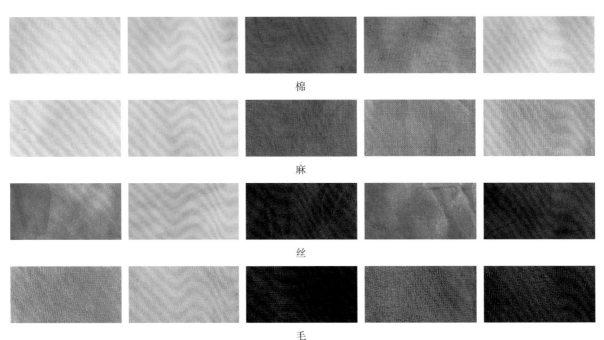

棉

麻

丝

毛

图 6-205　葎草染色效果

八、美洲商陆

1. 美洲商陆概况　美洲商陆（图 6-206），又名垂序商陆、美国商陆、洋商陆、大麻菜、十蕊商陆，商陆科商陆属草本植物。美洲商陆与中国原有的商陆并不是一种植物，是一种入侵植物，原产北美洲，被我国作为观赏植物引进。

美洲商陆的叶子呈长椭圆形或卵状椭圆形；茎干呈紫红色；果实扁球形，多汁液，熟时紫黑色。

图 6-206　美洲商陆

有研究表明，成熟果实含色素 9.3%（干重）。用手搓果实，有紫红色浆液，看来色素是存在的。又见报道，该植物各个部分特别是根及未成熟果实对人及牲畜均有毒，有毒成分经煮沸可被破坏。提取染液是需要煮沸多次的，这样毒素就可以排除了。

2.染料提取及染色 笔者在多个地方均采集到这种植物。以前也尝试过染色，但因为没有色牢度，基本上经水洗就没有颜色了。还是不甘心，本次在常州采集到果实后，先放置了几个月，待果实完全干了，再继续进行提取、染色。经过调整工艺以及媒染剂的作用后，颜色基本固定，洗涤后颜色仍然存在，且有多种颜色呈现出来，在丝绸、羊毛织物上的染色效果比棉布要好。因此认为美洲商陆完全可以作为天然染料使用。

染料提取及染色过程如下。

美洲商陆去杂质，洗净。1kg果实加5L水，大火烧开转小火煮30min，过滤。重复以上流程再来一次，过滤。两次染液合在一起。

布料浸泡透。染液加媒染剂加热，35℃时加入布料染色，不断翻动。温度50℃，时间40min，染色完成，拧干，清洗，晾干。

经过试验，在天然纤维上均有较好的上色效果（图6-207）。

棉布上染色：媒染剂为明矾，用量5g/L，得淡绿色；媒染剂为皂矾，用量5g/L，得绿灰色。

麻布上染色：媒染剂为明矾，用量5g/L，得灰驼色；媒染剂为皂矾，用量5g/L，得军绿色

丝绸上染色：媒染剂为明矾，用量5g/L，得咖色；媒染剂为皂矾，用量8g/L，得军绿色。

羊毛织物上染色：媒染剂为明矾，用量5g/L，得红棕色；媒染剂为皂矾，用量8g/L，得军绿色。

加酸碱后染色效果变化较大，颜色变浅，说明该植物染色稳定性较差（图6-208）。

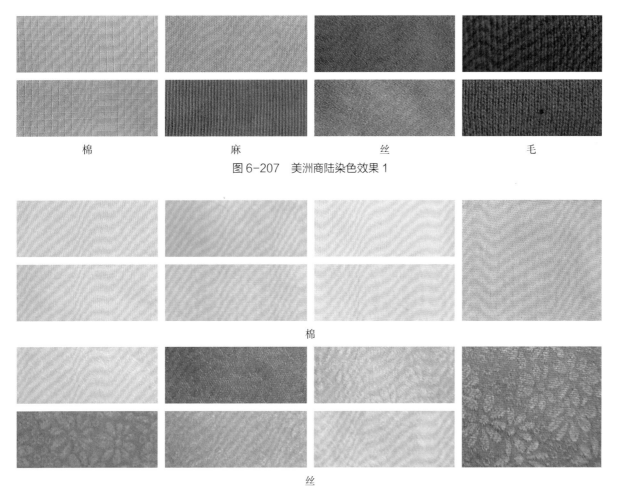

棉　　　　　　　麻　　　　　　　丝　　　　　　　毛

图6-207　美洲商陆染色效果1

棉

丝

图6-208　美洲商陆染色效果（加酸碱后）2

九、野燕麦

1. 野燕麦概况 植物染料来源很多，笔者比较关心利用废弃物，如杂草，特别是恶性杂草。在试验美洲商陆等成功后，又把目光关注于野燕麦。

野燕麦，又称乌麦、燕麦草、铃铛麦等，为禾本科燕麦属一年生植物，是为害麦类等作物的杂草。野燕麦有生命力强、分蘖力强、传播速度快等特点，生长于荒芜田野、山坡草地、路旁及农田中（图6-209）。野燕麦对小麦的影响主要是与小麦共生，争水、争肥、争光，造成小麦产量降低，品质下降，如果防治不及时，将对小麦生长造成严重的威胁。

2. 染料提取及染色 鉴于已经有数次使用恶性杂草做染料试验成功的案例，本次依法炮制。染料提取及染色过程如下。

新鲜野燕麦茎叶去杂质，洗净。1kg叶加5L水，大火烧开转小火煮30min，过滤。重复以上流程再来一次，过滤。两次染液合在一起。

图6-209 野燕麦

布料浸泡透。染液加媒染剂加热，35℃时加入布料染色，不断翻动。温度80℃，时间40min，染色完成，拧干，清洗，晾干。

经过试验，在天然纤维上均有较好的染色效果（图6-210）。

棉布上染色：媒染剂为明矾，用量5g/L，得淡绿色；媒染剂为皂矾，用量5g/L，得军绿色。皂洗后颜色变浅。

麻布上染色：媒染剂为明矾，用量5g/L，得浅绿灰色。

丝绸上染色：媒染剂为明矾，用量5g/L，得浅绿色；媒染剂为皂矾，用量8g/L，得灰绿色，皂洗后颜色变浅。

羊毛织物上染色：媒染剂为明矾，用量5g/L，得浅绿色；媒染剂为皂矾，用量8g/L，得军绿色，皂洗后颜色变浅。

总体来说，野燕麦染色较浅，需要浓缩后使用，不过对于恶性杂草是一种新的处理方式。

图6-210 野燕麦染色效果

中国植物染技法

十、紫茎泽兰

1. 紫茎泽兰概况 紫茎泽兰，又名破坏草、解放草、飞机草等被冠以"霸王草"之名，属菊科多年生草本或成半灌木状植物。因其茎和叶柄呈紫色，故名紫茎泽兰（图6-211）。

图6-211 紫茎泽兰

紫茎泽兰作为外来入侵物种，对我国农业、林业的危害触目惊心。紫茎泽兰的生命力、竞争力及生态可塑性极强，能迅速压倒其他一年生植物。它的植株能释放多种化感物质，排挤其他植物生长，常常大片发生，形成单优种群，破坏生物多样性，破坏园林景观，影响林业生产。

2. 染料提取及染色 植物染料的原料来源一直是大家关注的问题，既要有充足的来源，又不能与农作物争地，那么紫茎泽兰取材方便，将害草用来做染料无疑是一大利好消息。十几年前笔者开始试验用紫茎泽兰制作染料，至少有黄色与军绿两种颜色可用。作为染料的部分是叶子，其他部位不可用。另外，紫茎泽兰有一种特殊的气味，用它染出的布料有特别的驱除蚊虫功效。

染料提取及染色过程如下。新鲜叶子去杂质，洗净。1kg叶加5L水，大火烧开转小火煮30min，过滤。重复以上流程再来一次，过滤。两次染液合在一起。

布料浸泡透。染液加媒染剂加热，35℃时加入布料染色，不断翻动。温度50℃，时间40min，染色完成，拧干，清洗，晾干。

经过试验，利用紫茎泽兰在天然纤维上染色均有较好的上色效果（图6-212）。

棉布上染色：直接染色得黄绿色；媒染剂为明矾，用量5g/L，得中黄绿色；媒染剂为蓝矾，用量5g/L，得咖色；媒染剂为皂矾，用量5g/L，得深灰色。

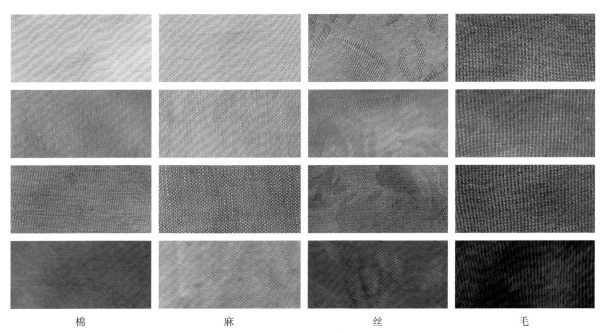

| 棉 | 麻 | 丝 | 毛 |

图6-212 紫茎泽兰染色效果

麻布上染色：直接染色得浅绿色；媒染剂为明矾，用量 5g/L，得黄绿色；媒染剂为蓝矾，用量 5g/L，得咖色；媒染剂为皂矾，用量 5g/L，得灰色。

丝绸上染色：直接染色得黄绿色；媒染剂为明矾，用量 5g/L，得黄绿色；媒染剂为蓝矾，用量 5g/L，得土黄色；媒染剂为皂矾，用量 8g/L，得深灰绿色。

羊毛织物上染色：直接染色得土黄色；媒染剂为明矾，用量 5g/L，得土黄色；媒染剂为蓝矾，用量 5g/L，得军黄色；媒染剂为皂矾，用量 8g/L，得黑色。

十一、爬山虎

1. 爬山虎概况　爬山虎，又称爬墙虎、巴山虎、地锦、飞天蜈蚣、假葡萄藤、常青藤、捆石龙、枫藤、小虫儿卧草、红丝草、红葛、趴山虎、红葡萄藤等，葡萄科多年生大型落叶木质藤本植物。夏季开花，花小，黄绿色，浆果紫黑色。常攀缘在墙壁或岩石上，广见于我国各地（图 6-213）。

图 6-213　爬山虎

爬山虎还是秋季色叶植物，深秋时，叶片从绿色、黄色、红色逐渐变化，鲜艳，透亮，颇具观赏价值。

2. 染料提取及染色　爬山虎不仅有观赏价值，也有染料价值，鲜叶、落叶、藤茎、果实均可作为染材。

通过对棉、丝等织物的染色试验看，在不同的媒染剂作用下，染色效果都不错。

（1）染料提取方法。

①鲜叶去杂质，洗净。1kg 叶加 3L 水，大火烧开转小火煮 30min，过滤。重复以上流程再来一次，过滤。两次染液合在一起。

②落叶去杂质，洗净。1kg 叶加 5L 水，大火烧开转小火煮 30min，过滤。重复以上流程再来一次，过滤。两次染液合在一起。

③藤茎切成小段，洗净。1kg 茎材加 3L 水，大火烧开转小火煮 30min，过滤。重复以上流程再来两次，过滤。三次染液合在一起。

（2）染色方法。布料浸泡透。染液加媒染剂加热，35℃时加入布料染色，不断翻动。温度 50℃，时间 40min，染色完成，拧干，清洗，晾干。

经过试验，爬山虎在天然纤维上染色均有较好的上色效果（图 6-214、图 6-215）。

爬山虎叶染色效果如下。

棉布上染色：直接染色得土黄色；媒染剂为明矾，用量 5g/L，得深驼色；媒染剂为蓝矾，用量 5g/L，得绿色；媒染剂为皂矾，用量 5g/L，得黑色。

丝绸上染色：直接染色得红豆沙色；媒染剂为明矾，用量 5g/L，得豆沙色；媒染剂为蓝矾，用量 5g/L，得军绿色；媒染剂为皂矾，用量 8g/L，得黑色。

果实提取与叶子一样，染色效果如下。

棉布上染色：直接染色得浅灰绿色；媒染剂为明矾，用量 5g/L，得灰紫色；媒染剂为蓝矾，用

量 5g/L，得深灰绿色；媒染剂为皂矾，用量 5g/L，得紫莲青色。

丝绸上染色：直接染色得紫红色；媒染剂为明矾，用量 5g/L，得棕灰色；媒染剂为蓝矾，用量5g/L，得灰色；媒染剂为皂矾，用量 8g/L，得深灰色。

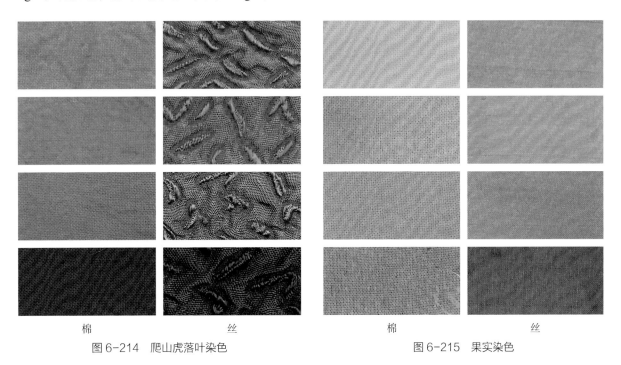

| 棉 | 丝 | 棉 | 丝 |

图 6-214　爬山虎落叶染色　　　　　　　　　图 6-215　果实染色

十二、稔子枝（叶）

1. 稔子概况　稔子学名桃金娘，别名哆尼、岗菍、山菍、多莲、当梨根、稔子树、豆稔、仲尼、乌肚子、桃舅娘、当泥等，桃金娘科桃金娘属灌木（图 6-216）。其叶对生，革质，片椭圆形或倒卵形；花常单生，紫红色；浆果卵状壶形，熟时紫黑色；花期 4~5 月。夏日花开，绚丽多彩，灿若红霞，边开花边结果。成熟果可食，也可酿酒，是鸟类的天然食源。常用于园林绿化、生态环境建设，是山坡复绿、水土保持的常绿灌木。全株供药用，有活血通络、收敛止泻、补虚止血的功效。

2. 染料提取及染色　几年前就开始使用稔子叶染色，原来是使用的广西的。这次使用广东潮州的稔子枝、叶染色，再试了一次。

稔子枝或叶去杂质，洗净。1kg 叶加 5L 水，大火烧开转小火煮 30min，过滤。重复以上流程再来一次，过滤。两次染液合在一起。

布料浸泡透。染液加媒染剂加热，35℃时加入布料染色，不断翻动。温度 50℃，时间 40min，染色完成，拧干，清洗，晾干。

稔子茎秆染色效果如图 6-217 所示。

图 6-216　稔子叶

棉布上染色：直接染色得深咖色，媒染剂为明矾，用量 5g/L，得黄咖色；媒染剂为蓝矾，用量 5g/L，得咖色。媒染剂为皂矾，用量 5g/L，得墨咖色。

丝绸上染色：直接染色得灰色，媒染剂为明矾，用量 5g/L，得浅驼色；媒染剂为蓝矾，用量 5g/L，得棕灰色；媒染剂为皂矾，用量 8g/L，得深咖色。

稗子叶染色效果如图 6-218 所示。

棉布上染色：直接染色得咖色，媒染剂为明矾，用量 5g/L，得黄咖色；媒染剂为蓝矾，用量 5g/L，得深咖色；媒染剂为皂矾，用量 5g/L，得黑色。

丝绸上染色：直接染色得土黄色；媒染剂为明矾，用量 5g/L，得黄绿色；媒染剂为蓝矾，用量 5g/L，得深咖色；媒染剂为皂矾，用量 8g/L，得黑色。

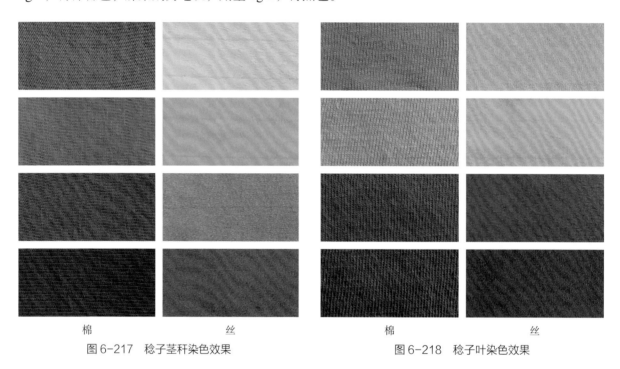

| 棉 | 丝 | 棉 | 丝 |

图 6-217　稗子茎秆染色效果　　　　　图 6-218　稗子叶染色效果

十三、马桑

1. 马桑概况　马桑，又名千年红、马鞍子、水马桑、野马桑、马桑柴、乌龙须、醉鱼儿、闹鱼儿（成都）、黑龙须、黑虎大王、紫桑，马桑科马桑属灌木（图 6-219）。

马桑叶对生，纸质至薄革质，椭圆形；总状花序生于二年生的枝条上，花瓣肉质，龙骨状；浆果状瘦果，成熟时由红色变紫黑色；花期 3~4 月，果期 5~6 月。

马桑全株有毒，尤以嫩叶及未成熟的果实毒性较大。

图 6-219　马桑

2. 染料提取及染色　5 年前就开始马桑的染色实验，一直用得很好，这次又用神农架的马桑来印证，结果是一致的。

新鲜马桑叶去杂质，洗净。1kg 叶加 5L 水，大火烧开转小火煮 30min，过滤。重复以上流程再来一次，过滤。两次染液合在一起。

布料浸泡透。染液加媒染剂加热，35℃时加入布料染色，不断翻动。温度50℃，时间40min，染色完成，拧干，清洗，晾干。

棉布上染色：直接染色得浅绿色；媒染剂为明矾，用量5g/L，得绿色；媒染剂为醋酸铁，用量5g/L，得灰绿色；媒染剂为皂矾，用量5g/L，得墨色。

丝绸上染色：直接染色得淡绿色；媒染剂为明矾，用量5g/L，得浅绿色；媒染剂为醋酸铁，用量5g/L，得酱紫色；媒染剂为皂矾，用量8g/L，得黑色。

羊绒织物上染色：直接染色得黄色；媒染剂为明矾，用量5g/L，得浅绿色；媒染剂为醋酸铁，用量5g/L，得深灰色；媒染剂为蓝矾，用量5g/L，得军绿色；媒染剂皂矾，用量5g/L，得墨色。

马桑染色效果如图6-220所示。

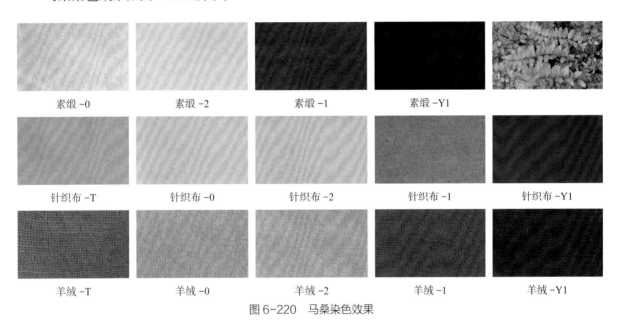

素缎-0	素缎-2	素缎-1	素缎-Y1	
针织布-T	针织布-0	针织布-2	针织布-1	针织布-Y1
羊绒-T	羊绒-0	羊绒-2	羊绒-1	羊绒-Y1

图6-220　马桑染色效果

十四、鸭跖草

1.鸭跖草概况　鸭跖草，别名碧竹子、翠蝴蝶、淡竹叶、碧蝉花、蓝姑草等，属粉状胚乳目鸭跖草科鸭跖草属一年生披散草本植物。（图6-221）。

鸭跖草叶形为披针形至卵状披针形，叶序为互生，茎为匍匐茎，花朵为聚花序，顶生或腋生，雌雄同株，花瓣上面两瓣为蓝色，下面一瓣为白色。

鸭跖草产于云南、四川、甘肃以东的南北各省区。这种野花因常生于潮湿之处，在溪边河畔水泽之地尤为多见，水

图6-221　鸭跖草

边鸭鹅喜爱将这野花的鲜嫩茎叶当作食物，故而在民间此花又多被称为"鸭跖草"。直至如今，鸭跖草也是这种植物的中文正式名。

鸭跖草开花时为辅助蜜源植物，花瓣汁液可作手工染料。

鸭跖草的两枚蓝色花瓣，因易被阳光摧残，故而尤为珍贵，民间巧匠趁天光初亮、露水未退时，将那些鲜嫩的花瓣采下，捣烂为汁液，可以当作蓝色颜料用于绘画，也可染制手工艺品。明朝

时，鸭跖草染色的彩羊皮灯风靡一时。如今江南亦有艺人，以鸭跖草花的汁液制作淡蓝色亚麻布，别具风情。因其可用作染色，故而鸭跖草又有别名"蓝姑草"。

2.染料提取及染色　鸭跖草花太小，榨汁需要很多，基本上难得。杭州一位老师寄来的是全草，没有花朵，故只能用全草来进行染色试验。

鸭跖草去杂质，洗净。1kg鸭跖草加5L水，大火烧开转小火煮30min，过滤。重复以上流程再来一次，过滤。两次染液合在一起。

布料浸泡透。染液加媒染剂加热，35℃时加入布料染色，不断翻动。温度50℃，时间40min，染色完成，拧干，清洗，晾干。

棉布上染色：直接染色得米灰色；媒染剂为明矾，用量5g/L，得米黄色；媒染剂为醋酸铁，用量5g/L，得浅绿色；媒染剂为皂矾，用量5g/L，得灰绿色。

丝绸上染色：直接染色得米灰色；媒染剂为明矾，用量5g/L，得黄色；媒染剂为醋酸铁，用量5g/L，得浅军绿色；皂矾做媒染剂，用量8g/L，得军绿色。

鸭跖草染色效果如图6-222所示。

用碱提取的染液染色出来是绿色，当时大喜，但不耐日光晒，晒干后仅剩一点绿色（图6-223）。

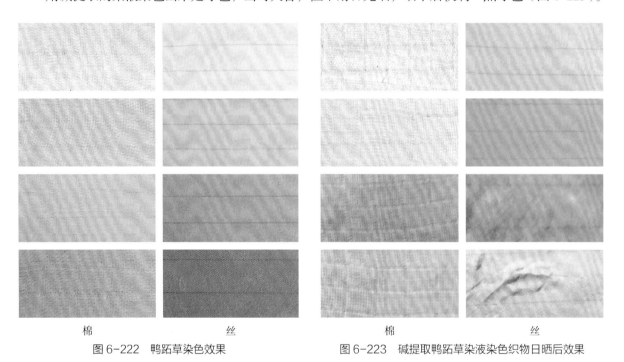

| 棉 | 丝 | 棉 | 丝 |

图6-222　鸭跖草染色效果　　　　图6-223　碱提取鸭跖草染液染色织物日晒后效果

十五、一枝黄花

1.一枝黄花概况　一枝黄花，是桔梗目菊科植物，又名黄莺、麒麟草、野黄菊、山边半枝香、酒金花、满山黄、百根草（图6-224）。这种花色泽亮丽，常用于插花中的配花。一枝黄花作为观赏植物被引入中国，引种后逸生成杂草，并且是恶性杂草，主要生长在河滩、荒地、公路两旁、农田边、农村住宅四周，江浙

图6-224 一枝黄花

一带比较常见。它是多年生植物，根状茎发达，繁殖力极强，传播速度快，生长优势明显，生态适应性广阔，与周围植物争阳光、争肥料，直至其他植物死亡，从而对生物多样性构成严重威胁。

2.染料提取及染色　笔者选择染料植物的原则之一是"变废为宝，变害为宝"。继前面选用同为入侵杂草的美洲商陆、紫茎泽兰作为染材后，这一次选用了一枝黄花。如能大量用作染材，将对剿灭一枝黄花的危害有重要作用。

本次采集的时间是12月，地点在江苏常州。使用的布料是全棉针织布和丝盖棉。四种媒染方法，染出的颜色有米黄和豆绿等色。棉和丝织物的呈色效果基本相同（图6-225）。

图6-225 一枝黄花染色效果

十六、葎叶蛇葡萄

1.葎叶蛇葡萄概况　葡萄科蛇葡萄属，又名葎叶白蔹、小接骨丹、蛇白蔹、假葡萄、野葡萄、山葡萄、绿葡萄、见毒消、酸藤、爬山虎、烟火藤、山天萝、过山龙、母苦藤、酸古藤、禾黄藤、禾稼子藤、水葡萄等（图6-226）。浆果球形，幼时绿色，熟时蓝紫色，含1~2颗种子。葎叶蛇葡萄生于山沟、山坡林缘，分布于东北、内蒙古、河北、河南、山西、陕西等地。

图6-226　葎叶蛇葡萄

2.染料提取及染色　2015年8月去北京密云的金叵罗村，采集了这种植物，进行染色试验。染料提取及染色过程如下。

新鲜叶片去杂质，洗净。1kg叶加5L水，大火烧开转小火煮30min，过滤，重复以上流程再来一次，过滤。两次染液合在一起。

布料浸泡透。染液加媒染剂加热，染液35℃时加入布料染色，不断翻动。温度50℃，时间40min，染色完成，拧干，清洗，晾干。

棉布上染色：直接染色得红灰色；媒染剂为明矾，用量5g/L，得浅绿色；媒染剂为醋酸铁，用量5g/L，得咖色；媒染剂为皂矾，用量5g/L，得军绿色。

丝绸上染色：直接染色得豆沙色；媒染剂为明矾，用量5g/L，得黄绿色；媒染剂为醋酸铁，用量5g/L，得咖色；媒染剂为皂矾，用量8g/L，得墨绿色。

此次实验表明，该植物可作为天然染料运用，在棉布和丝绸上有不俗的染色效果（图6-227）。

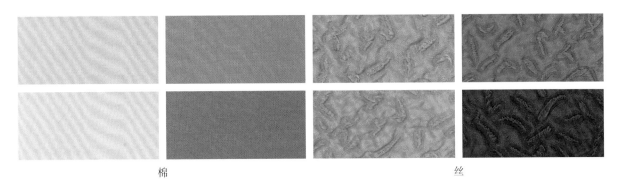

棉　　　　　　　　　　　　　　　　　丝

图6-227　葎叶蛇葡萄染色效果

第七节　水生植物染

一、芦苇

1. 芦苇概况　芦苇是禾本科的植物，多年水生或湿生的高大禾草，多生长于池沼、河岸、溪边浅水地区，常形成苇塘，世界各地均有生长。芦苇茎秆直立，植株高大，迎风摇曳，野趣横生（图6-228）。芦苇一直为我国历代文人所喜爱，《诗经》当中那句最为耳熟能详的"蒹葭苍苍，白露为霜"中的"葭"指的便是芦苇。

图6-228　芦苇

2. 染料提取及染色

（1）芦苇叶就是芦苇的叶子。我国民俗有在端午节用芦苇叶包粽子的习俗，所以提起芦苇叶大家自然想起的就是包粽子的粽叶。芦苇叶含有芦丁、野黄芩苷、橙皮苷、木犀草素、槲皮素、芹菜素、山奈酚、异鼠李素（或橙皮素）、异甘草素和黄芩素，其中芹菜素含量最高，还有许多未确定的黄酮类。根据芦苇叶化学成分的分析，笔者觉得有作天然染料的可能，于是采集芦苇叶进行了试验。结果表明，芦苇叶做染料对天然纤维的染色效果与竹叶极其类似（图6-229）。染料提取及染色过程如下。

新鲜芦苇叶去杂质，洗净。1kg叶加5L水，大火烧开转小火煮30min，过滤。重复以上流程再来一次，过滤。两次染液合在一起。

布料浸泡透。染液加媒染剂加热，35℃时加入布料染色，不断翻动。温度50℃，时间40min，染色完成，拧干，清洗，晾干。

棉布上染色：直接染色得浅绿色；媒染剂为明矾，用量5g/L，得黄色；媒染剂为蓝矾，用量5g/L，得绿色；媒染剂为皂矾，用量5g/L，得浅军绿色。

丝绸上染色：直接染色得土黄色；媒染剂为明矾，用量5g/L，得黄色；媒染剂为蓝矾，用量5g/L，得绿色；媒染剂为皂矾，用量8g/L，得浅军绿色。

麻布上染色：直接染色得淡黄色；媒染剂为明矾，用量5g/L，得浅黄色；媒染剂为蓝矾，用量

5g/L，得绿色；媒染剂为皂矾，用量 5g/L，得浅灰色。

羊毛织物上染色：直接染色得深卡其色；媒染剂为明矾，用量 5g/L，得浅卡其色；媒染剂为蓝矾，用量 5g/L，得土黄色；媒染剂为皂矾，用量 8g/L，得浅军绿色。

（2）本次不仅用芦苇叶做了染料试验，对芦苇穗（芦苇花）也做了染料试验，效果也很不错（图 6-230）。

即兴赋诗一首《芦苇》以纪之：蒹葭苍苍，白露为霜；异鼠李素，芦丁野黄。绿叶紫花，尽其所用，天苍地茫，亘古流芳。

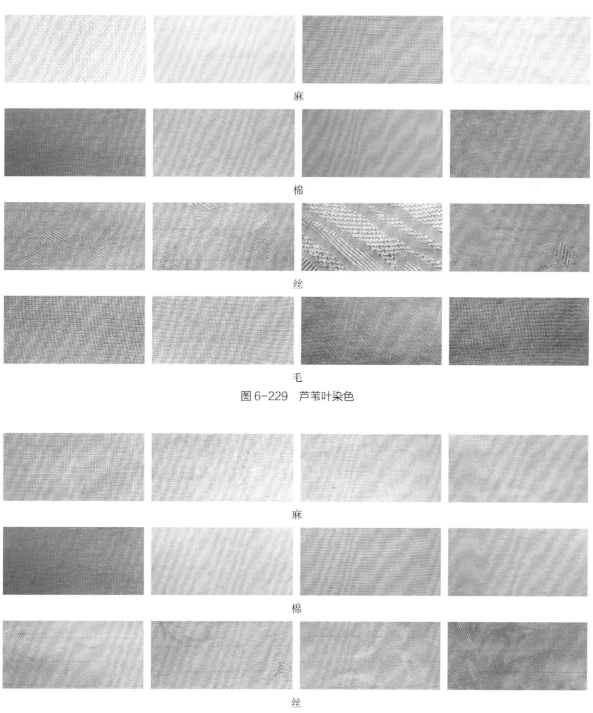

麻

棉

丝

毛

图 6-229　芦苇叶染色

麻

棉

丝

图 6-230　芦苇花染色

二、荷花

1. 荷花概况　荷花,又名莲花、水芝、水芸、水目、凌波仙子等,是莲属多年水生草本植物。其叶圆形、盾状,表面深绿色;叶柄粗壮,圆柱形且中空;花单生于花梗顶端,有白色、粉色等;荷花雌蕊受精后逐渐膨大为莲蓬,其中生莲子(图6-231)。

2. 染料提取及染色　荷染的染材部分有荷叶、莲子壳、莲蓬三种。

将荷叶用清水洗净,撕成碎片,加水入烧杯,随着温度升高,阵阵清香扑鼻而来,屋内空气中顺势弥漫。杯中水色开始变成金黄。去残叶,投丝绸,染30min,再处理,将丝绸取出晾干。一块富贵的金黄色丝绸呈现在眼前。经强化试验,各项指标均可达到要求。

资料记载,荷叶染布成褐色,如用莲蓬或莲子壳,颜色增多,为丝绸的植物染色增添了新的色彩,如加其他植物复染,可使色彩变幻无穷。莲子壳的染色与荷叶几乎一致(图6-232)。

莲蓬,也就是莲子的外壳,也是做荷染的好材料。可惜莲蓬大部分被作为废弃物烧掉,其实用作染料也是很不错的。

无论是新鲜的莲蓬,还是晒干的莲蓬都可以当作染材使用。

提取方法:将莲蓬撕碎,加5~10倍的水,大火煮开后改小火煮30min,滤出染液。原渣再加同样的水重复以上过程煮,过滤。两次染液合并在一起。

根据需要的颜色,可加不同的媒染剂。染出的效果见图6-233。

棉布上染色:直接染色得米灰色;媒染剂为明矾,用量5g/L,得黄色;媒染剂为蓝矾,用量5g/L,得浅黄色;媒染剂为皂矾,用量5g/L,得灰色。

丝绸上染色:直接染色得豆沙色;媒染剂为明矾,用量5g/L,得土黄色;媒染剂为蓝矾,用量5g/L,得深土黄色;媒染剂为皂矾,用量8g/L,得灰色。

麻布上染色:直接染色得红咖色;媒染剂为明矾,用量5g/L,得土黄色;媒染剂为蓝矾,用量5g/L,得深土黄色;媒染剂为皂矾,用量5g/L,得深灰色。

羊毛织物上染色:直接染色得红咖色;媒染剂为明矾,用量5g/L,得土黄色;媒染剂为蓝矾,用量5g/L,得深土黄色;媒染剂为皂矾,用量8g/L,得深灰色。

图6-231　荷叶、荷花、莲蓬

丝

图6-232　莲子壳染色效果

中国植物染技法

即时赋诗一首以记之：

荷染丝绸满屋香，植物环保美名扬。借得绿荷几缕色，直钩垂钓看姜尚。

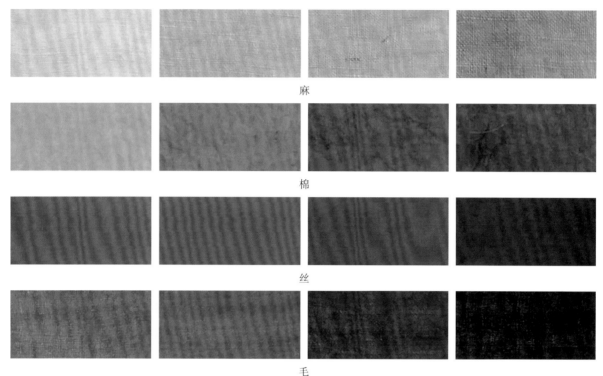

麻

棉

丝

毛

图 6-233　莲蓬染色效果

第八节　中药材染

一、茜草

1. 茜草概况　茜草是出现最早的染色植物之一（图 6-234）。茜草的种类，主要有东洋茜、西洋茜、印度茜三种，其染出的色相并不一样。在中国使用的茜草是属于东洋茜，染出的色相是偏橙色的，红色的感觉较低。西洋茜因为其叶片有六片的缘故，也被称为六叶茜；东洋茜则是四叶，因此也被称为四叶茜。西洋茜主要产于地中海沿岸之南欧区域和西亚区域，是属于多年生的草类植物，叶片为六片轮生，根部主要含有黄色和红色的色素。

图 6-234　茜草

茜草的染色部位是在根部（图 6-235），根部的色彩是淡红土黄色，因其具药效，因此在中药店里也可买到。染出色相会因其品种不同，而有不同的色相。中药店买的茜草是东洋茜，大都是四叶茜，偶尔也会出现五叶或是六叶的情形，叶子的形状略成心形。印度茜染出的色相略呈较沉的暗红色，西洋茜则是彩度略高的鲜红色。

在茜草众多名称里，《诗经》中的"茹藘"和《山海经》的"搜"、《尔雅》的"茅搜"或"蒨"

等名称算是出现得比较早的。"搜""茅搜"的称呼大约是和其红色的染色效果有关，红色是和血有关的色相，有血的草就像鬼一样，因此出现"搜"字。"蒨"字则是和茜草的茜字是相通的，蒨字是由青加上人字边，青人就是形容青春美丽的人，被借用来形容草，就加上草部首，用以区隔。因此蒨字就带有美丽的意思，用蒨字来命名的草就是美丽的草，蒨草的美丽可能不是因为其外形而得名，是以其染出的红色色相得名。至于后来的地血、染绯草、染降草等名称都是因为其染色色相的特性而得名，或是带有地区性的命名，如牛蔓、血见草、过山龙、四补草、西天王草、铁塔草、四岳近阳草等。风车草和风车儿草大约是因为其心状叶子是四片一组类似风车的造型，可推测是因此而得名。可是后来舍弃不用，另立名称为"茜草"。

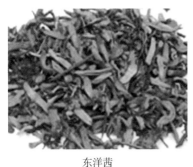 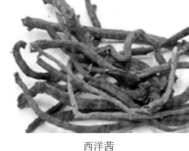 

东洋茜　　　　　　　　　　西洋茜　　　　　　　　　　印度茜

图 6-235　茜草根

2. 染料提取及染色　东洋茜的处理方法是，先将买回的茜草根用水浸泡一天，将黄色色素用水溶出并丢弃。再以稀释的稀饭或是淀粉类液体浸泡 1h，之后用清水冲净，即可置入锅内以高温热水煮 30min，即可煮出红色的茜素。随后，将已经浸泡明矾媒染过的丝线或是豆汁处理过的棉麻织物置入，浸泡 20~30min，即可取出晾干。之后进行重复染色，以求取得理想的色相。

用到的媒染剂有明矾、皂矾、冰醋酸等，茜草染色效果如图 6-236、图 6-237 所示。

棉　　　　　　　　麻　　　　　　　　毛　　　　　　　　丝

图 6-236　茜草染色 1

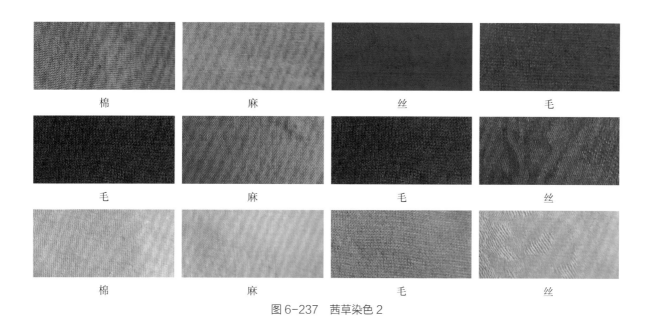

棉	麻	丝	毛
毛	麻	毛	丝
棉	麻	毛	丝

图6-237 茜草染色2

二、紫草

1. 紫草概况 紫草，又称茈草、紫梗、紫草茸，多年生草本植物（图6-238），7月开小白花，根部是暗红紫色（图6-239），主要产于中国大陆。

染色的部位是根部，因此叫作紫草根或紫根。根部又分软根和硬根两类，软根的紫草较适合染色。紫草的被染物还是以丝绸的染色效果较佳，棉麻质料的染着度较低，不容易上色。

2. 染料提取及染色

（1）染料提取。

①将紫草根置于酒精或甲醇液体里，经过一晚的浸泡即可溶出色素。

②然后将溶液倒出，再加水稀释即可。

甲醇和酒精都是燃点较低的液体，除了要注意火苗外，甲醇也具有让眼睛失明的毒性，制作时要注意空气的流通。

（2）染色。

①将丝绸浸泡明矾水20min，取出用清水洗净。

②将水5.8L水加热至65℃，倒入紫草浸出液1kg，加入20g冰醋酸，充分搅拌，使染料在酸的环境中可充分发挥其染色力。

③将已浸泡明矾水的丝绸置入紫草染锅中进行染色，并持续搅拌。

④染成后，用清水清洗，再泡明矾水5min，进行重复染色步骤。并依所需的颜色深浅调整热染时间，染色完成。紫草染色效果如图6-240所示。

被染物要先以明矾媒染，也要进行重复染色，才可得到彩度较高的紫色。其色相和酸碱值的变化有关，酸性会呈现偏红的紫色；碱性会呈现偏蓝一点的紫色。

图6-238 紫草

图6-239 干燥根部

图6-240 紫草染色效果

三、五倍子

1.五倍子概况 五倍子，又名盐肤叶上毬子、文蛤、百虫仓、木附子、漆倍子、红叶桃、旱倍子、乌盐泡，是一种蚜虫寄生于染料橡树、盐肤木花蕾旁边或树皮上，树皮受到蚜虫的刺激而形成肿瘤状的突起（图6-241）。盐肤木（五倍子树）是否结倍或产倍多少，关键就在于有无倍蚜虫的产生。蚜虫少产倍即少，无虫则不结倍，这是成败的重要因素。

此树皮的肿瘤含有丰富的可供染色用的鞣酸，当鞣酸和铁离子结合时，就可将纤维染成蓝黑色的色相。五倍子古代称为"无食子""栎五倍子"，在唐朝时就已经出现于《酉阳杂俎》文献记载里。五倍子的蚜虫也寄生于西域一带的柽树。

五倍子和蓝草深染的黑色色相是偏蓝色的黑色色相，这也和媒染剂的使用有关。一般传统的黑色或叫作皂色的黑色染料的媒染剂，根据文献的记载都是使用叫作"铁浆"的媒染剂。铁浆的做法有两种，一是直接以生锈的铁块浸泡醋酸，20多天即可得到铁浆；另一种是以稀饭浸泡生铁块，一样可以得到铁浆。这是利用稀饭发酵后的酸性，其实是和直接以醋酸浸泡是一样的道理，所得到的铁成分，叫作醋酸铁。醋酸铁媒染的染色效果是较偏向不带任何色系的灰色色相。如果是亚铁类的媒染，就较容易得到偏向带些许蓝色感觉的黑色色系。

图6-241 五倍子

2.染料提取及染色

（1）将五倍子破碎后，以按1kg五倍子10L水比例加水，大火加热沸腾，转小火30min，过滤。再加水10L，反复三次。溶液混合在一起做染液。

（2）丝、麻、棉三种织物先置入媒染剂皂矾（5g/L）中15~20min，取出（勿用手）并用清水洗净。

图6-242 五倍子染色效果

（3）将清水洗净后的织物置入染液中浸染，加热至40℃，染色30min。

（4）取出清洗，染色完成，依所需颜色深浅调整染色时间及染液浓度。也可将布料先放入染液中，依所需颜色深浅调整时间，再进行媒染。五倍子染色效果如图6-242所示。

四、大黄

1.大黄概况 大黄，又名将军、黄良、火参、肤如、蜀大黄、锦纹大黄、唐古拉大黄、牛舌大黄、锦纹、生军、川军等，是多种蓼科大黄属的多年生植物的合称，也是中药材的名称（图6-243）。大黄主产于甘肃、青海、西藏。

大黄是一种常见的蒽醌类传统中药，具有较强的抗菌消炎

图6-243 大黄

作用，所含成分大体上可分为蒽醌类、多糖类、鞣质类、蒽酯类，而蒽醌类物质是其疗效的主要组成成分和色素来源。穿着大黄染色的衣物，对于某些皮肤病，可能会起到一些辅助治疗的作用。有研究表明，大黄染色后的天然纤维织物有很好的防紫外特性。

2.**染料提取及染色**　大黄作为中药使用或销售时，往往将外面的皮削掉，成为废弃物。而作为染料使用，外皮色素较多，恰好作染料使用。

本次染色试验采用的正是来自青藏高原的唐古拉大黄的皮，染料提取和染色方法与其他染材一样。在棉、麻、丝、毛四种纤维材质的面料上均有较好的染色效果（图6-244、图6-245）。

棉　　　　　丝

图6-244　大黄染色1

棉布上染色：直接染色得黄绿色；媒染剂为明矾，用量5g/L，得黄绿色；媒染剂为蓝矾，用量5g/L，得深黄绿色；媒染剂为皂矾，用量5g/L，得深灰色。

丝绸上染色：直接染色得黄绿色；媒染剂为明矾，用量5g/L，得灰绿色；媒染剂为蓝矾，用量5g/L，得深黄绿色；媒染剂为皂矾，用量8g/L，得墨绿色。

麻布上染色：直接染色得土黄色；媒染剂为明矾，用量5g/L，得黄绿色；媒染剂为蓝矾，用量5g/L，得深黄绿色；媒染剂为皂矾，用量5g/L，得墨绿色。

羊毛织物上染色：媒染剂为蓝矾，用量5g/L，得绿色；媒染剂为皂矾，用量8g/L，得墨绿色。

大黄可采用多种方法对织物进行染色，影响染色效果的因素视具体方法而定。在各种媒染方法

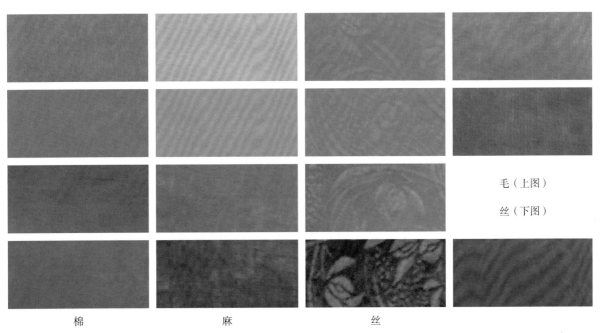

毛（上图）

丝（下图）

棉　　　　麻　　　　丝

图6-245　大黄染色2

中，同浴媒染的增深效果不明显。对于媒染剂铁盐，后媒染的增深作用明显大于预媒染，而对于铝盐和铜盐则后媒染的增深效果不如预媒染各媒染剂，硫酸铝钾的增深作用较明显。大黄染色织物的耐摩擦色牢度普遍较高，媒染剂硫酸铝钾对耐摩擦色牢度的提高最为明显。但耐皂洗色牢度普遍较差，有待进一步研究。

五、十大功劳

1. 十大功劳概况　十大功劳，又名狭叶十大功劳、细叶十大功劳、福氏十大功劳、功劳木、木黄连、竹叶黄连铁八卦、西风竹、猫儿头、山黄连、土黄连、黄天竹、竹叶黄连等，是小檗科十大功劳属的常绿灌木（图6-246）。

十大功劳有奇数羽状复叶，狭披针形小叶；夏季开黄色花，总状花序下垂；蓝黑色浆果，被白粉。十大功劳属暖温带植物，具有较强的抗寒能力，不耐暑热。喜温暖湿润的气候，性强健、耐荫、忌烈日曝晒，有一定的耐寒性，也比较抗干旱。它们在原产地多生长在阴湿峡谷和森林下面，属阴性植物，国内主要产于广西、湖北、江西、四川、浙江、贵州等地，见于灌木丛中、山坡沟谷林中、路边及河边，在长江流域广为栽培，华北地区也有少量引进栽培。

十大功劳含小檗碱、掌叶防己碱、药根碱、木兰碱等，其中小檗碱有染色作用。

2. 染料提取及染色　古代文献中没有把十大功劳作为染料的任何记载。在四川青城山偶得十大功劳，当时就做了染色实践，效果极好。回京后又全面做了一次染色实践，效果是不错的，但对酸碱度非常敏感。北京的水质碱性颇高，染色后清洗变色，与在南方染色的色相差异很大。

图6-246　十大功劳

新鲜十大功劳叶去杂质，洗净。1kg叶（狭叶十大功劳）加5L水，大火烧开转小火煮30min，过滤。重复以上流程再来一次，过滤。两次染液合在一起。

布料浸泡透。染液加媒染剂加热，35℃时加入布料染色，不断翻动。温度50℃，时间40min，染色完成，拧干，清洗，晾干。

经过试验，在棉布和丝绸上染色色牢度尚可，不失为一个极好的天然植物染料（图6-247、图6-248）

棉布上染色：直接染色得紫红色（pH=4）和绿色（pH=7）；媒染剂为明矾，用量5g/L，得紫红色（pH=4）和绿色（pH=7）；媒染剂为蓝矾，用量5g/L，得莲青色（pH=4）和蓝灰色（pH=7）；媒染剂为皂矾，用量5g/L，得深灰绿色（pH=4）和浅灰绿色（pH=7）。

丝绸上染色：直接染色得驼色（pH=4）和黄色（pH=7）；媒染剂为明矾，用量5g/L，得薯红色（pH=4）和米黄色（pH=7）；媒染剂为蓝矾，用量5g/L，得军黄色（pH=4）和棕灰色

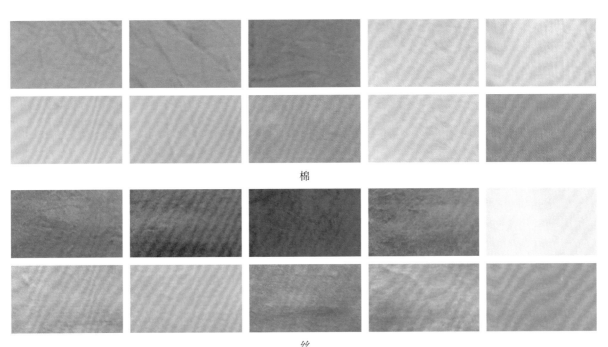

棉

丝

图 6-247　十大功劳染色样

（pH=7）；媒染剂为皂矾，用量 8g/L，得军绿色（pH=4）和灰绿色（pH=7）。

又用十大功劳树枝提取染料染棉织物，用明矾作媒染剂得淡绿色，皂矾作媒染剂得浅军绿色。染丝绸，用明矾作媒染剂得亮黄色；用皂矾作媒染剂得绿色。

六、狗脊

1. 狗脊概况　狗脊，称金毛狗脊、金毛狗、金狗脊、苟脊、扶盖、金毛狗、金扶筋、金狗脊、金毛狮子、狗青、金猫咪、老猴毛、黄狗头、毛狗儿、百枝、金丝毛等，为蚌壳蕨科植物，金毛狗脊的干燥根茎如图 6-249 所示。

狗脊主产于四川、福建、浙江等地，广西、广东、贵州、江西、湖北等地也有生产。

全年均可采收，以在秋季至冬季采收最佳。狗脊含鞣质类、淀粉、绵马酚及色素。

2. 染料提取及染色　狗脊主要做中药用，没见有作染料的任何记录。本次用狗脊做染色试验，染料提取及染色过程如下。

将狗脊打碎去杂质，洗净。1kg 狗脊加 10L 水，大火烧开转小火煮 30min，过滤。重复以上流程再来一次，过滤。两次染液合在一起。

布料浸泡透。染液加媒染剂加热，35℃时加入布料染色，不

图 6-248　十大功劳染色服装

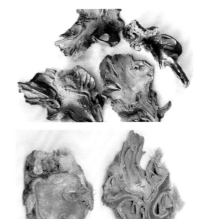

图 6-249　狗脊

断翻动。温度 50℃，时间 40min，染色完成，拧干，清洗，晾干。

本次对棉、麻、丝、毛四种材质的面料进行染色试验，结果还是不错，特别在丝绸和毛织物上表现不俗，完全可以作为天然染料使用（图 6-250）。

棉布上染色：直接染色得浅绿色；媒染剂为明矾，用量 5g/L，得绿色；媒染剂为蓝矾，用量 5g/L，得卡其色；媒染剂为皂矾，用量 5g/L，得灰绿色。

丝绸上染色：直接染色得亮黄绿色；媒染剂为明矾，用量 5g/L，得黄绿色；媒染剂为蓝矾，用量 5g/L，得土黄色；媒染剂为皂矾，用量 8g/L，得军绿色。

麻布上染色：直接染色得淡绿色；媒染剂为明矾，用量 5g/L，得浅绿色；媒染剂为蓝矾，用量 5g/L，得黄绿色；媒染剂为皂矾，用量 5g/L，得灰色。

羊毛织物上染色：直接染色得黄绿色；媒染剂为明矾，用量 5g/L，得黄绿色；媒染剂为蓝矾，用量 5g/L，得土黄色；媒染剂为皂矾，用量 5g/L，得军绿色。

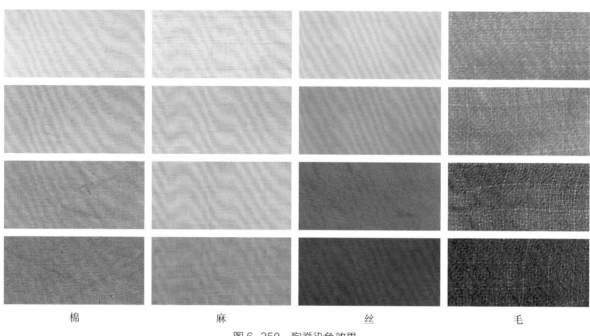

| 棉 | 麻 | 丝 | 毛 |

图 6-250　狗脊染色效果

七、虎杖

1. 虎杖概况　虎杖（图 6-251），又名花斑竹、酸筒杆、酸桶笋、酸汤梗、川筋龙、斑庄、斑杖根、大叶蛇总管、黄地榆等，为蓼科多年生草本植物。虎杖的干燥根茎为中药材。其根状茎和叶都含鞣质，根状茎含黄酮类、大黄素、大黄素甲醚、虎杖苷。鞣质、大黄素等都是与染料有关的成分。

2. 染料提取及染色　先将虎杖粉碎，在 5~20 倍 pH 为 8~12 的碱溶液（氢氧化钠、碳

图 6-251　虎杖

酸钠、磷酸钠或硅酸钠），95~100 ℃，60~90min 条件下进行浸提。1kg 虎杖加水 10L，大火烧开转小火煮 30min，过滤得天然染料原液；再次加水 10L 反复三次，过滤。将多次萃取的染液合在一起。如需获得粉末染料，可再将天然染料原液浓缩、固化、粉碎，得粉末状天然染料。

虎杖天然染料可采用预媒染、后媒染染色法染色，对天然纤维的纱线或织物都具有良好的染色效果。

这次染色试验竟然出现 24 块不同色相的颜色。实践证明，虎杖色素含量高，具有好的热稳定性，是一种极好的天然功能性染料。五彩斑斓的颜色也与虎杖之名吻合。

虎杖在棉布上的染色效果如图 6-252 所示，虎杖在亚麻布上的染色效果如图 6-253 所示，虎杖在丝绸上的染色效果如图 6-254 所示，虎杖在羊绒织物上的染色效果如图 6-255 所示。

经笔者多次染色实践证明，虎杖是极好的植物染料，有获得容易、价格低、上色好、性价比高等优点。

图 6-252　虎杖染棉布效果

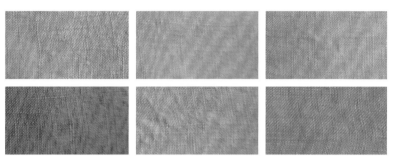

图 6-253　虎杖染亚麻布效果

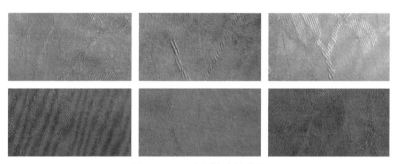

图 6-254　虎杖染真丝效果

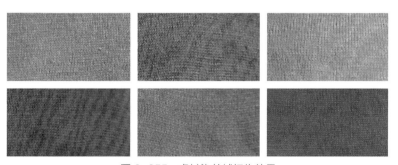

图 6-255　虎杖染羊绒织物效果

八、鸡血藤

1. 鸡血藤概况　鸡血藤是豆科崖豆藤属的植物（图 6-256）。分布在越南、老挝以及中国的湖北、甘肃、安徽、浙江、广东、云南、湖南、海南、陕西、贵州、四川、广西、江西、福建等地，生长于海拔 2500m 的地区，多生长在溪沟、山坡杂木林与灌丛中、谷地及路旁，目前尚未由人工引种栽培。

茎皮纤维可作人造棉、造纸和编织的原料；藤供药用，根入药，有舒筋活血的功能，也有杀虫的作用。藤与根含酚性成分、氨基酸、糖类、树脂。

鸡血藤中含有黄酮、三萜和甾醇等多种成分，色素含量高，不仅可作为一种天然染料对纺织品进行染色，还具有抑菌、防紫外线辐射等功能。

图6-256　鸡血藤

2.染料提取及染色

（1）染料提取。将鸡血藤洗净、晾干，机械粉碎，然后加入5~20倍水溶液中浸泡4~6h，加入适量的氢氧化钠、碳酸钠或磷酸钠，调节溶液的pH为8~10，升温至95~100℃，保温60~90min，过滤；滤渣继续用5~10倍水、pH为8~10的稀碱溶液浸提，过滤。合并两次浸提液，得天然染料原液。将提取的天然染料原液浓缩，可得膏状染料；对所得膏状染料进行固化，粉碎，得粉末状天然染料。

（2）染色。同浴媒染染色的步骤如下。

将被染物浸入水中，使其充分润湿，然后取出挤干，待用。

经上述处理后织物，放入鸡血藤天然染料、媒染剂溶液中染色，配方为染料浓度为被染物重量的0.1%~10%，媒染剂浓度为被染物重量的0.1%~10%，pH=3~5，浴比1：（20~100），温度80~100℃，时间30~90min；染毕，水洗烘干。其中，媒染剂为Fe^{2+}、Al^{3+}、Cu^{2+}的盐或其任意两种混合物。

（3）染色效果。鸡血藤是比较好用的一种天然植物染料。笔者在1995年做首次试验成功，因原染色的布料样品遗失，这次再将鸡血藤做一次比较系统的染色试验。经对棉、丝、麻、毛四种织物染色试验。发现染色效果良好（图6-257）。

棉布上染色：直接染色得浅绿色；媒染剂为明矾，用量5g/L，得绿色；媒染剂为蓝矾，用量5g/L，得卡其色；媒染剂为皂矾，用量5g/L，得灰绿色。

丝绸上染色：直接染色得亮黄绿色；媒染剂为明矾，用量5g/L，得黄绿色；媒染剂为蓝矾，用量5g/L，得土黄色；媒染剂为皂矾，用量8g/L，得军绿色。

麻布上染色：直接染色得淡绿色；媒染剂为明矾，用量5g/L，得浅绿色；媒染剂为蓝矾，用量5g/L，得黄绿色；媒染剂为皂矾，用量5g/L，得灰色。

羊毛织物上染色：直接染色得黄绿色；媒染剂为明矾，用量5g/L，得黄绿色；媒染剂为蓝矾，用量5g/L，得土黄色；媒染剂为皂矾，用量5g/L，得军绿色。

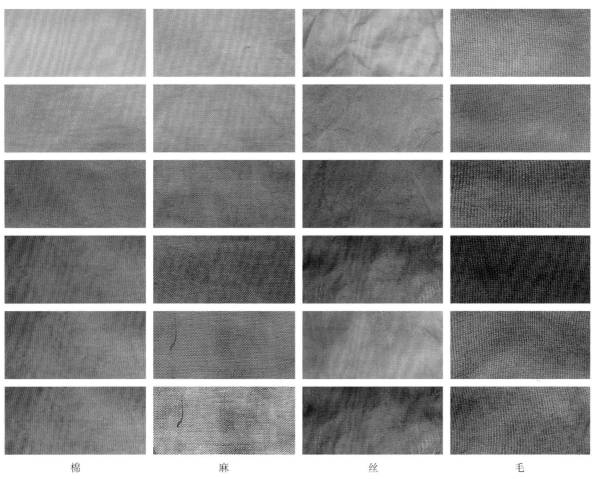

| 棉 | 麻 | 丝 | 毛 |

图 6-257　鸡血藤染色效果

九、苏木

1. 苏木概况　苏木（图 6-258），又名苏枋、苏方、苏方木、窊木、棕木、赤木、红柴、苏枋木、红苏木、红柴、红木、苏奠、佐模兴、苏门毛道、沃德印地等。为落叶小乔木或灌木，生于高温多湿、阳光充足和肥沃的山坡、沟边及村旁，产于台湾、广东、广西、云南、四川等地。

其干材中含有巴西苏木素，原本无色，被空气氧化后便生成一种紫红色的巴西苏木红素，可作为染料。由于苏木中还含有鞣质，所以用苏木水染色后，再以绿矾水媒染，就会生成鞣酸铁，是黑色沉淀色料，颜色会变成深黑红色。

从古籍记载看，我国至少在晋代就有用苏木作染料染红色了。晋崔豹写的《古今注》记载：苏枋木，出扶南林邑外国。取细破煮之以染色。

相比其他几个红色染料，如红花、茜草等，苏木染色有优势，特点是色素浓、价格低，不过色泽偏紫，色牢度还达不到要求。

图 6-258　苏木

苏木树与媒介性染料，需要借助于明矾等媒染剂才能染色，可作前媒染、后媒染，也可以同浴。由于色牢度与色相存在一定的问题，要想染出理想的红色，需要将苏木与其他天然染料配伍。

2.染料提取及染色 染材劈成小细条，去杂质，洗净。1kg染材加10L水，大火烧开转小火煮30min，过滤。重复以上流程再来三次，过滤。四次染液合在一起。

布料浸泡透。染液加媒染剂加热，35℃时加入布料染色，不断翻动。温度50℃，时间40min，染色完成，拧干，清洗，晾干。

经过染色试验表明，在天然纤维上均有较好的上色效果（图6-259、图6-260）。

棉布上染色：直接染色得浅紫红色，加酸得黄色；媒染剂为明矾，用量5g/L，得橡皮红色；媒染剂为蓝矾，用量5g/L，得深紫色；媒染剂为醋酸铁，用量5g/L，得深咖色，皂洗后得灰色；媒

| 棉 | 麻 | 丝 | 毛 |

图6-259 苏木染色样

染剂为皂矾，用量5g/L，得深紫色，皂洗后得驼灰色。

丝绸上染色：直接染色得杏子红色，加酸得黄色；媒染剂为明矾，用量5g/L，得大红色；媒染剂为蓝矾，用量5g/L，得紫红色；媒染剂为醋酸铁，用量5g/L，得深咖色；媒染剂为皂矾，用量8g/L，得黑色，皂洗后得深咖色。

麻布上染色：直接染色得木红色，加酸得米黄色；媒染剂为明矾，用量5g/L，得粉红色；媒染剂为蓝矾，用量5g/L，得深紫红色；媒染剂为醋酸铁，用量5g/L，得咖色，皂洗后得灰色；媒染剂为皂矾，用量5g/L，得深咖色，皂洗后得灰色。

羊毛上染色：直接染色得红色，加酸得黄色；媒染剂为明矾，用量5g/L，得大红色；媒染剂为蓝矾，用量5g/L，得绛红色；媒染剂为皂矾，用量5g/L，得深紫红色，皂洗后得咖色。

作为天然染料，苏木在丝绸上的染色效果最好，能染出鲜艳的大红。苏木染色的一大缺陷就是颜色不稳定，受酸碱性影响大，遇酸性偏红到黄，遇碱性则偏紫色。在染色时，可根据需要加其他植物染料以保持色彩的稳定性。

图6-260　苏木染服装

十、黄檗

1.黄檗概况　黄檗，又称檗木、黄檗木、黄波椤树、黄伯栗、元柏、关黄柏、黄柏等，是芸香科黄檗属落叶乔木。树皮灰褐色至黑灰色，木栓层发达，柔软，内皮鲜黄色；小枝橙黄色或淡黄灰色，裸芽生于叶痕内；花小，黄绿色，花瓣长圆形；浆果状核果近球形，成熟时黑色，有特殊香气与苦味；种子半卵形，带黑色（图6-261）。

黄檗主产于四川、贵州、湖北、云南等地。

黄檗的树皮可作黄色染料及药用；叶可提取芳香油；花是很好的蜜源；果实含有甘露醇及不挥发的油分，可供工业及医药用。

2.染料提取及染色　干燥的黄檗树皮去杂质，洗净。1kg皮加10L水，大火烧开转小火煮30min，过滤。重复以上流程再来两次，过滤。三次染液合在一起。

布料浸泡透。染液加媒染剂加热，35℃时加入布料染色，不断翻动。温度50℃，时间40min，染色完成，拧干，清洗，晾干。

图6-261　黄檗

经过试验，黄檗在天然纤维织物上均有较好的上色效果，色彩偏黄绿色（图6-262）。

棉布上染色：直接染色得黄绿色；媒染剂为明矾，用量5g/L，得黄绿色；媒染剂为蓝矾，用量5g/L，得灰绿色；媒染剂为皂矾，用量5g/L，得黄绿色。

丝绸上染色：直接染色得浅绿色；媒染剂为明矾，用量5g/L，得黄绿色；媒染剂为蓝矾，用量

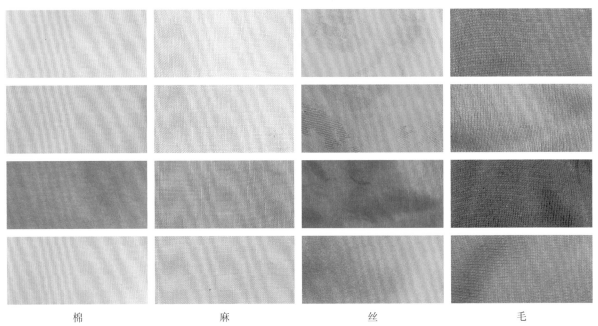

| 棉 | 麻 | 丝 | 毛 |

图 6-262 黄檗染色效果

5g/L，得军绿色；媒染剂为皂矾，用量 8g/L，得黄绿色。

麻布上染色：直接染色得淡绿色；媒染剂为明矾，用量 5g/L，得淡绿色；媒染剂为蓝矾，用量 5g/L，得军绿色；媒染剂为皂矾，用量 5g/L，得浅绿色。

羊毛织物上染色：直接染色得浅军绿色；媒染剂为明矾，用量 5g/L，得浅军绿色；媒染剂为蓝矾，用量 5g/L，得深军绿色；媒染剂为皂矾，用量 5g/L，得深黄绿色。

十一、薯莨

1. 薯莨概况 提到薯莨，很多人不知道。但提到香云纱，很多人知道。其实香云纱就是薯莨染色的。

薯莨，也叫莨薯，又名赭魁、薯良、鸡血莲、血母、朱砂七、红药子、金花果、红孩儿、孩儿血、牛血莲、染布薯等，多年生宿根性缠绕藤本植物薯莨的块茎（图 6-263），薯莨全株光滑无毛，秆圆柱形，其质甚坚韧，基部长有坚硬的棘刺，常攀附在乔木或灌木丛中，春夏开花，夏秋结果。薯莨主要生长在海拔 350~1500m 的山坡、路旁、河谷边的杂木林中、阔叶林中、灌丛中或林边，分布在广东、广西、福建、台湾等地。

薯莨内含大量鞣质成分，故可作为制革材料，也可作染渔网、绳索、布料的染料。使薯莨广为人知的原因就是其可用来生产香云纱，其具体生产工艺技术见相关书籍。

薯莨除了可以染香云纱，其实对天然纤维也是可以染色的，古籍中也有记载。

《南平县志》记载，薯蓝茎蔓似薯，根似何首乌，皮黑肉红，

图 6-263 薯莨

可染布。

《台湾县志》舆地志记载，薯榔皮，实如芋大，皮黑肉红，用以染布，利水坚致。

《恒春县志》卷九记载，薯莨，俗名。根叶皆似芋，根较长大。产番山，番人以之易他物。沿海渔家，熬汁染罾网，入水经久不烂。又染布，制蓬飄及衣裤，皆黄赭色。惟粤中贾人染绸，则黑色、紫色者；皆暑月衫裤之用，光润如缎，汗渍无碍。

2.染料提取及染色 新鲜薯莨去杂质，洗净，切成小颗粒。1kg 薯莨加 10L 水，大火烧开转小火煮 30min，过滤。重复以上流程再来两次，过滤。三次染液合在一起。

布料浸泡透。染液加媒染剂加热，35℃时加入布料染色，不断翻动。温度 50℃，时间 40min，染色完成，拧干，清洗，晾干。

广东产的薯莨对棉布和丝绸染色效果如图 6-264、图 6-265 所示。

直接染棉布和丝绸得深咖色，皂洗后得浅咖色；明矾、蓝矾做媒染剂染丝绸得黄咖色，染棉布得红咖色；皂矾作媒染剂染棉布得灰色，染丝绸得深灰色，皂洗后变化不大。

广西产薯莨与广东产薯莨染色稍有点差别，广西薯莨染色效果如图 6-266 所示。

棉布上染色：直接染色得红咖色；媒染剂为明矾，用量 5g/L，得黄咖色；媒染剂为蓝矾，用量 5g/L，得深红咖色；媒染剂为皂矾，用量 5g/L，得深灰色。

丝绸上染色：直接染色得红咖色；媒染剂为明矾，用量 5g/L，得黄咖色；媒染剂为蓝矾，用量 5g/L，得红咖色；媒染剂为皂矾，用量 8g/L，得深灰色。

麻布上染色：直接染色得红咖色；媒染剂为明矾，用量 5g/L，得深驼色；媒染剂为蓝矾，用量 5g/L，得深红咖色；媒染剂为皂矾，用量 5g/L，得灰色。

羊毛织物上染色：直接染色得红驼色；媒染剂为明矾，用量 5g/L，得驼色；媒染剂为蓝矾，用量 5g/L，得深驼色；媒染剂为皂矾，用量 5g/L，得灰色。

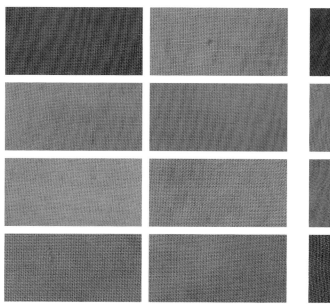

图 6-264 广东薯莨染棉布效果

图 6-265 广东薯莨染丝绸效果

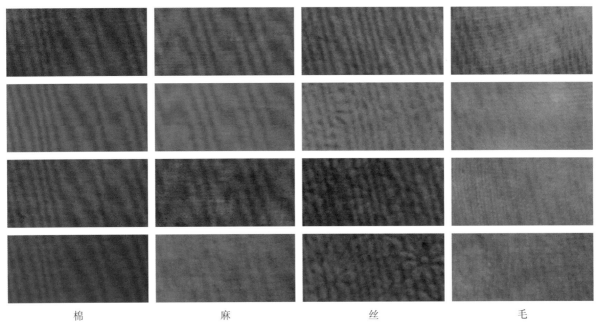

| 棉 | 麻 | 丝 | 毛 |

图 6-266　广西薯莨染色效果

十二、珠芽蓼

1.珠芽蓼概况　珠芽蓼，多年生草本植物，又名染布子、猴娃七、山高粱、蝎子七、剪刀七、草河车、紫蓼、石风丹、红蝎子七、朱砂七、朱砂参、狼巴子、红粉、猴子七、野高粱、猴娃子、红三七、然波、转珠莲、白粉、白蝎子七、土蜂子、蜂子帽、草血竭、弓腰老、拳参、然普等。珠芽蓼主产于西藏、青海、甘肃、四川、云南、湖北等地，内蒙古、山西、陕西、吉林、新疆等地也有分布，生于海拔 1200~5100m 的山坡林下、高山或亚高山草甸。朝鲜、日本、蒙古、高加索、哈萨克斯坦、印度、欧洲及北美也有。珠芽蓼具有肥厚块状的根茎（直径 1~2cm），呈指状弯曲，暗褐色，断面紫红色，密生须根。内含大量营养物质，能经受霜雪的多次袭击，仍保持生机。根状茎入药，清热解毒，止血散瘀（图 6-267）。

图 6-267　珠芽蓼

2.染料提取及染色　珠芽蓼作为染料使用，尚未查到相关资料，但既然别名有"染布子"，那就说明曾经是作为染料来染布的。据提供样品的青海藏医说，珠芽蓼以前在当地就是作为染布所用。

将得到的数量不多的染布子用水萃取成染液，对棉布、丝绸进行了染色试验，证明珠芽蓼是可以作为天然染料使用的。

棉布上染色：直接染色得粉红色；媒染剂为明矾，用量 5g/L，得米黄色；媒染剂为蓝矾，用量 5g/L，得卡其色；媒染剂为皂矾，用量 5g/L，得湖蓝色。

丝绸上染色：直接染色得浅粉色；媒染剂为明矾，用量 5g/L，得卡其色；媒染剂为蓝矾，用

中国植物染技法

量 5g/L，得橘黄色；媒染剂为皂矾，用量 8g/L，得湖绿色。

珠芽蓼染色效果如图 6-268 所示。

十三、蚕沙

1. 蚕沙概况 蚕沙为蚕蛾科家蚕蛾幼虫的干燥粪便（图 6-269）。春蚕蚕沙为早蚕沙，秋蚕蚕沙为晚蚕沙。

2. 染料提取及染色 蚕沙为常用中药，民间用蚕沙作枕芯的填充物，有清肝明目之效。但蚕沙也可以作天然染料使用，这个知道的人就不多了。蚕沙是蚕桑副产品，从中提取色素用于真丝织物的染色，不仅合理利用资源还符合生态纺织品的要求，并赋予真丝织物抗紫外线、抗菌性等保健性能。

蚕沙色素主要为叶绿素，也含有黄酮类，需要用丙酮对蚕沙进行提取。为了保护生态，本次提取采用的是最简单、环保的水萃取，没有用丙酮和乙醇。

蚕沙天然染料提取的最佳工艺为：乙醇 70mol/L，提取温度 70℃，提取时间 7h，料液比 1∶7。提取液对真丝绸直接染色的最佳工艺为：染色时间 60min，浴比 1∶40，染色 pH=8，染色温度 40℃。蚕沙提取液染色真丝绸色牢度可达 4 级，媒染可适当提高染色真丝绸的上染率和色牢度。

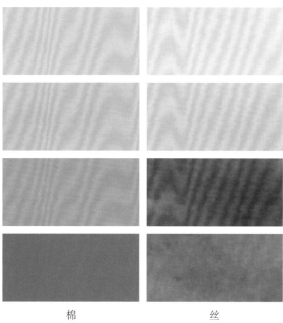

棉　　　　　　　　丝

图 6-268 珠芽蓼染色效果

图 6-269 蚕沙

从提取液来看，颜色还是很浓的。用常规方法和用媒染剂对四种织物进行染色，结果证明，棉麻类上色不高，呈现黄色调，丝绸和羊绒上色比较好。

媒染剂可使用白矾、蓝矾、皂矾，以同浴的上色率高。其染色效果如图 6-270 所示。

棉布上染色：直接染色得浅绿色；媒染剂为明矾，用量 5g/L，得浅绿色；媒染剂为蓝矾，用量 5g/L，得浅绿色。媒染剂为皂矾，用量 5g/L，得浅绿色；用醋酸铁染出的绿色略深。

丝绸上染色：直接染色得浅绿色；媒染剂为明矾，用量 5g/L，得浅绿色；媒染剂为蓝矾，用量 5g/L，得浅绿色；媒染剂为皂矾，用量 8g/L，得浅绿色；用醋酸铁染出的绿色略黄。

麻布上染色：与棉布染色一致。

羊毛织物上染色：直接染色得黄绿色；媒染剂为明矾，用量 5g/L，得驼色；媒染剂为蓝矾，用量 5g/L，得绿色；媒染剂为皂矾，用量 5g/L，得军绿色；用醋酸铁染出的绿色略深。

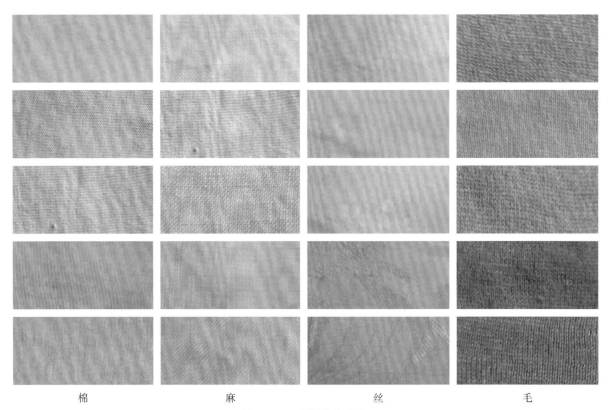

| 棉 | 麻 | 丝 | 毛 |

图 6-270　蚕沙染色效果

十四、黄芩

1.**黄芩概况**　黄芩本名"芩"，实为芩草，因草色黄而有俗名"黄芩"。黄芩，又名山茶根、黄芩茶、土金茶根、黄花黄芩、大黄芩、下巴子、川黄芩、空肠、经芩、黄金条根、黄文、虹胜、妒妇、炖尾芩、印头，内虚、元芩、子芩、宿芩、腐肠，以根入药（图 6-271），产于河北、辽宁、陕西、山东、内蒙古、黑龙江等地。

老百姓用其茎、叶经过蒸制等传统工序加工成黄芩茶饮用，已有几百年的历史，成为山区人民消暑、待客的主要饮品，具有镇静、清火、消炎之功效，饮用此茶对顽固性失眠有明显改善作用，睡眠质量得到明显提高。黄芩主要含有黄酮类化合物、黄芩苷、黄芩素、汉黄芩苷、汉黄芩素、黄芩酮、千层纸黄素 A 及菜油甾醇等。

2.**染料提取及染色**　黄芩作为染料，查相关史料未见踪迹。近年有研究者以黄芩作染料在羊毛上染色获得成功。但提取染料时加太多的碱不大合适，虽有萃取浓度高的优点，但染色 pH 还是需在

图 6-271　黄芩

中国植物染技法

4~5。故笔者用黄芩（2016 年 7 月在北京门头沟采集）萃取染液时，仍采用常规水萃取，发现效果不减，且在棉、丝、毛面料上均有不俗表现。媒染剂依旧选用的是白矾、皂矾、蓝矾。

试验证明，黄芩是极为不错的植物染料，其染色效果如图 6-272 所示。

棉布上染色：直接染色得绿色；媒染剂为明矾，用量 5g/L，得黄色；媒染剂为蓝矾，用量 5g/L，得土黄色；媒染剂为皂矾，用量 5g/L，得黑色。

丝绸上染色：直接染色得黄色；媒染剂为明矾，用量 5g/L，得亮黄色；媒染剂为蓝矾，用量 5g/L，得深黄色；媒染剂为皂矾，用量 8g/L，得黑色。

羊毛织物上染色：直接染色得黄绿色；媒染剂为明矾，用量 5g/L，得黄色；媒染剂为蓝矾，用量 5g/L，得驼色；媒染剂为皂矾，用量 5g/L，得灰色。

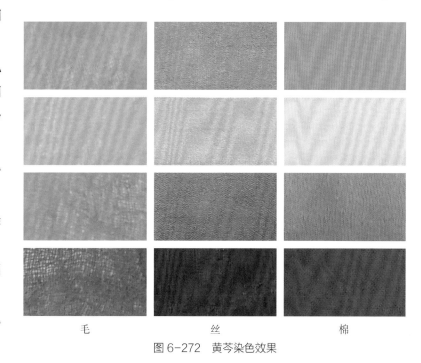

毛　　　　　丝　　　　　棉

图 6-272　黄芩染色效果

十五、山麦冬

1. **山麦冬概况**　山麦冬，又名大麦冬、土麦冬、鱼子兰、麦门冬等，百合科山麦冬属多年生草本植物（图 6-273）。其叶线形、丛生，稍革质，基部渐狭并具褐色膜质鞘；花葶自叶丛中抽出，总状花序，花淡紫色或近白色；浆果圆形，蓝黑色。山麦冬在我国大部分地区都有生长，主要生于海拔 50~1400m 的山坡、山谷林下、路旁或湿地。

麦冬作为药用的为块根，果实不能入药。

2. **染料提取及染色**　本次染色试验是采用的川麦冬的成熟果实，染色成分主要是黄酮。其叶子、果实的黄酮含量其实都多于块茎。

试验表明，麦冬果在棉布和丝绸上均有极好的着色效果。同时，麦冬所含有的多种微量元素对人体有益，这对开发纯天然的功能纺织品有极高的经济价值。

染料提取依然采用常规的水萃取。鲜果实（采集于四川青城山）与水的比例是 1∶5。大火烧开转小火煮 30min，过滤；再加水 5L，萃取一次，两次染液混合。染色使用的媒染剂有白矾、蓝矾、

图 6-273　山麦冬

皂矾。染色时间30min，温度45℃。

染色效果如图6-274所示。

棉布上染色：直接染色得浅绿色；媒染剂为明矾，用量5g/L，得灰色；媒染剂为蓝矾，用量5g/L，得绿灰色；媒染剂为皂矾，用量5g/L，得浅军绿色。

丝绸上染色：直接染色得淡绿色；媒染剂为明矾，用量5g/L，得墨绿色；媒染剂为蓝矾，用量5g/L，得深绿色；媒染剂为皂矾，用量8g/L，得军绿色。

丝　　　　　　　　　　　　　　　棉

图6-274　山麦冬染色效果

第七章

植物染色的混合技法

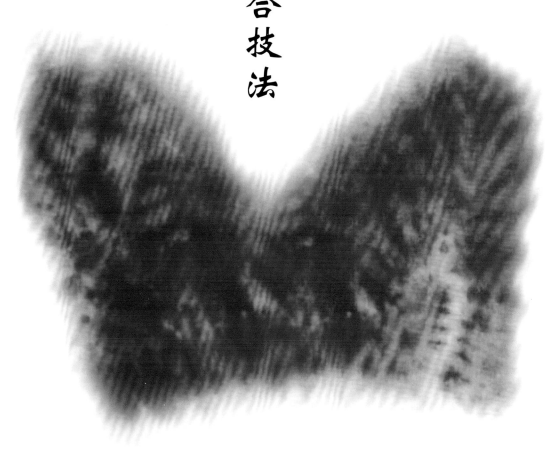

第一节　不同材质织造的织物染色

天然染料在不同材质上会呈现出不同的色彩。如苏枋木染料，在丝绸和羊毛上染色时以明矾为媒染剂会显现大红的效果，但在棉麻材质上只能出现木红的颜色；蓝莓染料在丝绸、羊毛上是紫红，但在棉麻材质上则呈现绿色。了解了天然染料的这些基本特性，就可以在混纺、交织面料上进行色彩设计。

一、拼染

拼染也称混合染色，即将不同的两种天然染料按不同的比例混合再来染色。如橙色，可将红色的苏木和黄色的栀子按需要的颜色来配比，以达到不同的橙色。需偏红色可用红色染液多于黄色染液，需偏黄色则反之。要注意的是，采用拼染，最好是同类化学性质的染料配伍，当然也会有不同化学性质的染料配伍以达到意想不到的色彩。这些需要长时间实践、摸索才能掌握规律。

二、套染

套染即先染上一个颜色，再染另一个颜色。由于植物染料是透明的水色，两层染料会融合，不会出现后一种染料遮盖前一种染料的现象，结果是两层染料的叠加会出现新的颜色。最典型的颜色是绿色和紫色。由于这两个颜色都需要使用蓝色，而天然染料的蓝色只有靛蓝一种。靛蓝是还原染料，不可以用拼染的方法与其他染料融合，只能采用套染的方式。

绿色染色方法：先染蓝色，后染黄色以得到绿色。欲得到不同的绿色，有两点必须注意。一是颜色的深浅，取决于蓝色的深浅，欲得草绿色，第一遍的蓝色要浅，否则达不到效果；二是黄色染料的选用，黄色的染料极多，栀子、大黄、黄连、茶叶、杨梅、石榴皮等均可染黄色，采用哪一种要根据色彩的需要，还有就是黄色的比例、染色时间、染色温度等都有所考虑才能达到需要的颜色。

紫色染色法：蓝色和红色会产生紫色，哪个先染都行，一般是先染蓝色、后染红色。与染绿色一样，两者的深浅决定了最后呈现的颜色。需偏红紫色，可蓝色深、红色浅；需偏蓝紫色、可蓝色浅、红色深。

第二节　不同媒染剂应用及天然染料的混合染色

媒染剂在天然染色技法中起到举足轻重的作用。其作用有两个：一个是媒染作用，另一个是固色作用，这是传统染色的特性。大部分天然染料是媒介染料，必须使用媒染剂才能上色。一般来说，红色、橙色、黄色需要使用白矾；黑色、灰色、军绿色需要使用皂矾；绿色除套染外，部分染料直接染绿色需要使用蓝矾。下面简单介绍两种。

石榴皮染色：提取染料→面料前处理→直接染色（可以得到黄色）→加入白矾→染色→清

洗→晾干，可以得到带绿色的黄色；如加入皂矾，染色时间在 3~5min，可得到军绿色，染色时间 30min，可得到深绿灰色。

苏枋木染色：提取染料—面料前处理—加入白矾—染色—清洗—晾干，在丝绸和羊毛织物上可以得到大红色。加入皂矾则得到带紫色的灰黑色，这是由于苏枋木里含有苏木黑，与皂矾的相互作用得到的效果。

其他染料使用这两种不同的媒染剂，也会有相似的效果。

混合染色指的是除使用两种不同染料的拼色外，还有可以使用两种不同媒染剂的染色，有时是先用一种媒染剂，后用另一种媒染剂。有时还可以用不同比例的媒染剂混合作媒染剂，呈现的色彩是千变万化。这也是传统天然染料染色技艺不同于现代化学染料染色的显著标志。影响最后颜色的因素有很多，如染料的产地、品质、萃取方法，染液温度、水质、染色时间、媒染剂品质、媒染剂比例等。这需要多加实践，掌握各种规律，烂熟于心，才能熟练把握，进而得到想要的颜色和效果。

第三节　散纤维染色

散纤维染色是近些年来迅速发展、极富生命力的染色方式，随着改性纤维、再生蛋白纤维等新型纤维原料不断引入该领域，散纤维染色技术将继续发展并完善。散纤维染色主要用于色纺纱产品，采用"先散纤维染色、后混色纺纱"的加工方法。散纤维染色方式，也称散毛染色，最早用于羊毛和腈纶。色纺纱是将纤维染成有色纤维，然后将两种以上不同颜色的纤维经过充分混和后，纺制成具有独特混色效果的纱线。色纺纱可以在同一根纱线上显现出多种颜色，色彩丰富。用色纺纱生产的面料具有朦胧的立体效果。植物染色由于只能针对天然纤维染色，这里说的散纤维染色只针对棉花和羊毛（含羊绒）染色。

一、散纤维染色概况

散纤维染色就是将棉花或羊毛纤维不经过纺纱厂加工，先直接染色。染色过程中，纤维在染缸内静止不动，染液凭借主泵的输送，不断从染缸内层向外层在纤维间穿透循环，使染料均匀上染。

二、散纤维染色的特点

散纤维染色的加工方法，颠覆了原来先纺纱后染色工艺。散纤维染色后纺纱，可以满足多组分拼混纱线的目的。相对于纱线染色，散纤维染色对操作工要求不高，主要体现在要求的颜色品质低于纱线染色。散纤维染色多数以中深色为主，促染剂用量明显高于纱线染色。染料用量一般在 2%~9%。

散纤维染色同其他染色的要求一致。要求染料拼色性要稳定，匀染性好，提升性好，直接性中等、固色率高、染色条件容易控制。散纤维染色机对羊毛的染色效果最好，对棉次之。毛条球染色机一般仅用于羊毛的染色。散纤维染色一般使用轴流泵，轴流泵的特点是流量大、低扬程，适合散纤维染色选用。散纤维染色使用纤维笼子，自动化程度低，功能要求不高；但对装笼要求较高，装笼均匀与否，直接影响染色质量。染色散纤维略有色花，色光级差在3级左右，对色光要求低于纱线染色，但要求牢度要好于染色纱线。在颜色方面要求低于纱线染色，主要是散纤维还要同其他色散纤维拼色，有色差，可以用其他色纤维拼色，解决色光的问题。纱线染色不可以色花，色光在4级以上，牢度3~4级，略低于散纤维。

三、散纤维天然植物染料染色

为使棉纱获得某种效果，如较丰富的色彩层次，朦胧的感觉，或为减少纱线的色差，可采用散纤维染色方式。不同色泽的棉纤维按特定比例混合纺纱，便可获得绚丽多彩、风格独特的色纺纱，大大增加了纱线的附加值。

国产散纤维染色机主要为敞口式染缸，外观与筒子纱染色机相似，由主缸、染笼、主泵等组成，无缸盖和辅缸，这类染缸具有价格低廉、操作简便、结构紧凑、占地面积小（仅向空间发展）等特点。染色前将散纤维装入染笼，压实后将染笼吊入主缸中，直接启动循环主泵，染液在主泵作用下，从染笼的多孔芯轴喷出，通过纤维层，再回到循环主泵，不断由内向外循环进行染色。染色温度和时间由操作工加以控制；染色结束后，放掉残液，加多道清水进行洗涤或皂洗去除纤维上的浮色；然后吊出染笼，取出纤维，脱水烘干。

常温常压型散纤维染色机只适用于处理温度低于98℃的纤维原料，如棉、毛类纤维。

1. 染整前处理用水 漂白、染色和皂洗时必须使用软水。漂白时硬水会起到催化作用，使棉纤维脆损、索丝增多。染色、皂洗中使用硬水会有不溶性铁、钙、镁盐的生成而沉积在纤维上，形成斑渍或白粉。如工厂无软水系统，在加工过程中添加软水剂（如六偏磷酸钠、螯合分散剂）可有效降低水硬度。

2. 精练、漂白前处理 散棉纤维中存在较多油脂、蜡质、果胶等杂质，纤维较黄、渗透性差，不宜用于染色。为了使棉花有较好的吸水性，以利于染色中染料的吸附、扩散，又尽可能不影响纤维可纺性，可在高温条件下使用天然精练剂进行处理。精练后棉纤维表面较为洁净，且在后续加工中，染液能迅速均匀地渗入纤维内部，提高了染色质量，且染色深度和湿摩擦色牢度有所提高。散棉纤维经精练后，部分杂质被去除，吸水性得到提高，可直接用于染色。但对于白度要求高和鲜艳品种来说，棉纤维白度还不够，使用天然精练剂处理可以精练漂白一次性完成。然后需用醋酸洗，再用清水洗净。

3. 染色 天然植物染料染色与化学合成染料染色不同，属于有机染色，不能添加很多的染色助剂，如分散剂、匀染剂、渗透剂、螯合剂、增深剂、固色剂等。由于大多数植物染料属于媒介染，需要使用媒染剂，如白矾、蓝矾、皂矾、乌梅、白醋、草木灰等。

媒介染色可作前媒染、同浴染、后媒染三种方法处理。由于棉纤维染色一般需要染中深色，植物染料的上色率不高，需要反复多次染色才能达到需要的深度。如靛蓝属于还原染，染色过程是染色→氧化→再染色，一般需要染六次以上。

手工染色需要不断翻动，尽量保持染料渗透均匀。

4. 后处理 染色后大量浮色黏附于棉纤维表面，需经皂洗以去除浮色，还需固色过软处理以改善纤维色牢度、手感和可纺性。

（1）皂洗。通过充分水洗、皂洗剂沸煮，可高效洗除纤维表面残留的大量水解及未反应的染料。皂洗时应加入少量螯合分散剂，既可净化水质，又能防止皂液中的浮色对纤维的二次沾污，从而改善染色牢度。深色色棉宜采用中性皂洗剂进行一次皂煮，最初的水洗和皂洗对提高牢度很明显，但随皂洗水洗次数增加，已上染的染料会被破坏并发生断键现象，对牢度改善效果将减弱。皂洗后需用醋酸中和。

（2）脱水。脱水是利用高速运转的离心脱水机械，将染色或湿整理后的棉散纤维中的大部分水分（自由水分）甩离纤维表面的过程，便于下道工序的加工，以及提高烘棉效率，节约电、蒸汽等能源。散纤维脱水包括两种形式：一种是散纤维人工装入，属笨重的体力操作，急待改革；另一种是以饼状形式吊入，这种脱水方式极大地降低了劳动强度，并可避免散纤维的流失，属今后散纤维脱水机的发展趋势。

如手工染色，可在拧干后自然晒干。

羊毛、羊绒的散纤维染色基本流程与棉纤维一致。但由于这类纤维属于蛋白质纤维，染料与纤维的亲和力好，上色率高，但要控制 pH，以保证色彩的要求。靛蓝染色碱性较高，尽量控制在 pH 在 10 左右。染完后，略加醋酸洗涤，中和一下酸碱度，以免损伤毛纤维。

羊绒、羊毛的散纤维染色基本流程与棉纤维一致。手工羊绒散纤维染色效果如图 7-1 所示。

图 7-1　羊绒散纤维手工染色效果

第四节　纱线染色

这里说的纱线染色是指对天然纤维的纱线（如棉纱、麻纱、丝线、毛线等）的染色。

天然染料对纱线的染色，目前还没有成熟的工艺和设备，本书主要介绍一下纱线的手工染色方法，一般是对绞纱染色。传统的手工纱线染色，俗称"一缸两棒"，即一口染缸，两根木棒搅动纱线，在染缸里染色。

在染色前需对绞纱多结几个固定点，但不能扎太紧，以免染料无法渗透进去。棉麻纱线要做精练漂白处理；丝线及毛线用处理过的成品绞线，水浸透。

染料、媒染剂按比例配好，加温至 40℃ 放入绞纱；绞纱穿在两根棒子上，用手转动；保持温度在 55℃，染色 30~55min；捞出，拧干并洗净浮色，晾干。

段染可增加色彩的丰富度，可双色、多色段染。云染可体现深浅不一的晕染效果，呈现不一样的艺术效果。还可以利用吊染的方法，做色彩的渐变。毛线染色的效果如图 7-2 所示。

图 7-2　毛线染色效果

第五节 成衣染色

一、成衣染色概述

成衣染色也叫成品染色，是指成衣（成品）做好后再染色的一种工艺。成衣染色具有小批量、多品种、尺寸稳定性优良、穿着舒适、产品流通快等特点，已成为服装的重要加工工艺。20 世纪 90 年代由于砂洗服装的问世，休闲服装和运动衣的逐渐流行，特别是牛仔服装的世界性流行和确立，消费者逐渐倾向于外观仿旧、粗犷、色泽朦胧，穿着舒适的休闲朴实、轻松随和的时尚化服装，促进和推动了成衣的染色和整理。

成衣染色从夹克衫、T 恤衫，发展到风衣、裙子、背包、围巾、头巾、沙滩装、运动衣、棒针衫等领域，过去都采用活性、直接、硫化等染料染色，染色要求温度高、时间长、流程多，加上水洗氧化固色等工艺，能耗高、用水多、污水排放量大。

笔者算是中国最早做成衣染色的那一拨人。进入 21 世纪以来，笔者尝试将植物染料染色工艺用于成衣染色，最终获得成功。

二、成衣植物染的优势

植物染的好处无须细述，关键在于天然植物染料与天然纤维本是同根生，亲和力自然好。同时由于有些面料是采用不同纤维交织或提花，用化学合成染料染色只能出现同一种颜色。而天然植物染料染色则不同，因植物染料在不同纤维上会产生不同的颜色，犹如"一缸染出两色花"，这种艺术效果是其他工艺都不能比拟的，是成衣植物染的优势所在。如果是不同纤维的双层（或复合）面料，同一缸染色可出现两面不同颜色。

对当今时尚化的消费者来说，追求个性化、差异化是大趋势，天然植物染的成衣则可以满足这些消费者的愿望。

对于生产者来说，可以根据消费者需要来染色，以消费者为主导，以需求订颜色，不会造成积压，使企业利益最大化。

对于设计师来说，无须购买大批面料，可根据客户需求来设计款式、色彩，甚至是服装配饰、家居软装都可以定制。

服装材料的要求非常严格，必须是天然纤维，面料、里料、辅料（如缝纫线）等都要一致。

三、成衣植物染工艺流程

由于大部分使用的是坯布或未做缩水处理的面料，在做成衣染色之前需要在版样上放出缩水率。最好是先将面料交给染色师试染，确定缩水率。具体染色流程：

布料打染色样→制作成衣→成衣精练、漂白前处理→植物染色→洗涤→晾干

1. 染色前打样 将小样按成衣染色的流程做，确定最佳工艺。

2. 成衣前处理 采用天然的精练剂做精练漂白。浴比 1∶50，温度 100℃，时间 1h。漂洗干净。

3. 染色　先将成衣在媒染剂中浸泡 15min，配好染液，浴比 1∶50，升温至 35℃时，放入成衣染色。染色机可采用滚筒洗水机。染色 30min，中途可加盐助染。染色完成后放掉染液（可回用），加清水漂洗三次。对于碱性较强的成衣，需加醋酸清洗一次。

4. 皂洗　为保证色牢度，可用中性洗涤剂清洗干净浮色。然后放入甩干机甩干，取出烘干或晒干。

如采用手工艺术染色，如绞缬、渐变、云染等，要在染色时不断翻动，注意不能染花，才能做到层次分明、色泽自然。

对针织成衣、毛衣染色最好装进网袋，避免成衣相互间的摩擦造成色彩不均匀。

染色前做好工艺记录，以便于下次染色一致。

成衣（成品）染色效果如图 7-3~ 图 7-5 所示。

图 7-3　品牌：楚和听香

中国植物染技法

图7-4　品牌：壹旧原著

图 7-5　丝巾染色品牌：御染家

第八章

植物染色在当代的应用

植物染料以其自然的色相，防虫、杀菌的作用，自然的芳香赢得了世人的喜爱和青睐。加上植物染色的色彩自然柔和，符合当代追求时尚的人们的审美观。

采用原生态的染料植物为染料来源，这是大自然恩赐给人类的礼物，与人类共生共存，生生不息。植物染色是一种最自然的染色方法。

植物染色累积了许多前人的经验与智慧，这些优良的色彩文化应该重新赋予意义，才不会使文化形成断层现象。植物染色的特点在于自然资源的永续利用，同时可以避免化学染料的严重污染问题。植物染色不但可以得到各种鲜艳的高彩度色，更可以得到大量细腻的中间色，优雅的色彩是大自然最慷慨的赐予，值得人们细细品味。并且，透过不同次数与不同色相的复染，可以染出更丰富隽永的色彩层次。随着人们日益重视环保，市场需求已经越来越迫切，特别是高端市场的需求已经显现。

植物染料虽不能完全替代合成染料，但它却在市场上占有一席之地，并且越来越受到人们的重视，具有广阔的发展前景。虽然目前要使其商业化并完全替代合成染料还是不现实的，要将植物染料获取及染色注入新的科技，采用现代化设备，加快其产业化的速度，相信植物染料会让世界变得更加色彩斑斓。

第一节　织物染色在纺织服装上的应用

如今，舒适和保健的绿色纺织品将成为家庭健康消费的最基本内容。大部分内衣、睡衣等贴身衣物，对染整加工的环保生态要求也就更高了。植物染料大都有药物作用，有的可抗菌消炎，有的可活血化瘀，所以用植物染料染制的纺织品将会成为保健内衣的生力军。

在各种高端服装领域，植物染色也有不俗的表现。各种丝、毛、棉、麻服装使用传统方式植物染色后，文化性、附加值都有提高，符合当代人的选择。

一、婴幼儿服装

生产制造商们为了让衣服更加好看，在衣服的染色生产加工过程中，通常会使用甲醛，它被充当防腐剂和增稠剂添加进生产链条中。宝宝如果长时间接触甲醛超标的衣服，就会引发各种疾病，如慢性呼吸道疾病、结膜炎、咽喉炎等。

为杜绝 pH、甲醛超标危害人体，尤其是宝宝的身体安全。国家出台了 GB18401—2010《国家纺织产品基本安全技术规范》，把衣物安全等级划分为 A、B、C 三类。简单地说，第一类是适合 3 周岁以内婴幼儿的纺织产品必须符合 A 类要求，第二类是直接接触皮肤的产品必须达到 B 类要求，第三类是非直接接触皮肤的纺织产品必须符合 C 类要求。

此外，国家和相关行业协会都专门制定了严格的婴幼儿服装标准，对婴幼儿服装服饰的 pH、染料、重金属含量都规定了严格的量化指标。

婴幼儿皮肤娇嫩，布料必须柔软。同时对染色也提出了更高的要求，不仅染料要环保，助剂也不得有对皮肤不良的影响。这样看来，最好的染色工艺就是天然植物染色（图 8-1）。

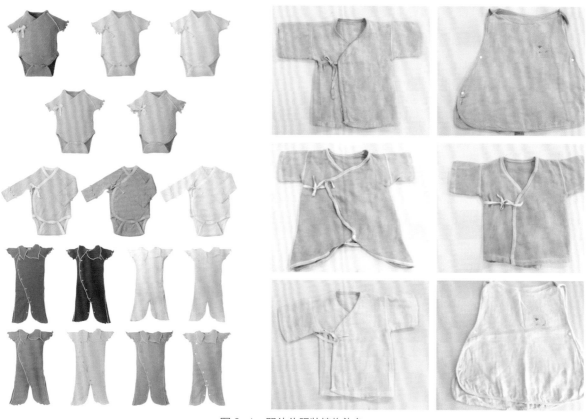

图 8-1 婴幼儿服装植物染色

二、内衣

内衣是人体的第二皮肤，内衣的质量直接对人的健康产生影响。植物染料大多数来源于中药，很多有抗菌防菌的功能，如青黛、石榴皮、大黄等，加上在染色过程中，不添加任何化学物品，安全系数有很大提高（图 8-2）。

图 8-2 T 恤衫植物染色

三、其他服装服饰

如时装、家居服、衬衣等都非常适合天然植物染色（图 8-3~图 8-5）。

图 8-3　楚和听香品牌丝绸服装植物
　　　　染色效果

图 8-4　壹旧原著品牌服装植物染色效果

图 8-5　自在衣裳品牌服装植物染色效果

植物染色在围巾、袜子、帽子等服饰也有很多的应用（图8-6～图8-8）。

图8-6　烂花绡丝巾植物染色

图8-7　苎麻帽子植物染色

图8-8　袜子植物染色

第二节　植物染色在家纺家居上的应用

随着人们生活水平的提高，家纺产品将由经济实用型向功能型和绿色环保型转化。由植物染料染制的床单、被罩、浴巾等家纺产品必然会因符合生态环保标准和具有医疗保健功能而受到人们的青睐。

在个性化需求和环保浪潮高涨的今天，把植物染料运用在家纺产品上，走具有民族特色的家纺发展之路，既符合当前提倡的环保、生态、低碳的生活标准，又能够大大提高家纺产品的艺术附加值和文化附加值，提高其产品竞争力，同时在提高土地利用率以及促进就业等方面具有积极作用。

人生有1/3的时间是在床上度过的，被单、被套、枕头、枕巾等的重要性不言而喻。除了在面料上尽可能使用天然纤维外，染色的安全性问题和色彩的美感也是人们关注的重要因素。

用植物染料染色时因染料浓度、时间、温度、助剂的区别，被染对象的成分、厚薄、结构、后处理工艺的变化，以及染色方法的不同选择，均会产生截然不同的染色效果，使得每一次颜色呈现都能给人带来神奇的窑变效果。染色后的织物具有自然的色泽和植物的香味，特别是经过艺术染整处理的面料，色彩单纯，肌理丰富，色泽温和，不易复制，符合人们对个性化、多样化的生活的追求。植物染色色泽素雅、柔和、含蓄、优美，给人安定舒适的感觉。

除家纺产品（图8-9、图8-10）外，室内的文件柜、屏风等都可以用个性化的植物染色来营造家的美感，塑造家的品质（图8-11、图8-12）。

图8-9　抱枕、坐垫染色

图8-11　文件柜软装

图8-10　茶具罩染色

图8-12　中式屏风

第三节　植物染色在玩具上的应用

玩具是孩子最亲密的"伙伴"，对于孩子的智力发育和身心健康都具有极其重要的意义，是儿童成长过程中不可缺少的消费品。如果选择不当，一些存在着安全隐患的危险玩具，则会成为导致孩子意外伤害、威胁孩子健康的"杀手"，世界上每年都有成千上万的儿童因不安全的玩具而受到不同程度的伤害。关注玩具安全性，是为了避免因玩具自身的某些缺陷给儿童造成伤害。爸爸妈妈要时刻警惕玩具的潜在危害，应在意外发生之前就发现问题，防患于未然。

一、毛绒玩具

毛绒玩具是玩具的一种，它是由毛绒面料及其他纺织材料为主要面料，内部填塞各种填充物而制成的玩具。毛绒玩具具有造型逼真可爱、触感柔软、不怕挤压、方便清洗、装饰性强、适用人群广泛等特点。因此毛绒玩具用于小孩子的玩具、装饰房屋及作为礼物送人都是很好的选择。

目前国内生产的玩具面料基本上都是化纤，染色也是化学合成染色。这些面料在生产过程中会添加很多化学助剂，产生甲醛，对儿童身心有损害，存在严重的安全隐患。如采用天然纤维做面料，染色采用传统的植物染，就可以避免很多不安全的因素。这种纯天然的面料不仅健康环保，色泽也很柔和（图8-13）。在当前国际注重环保的大环境下，一定有大的突破和发展。

二、木制玩具

木制玩具相对塑料玩具有一定环保安全性，但是部分玩具为了吸引孩子，色彩涂得艳丽缤纷。一般来讲，木制玩具使用的是水性漆，但也是化学合成涂料。不过泰国著名玩具品牌PLANTOYS（品乐玩具）则倡导玩具必须是自然的、安全的理念。其在原料上率先物尽其用，将树龄超过25年不能再产橡胶的橡胶木做成玩具，让玩具成为橡胶树留给人们的最后一件礼物。在色料上则提炼大自然的色彩，如红色提炼自一些红色果实的外壳，绿色提炼自一些绿色豆科植物，紫色提炼自甘蓝菜等（图8-14）。这些无毒无害的植物染料，要比化学染料安全得多。针对孩童的成长需求，品乐玩具还特别注意艺术性，因此得到了相当多的国际性大奖。

笔者曾经给国内几家出口木制玩具企业做过样品，但一些管理人员的思维还没改变，认为植物染色的颜色不鲜艳、光泽度不

图8-13　毛绒玩具面料植物染色

图8-14　品乐玩具

高。殊不知，这正是植物染色的特点（图8-15）。

　　国外已经意识到这一点，而国内似乎还没有得到重视。植物染料与木头均是"同根生"，两者的结合应是相得益彰。植物染色的木制玩具定能被大众所接受，并逐渐流行。

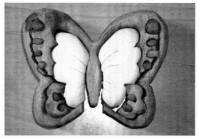

图8-15　木制玩具植物染色

第四节　植物染色在工艺品上的应用

　　有很多工艺品使用天然材质，如漆器、草编、竹编、藤编、绳编、羽毛、核雕、骨雕、木雕、竹雕、根雕以及干花植物装饰等。为了让这些工艺品色彩更丰富，往往需要将这些工艺品或染或画。那么就需要使用天然植物染色或利用这些植物提取的色彩作为颜料，植物染料或颜料就大有可为。

一、漆器

　　漆器是使用天然大漆作为主要材料，但色彩需要使用很多天然颜料来画或者涂抹。大漆与很多化学合成的颜料一起使用的最大诟病就是容易起气泡，而与天然植物颜料却有较好的融合性（图8-16）。

二、草编、竹编、藤编、绳编等

　　1. 草编　草编是利用各种柔韧草类植物进行编织加工的一种工艺，遍布我国南北各地，常用的原料有席草、龙须草、蒲草、马兰草、茅草、麦秆、玉米皮及各种麻类等，技法有结、捻、搓、拧、盘、串等。草编以实用品为主，兼有观赏陈设品，如筐、篮、席、垫、帽、挂件、壁毯、花瓶、动物等。为达到美观目的，可以先染茎、皮等，然后再来编织；也可先编织，再用植物染料染色（图8-17）。

图8-16　漆器　　　　　　　　　　　　　图8-17　草编染色

2. **藤编**　藤编以广东为主要产地，是将棕藤、青藤、灰藤、佛肚藤等，先加工成坚韧且弹性极强的藤皮、藤芯、藤篾、藤条等，再编织成家居用品，如桌椅、床席、几架、盆、筐、篮等，具有防腐、防潮、不易折断等特点。如广东南海沙贝是我国著名的"藤乡"，所产藤席、藤筐、藤家具、藤织件四大类驰名中外。

3. **葵编**　葵编以广东为主要产地，是将葵树叶、叶柄经漂白、染色或烫光上亮等工序，再编织成帽、垫、扇、席等日用品，同时也是重要的旅游纪念品。如广东新会葵编具有数千年的历史，近30类产品，500多个花色品种，实用兼具装饰，色彩丰富，图案美观大方。

4. **柳编**　柳编是将沙柳、白柳、杞柳、季柳等柳条经修整、去皮、染色后编织成筐、篮、箱、笼等生产、生活用品，具有坚固、经久耐用等特点（图8-18），河南、河北、江苏、陕西、内蒙古是其主要产地。如河北固安柳编，宋代已经出现，当代则以本地所产的杞柳为原料，技法以"勒编"为主，辅以圆拧、扇拧、拉花等编法，制成的茶具套、宫灯，以及独具传统特色的坐墩、地毯等，品种达380多个，被誉为"柳编之乡"。

5. **棕编**　棕编指以棕树叶为原料编织成的工艺品，贵州、四川是其主要产地。将嫩棕叶劈成细棕丝，或搓成细棕绳、编成细棕辫，经硫黄熏、浸、染色后再行编织，品种有鞋、帽、垫、包、扇等，造型新颖，色彩稳重，坚韧耐磨，富有弹性，并有防潮、负重等特点（图8-19）。如四川新都区新繁镇棕编始于清代嘉庆年间，技法细密，所用棕丝在国际上被称为"四川草"。又如贵州思南县塘头镇以嫩白棕叶为原料，剖成细丝或搓成棕丝，采用间色编、镂空编花等制成的棕叶提篮，沥水防潮，轻便耐用，色彩明快，层次感强。

6. **麻编**　麻编指以天然麻类植物为原料，加工成麻丝，经漂白、染色后编织而成的工艺品（图8-20）。技法主要有手工编织、钩针编织等，图案色泽鲜亮，立体感强，宜于编织成袋、帘、毯、罩等。浙江台州麻帽编织精细，款式落落大方，体轻质柔，通风凉爽。以纤维松软、吸水性强的黄麻编织成的网袋、地毯、杂品三大类，采用手工、钩针、机编、混编等，技法有结、编、织、辫、捻、搓、拧、盘、穿等多种，构图丰满，具有天然朴素之美感。

图8-18　柳编染色

图8-19　棕编染色

图8-20　麻编染色

编织工艺的发展得益于中华民族的聪明才智与地大物博。可以用来编织的材料很多，加上天然植物染色更加丰富多彩。随着科技水平的不断进步，遍及我国南北各地的编织工艺已由纯手工制作转向半手工、半机械化生产，传统产品与反映时代风貌的作品荟萃一堂，正焕发出无限的生命力。

三、其他

1. 雕刻工艺品 核雕、骨雕、木雕、竹雕、根雕等，用天然植物染料来染色，更是将原本单一的色彩变得五彩斑斓。染色方法一般以常温浸泡法为主，因为加温染色的话，容易裂开，破坏了艺术品的原样。颜色的深浅可以浓淡调节，也可以用反复媒染、染色的方法重复多次。

2. 干花植物装饰 自然界的花朵是会枯萎的，但干花植物装饰是当今热门，将植物染色用于这个领域，不仅延续了花卉植物的生命力，也比塑料等材料更自然古朴。

3. 羽毛工艺品 此类艺术很是独特，不仅可以染出更多的颜色，还可以做羽毛画。羽毛类染色后需洗涤，只能用水冲洗，不可用手搓揉，半干时，用软刷轻轻刷，再晾干。类似的还有芦苇画、贝壳画等。

4. 叶脉画 叶脉画是一种独特的民间绘画艺术，它巧妙地利用树叶形态各异的优美外形和自然肌理，将中国传统的山水、人物、花鸟题材绘于天然树叶上，把多彩的画面和谐地与树叶的自然美融会一体，营造出别具韵味、灵秀自然的艺术境地，给人们美的享受。

人类利用植物叶的历史已非常悠久，其中以植物叶作为艺术品有据可查的历史已有千年。

起源于佛教的叶脉画在唐代盛极一时，并一直延续至明清前期。唐代画家吴道子亲手白描的佛像、神仙叶画，被白马寺等皇家寺院珍藏；明代的22幅菩提叶《庄严三宝图》被故宫收藏至今；清代乾隆皇帝得此叶脉"圣物"，还亲笔书写《心经》一部，颇为珍爱，现存于北京故宫博物院。

叶脉画采用精选野生阔叶，刮去绿色皮层，保留筋脉和薄瓤，进行腐蚀干燥处理，制成叶脉，再通过传统绘画、描金、勾线等技法，历二十余道工序而成。其制作工艺之复杂，更体现了叶脉画的珍贵性，叶脉作画轻薄纤巧，似雾如纱，于经脉断续之间自成风格，同时又能借鉴不同绘画艺术特色，无论泼墨山水，抑或炭笔风光，皆可妙笔传神，凸现玲珑。更难得之处在于叶面经独特工艺处理，光洁透明，色泽耐久，色彩古朴，久不变色，有极高的艺术及收藏价值。

叶脉画的制作流程主要包括选料、发酵、冲洗、漂白、晾干、烫平、染色、制作、装裱9个环节。

染料采用的是天然植物提取的植物染料，可常温浸泡染色，但这种方法时间比较长，需要浸泡5~6h。加温染色时，温度不能高，需在40℃左右，染30min，洗净，阴干。也可在半干时夹进书里干透，这样较为平整。一张素色的叶脉作品就完成了。如需要多个颜色，或是渐变效果，可以多次染色（图8-21）。

当然，有绘画、书法功底，也可以以叶代纸，在上面进行书画创作（图8-22）。

图8-21 叶脉染色

图8-22　叶脉画手绘

第五节　植物染色在书画上的应用

一、中国画颜料

染料与颜料虽有一字之差，但都是用于着色。在历史上很多的中国画颜料同时也是染料，如花青、藤黄、胭脂、朱砂、赭石等。植物类颜料称为草色或水色。水色主要是由一些植物颜料为主材料，配以少量动物质材料、矿物质细粉颜料石色组成，容易与水融合，色质细腻透明，故也叫透明色，如藤黄、花青、胭脂、大红等都属于这类颜色。水色与石色一般是相互结合着使用于国画中，以达到浓淡相间、虚实相生的丰富效果。水色主要包括胭脂、西洋红、藤黄、花青、水彩色与丙烯色等细腻的颜色。

下面简单介绍部分和中国画颜料通用的植物染料。

1. **红蓝花**　其又叫红花，主要品种为藏红花。把花捣碎，用布绞出黄汁，阴干，捏成饼。用时以温水泡开，用布拧汁，兑胶使用。今只有一些少数民族地区，仍用它染红色。在过去，人们喜庆事所用的红纸，都是用它和"茜草"染成的。

2. **茜草**　它的根是紫红色，用根熬成水，制成红色颜料。现在河北、河南、西北仍有野生的茜草。它的红色比红蓝花更红。

3. **檀木**　又叫苏木、苏枋木。色深紫，是染木器用的。也可熬水收膏做颜料使用。

4. **藤黄**　藤是海藤树，落叶乔木，高五六丈。这是热带金丝桃科的植物。由它的树皮凿孔，就流出胶质的黄液，用竹筒承接黄液，等它干透，中间略空，就是人们绘画上所用的"笔管藤黄"。藤黄有毒，不可入口。

人们在颜料店里买它时，颜料店总是叫它"月黄"。因为越南产的顶好，其次是缅甸、泰国。店家把"越"简化成"月"，便叫它"月黄"。

5. **槐花**　用未开的槐花蕊制成的是嫩绿色，用已开的花制成的是黄绿色。制法都是采下来用沸水一烫，然后捏成饼，用布绞出汁来即可。尤其是使用石绿时，必须用它罩染。

6. **黄檗**　也称黄柏，其皮可以煎熬成水，兑胶收膏，作黄颜料使用。

7. **生栀子**　栀子的花蕾。中国药店可以买到。捣碎去皮煎水，兑胶使用，可以代替藤黄。

这些颜料都是传统中国画使用了多年的色彩，制作方法及成品标准经历过长时间的检验，自有一套传统方法和标准。这些珍贵的颜料由于都是直接取自大自然的显色物质，不依靠化学反应显色，因此都是色相最稳定、最不易变色与褪色的颜料，可称为世界上最美丽的色彩。

实际上植物染料远远不止以上这些。笔者已经研发出的植物染料就有几百种，而且还在不断增加中。更多的植物染料让人们有宽泛的选择，也就是说，很多颜色可以一次完成，不需要做更多的调色、拼色、配色。

二、植物染色用于仿古书画用纸

古代著名的染色纸有黄麻纸、硬黄纸、薛涛笺、谢公笺、虎皮宣、瓷青纸等，这些纸常用于书写作画。

众所周知，古字画随着时间的沉淀，纸张会发黄，色泽变暗。无论书画家有何等高超的技艺，把名家名作模仿得惟妙惟肖，但现代纸张会暴露出破绽。要将纸张也模仿到原作者那个年代只有靠植物染色，仿旧如旧。有人说，普通染料也可以染得颜色相似，但对鉴赏家来说，一看一闻便可知晓。除了颜色上有大的差异外，气味也能闻出几分。这是植物染料与合成染料的极大区别。色泽上前者朴实，自然，稍显暗淡，无刺鼻气味；后者颜色艳丽，明快，有刺鼻气味。很多古代纸张的颜色都是植物染料染色的，用合成染料很难做到完全一致。由于这种仿古纸要求很高，大多靠手工制作，制作出的仿古画都是名家名作，价格自然不菲。随着仿古画的需求旺盛，植物染色仿古书画用纸也会迎来一个发展的高潮（图8-23）。

图8-23　仿古书画用纸

三、古书画作画用绢、绫

作画常用绢，主要用于代纸作画写字。生绢是用来写书法，画工笔画；缣绢有行笔流畅无毛刺，着色着墨不散的优点。古时有"贵缣帛，贱纸张"的说法。用纸张的，大都是买不起缣帛，而一般宫廷贵族还是习惯于用缣帛。缣绢比生绢细密韵泽，所以能画出细腻流畅的线条和变化丰富的色韵墨彩。此外还有院绢、库绢、砑光绢等。明代还出现了绫本书画。

目前我国已发现的最早的画是绘在绢帛上的，出土的晚周帛画、战国楚墓帛画和稍晚些时候的马王堆汉墓帛画，都是画在较为细密的单丝绢上；晋唐以前的书画用绢都是由单丝织成的。

如元祐元年（1086年）司马光用的花绫斜纹有素色的，也有染成各种颜色的，二者皆称为素色花绫。又如宋徽宗赵佶行书手卷《恭事方丘敕》，则是五色罗绢。宋代一般用花绫作书写用的，仅见北宋黄庭坚行书《华严疏》一卷。

中国植物染技法

明代还出现了绫本书画，绫子有两种。一种是无花素绫，应用在书画卷轴中，较早的是明成化、弘治年间沈周等人的作品，到天启、崇祯年间才广泛流行起来，所见王铎、博山等人的书法卷轴中最多，到康熙中期以后又少见了，晚清时再昙花一现，但始终未盛行起来。另一种是有各种花纹的花绫，王铎、博山等人的书法轴卷中，有一些略带一点暗花。同时，砑光绢在明末已出现。砑光绢不仅绢质稀薄，且光度过亮，看起来使人很不舒服。

清代有一种绢，俗称库绢，是一种很粗糙的绢，绢面上加了各种颜色的粉浆，有的是素的，也有的被画上了各种金花和粉花，或撒上了大小金片或金星。汪由敦、董诰等人常用这种绢来写字条或字对。嘉庆至光绪年间的绢，基本上沿用了旧的方法，但质量日见下降。在粗绢上常加上各种颜色的浆、画花和撒金等；或白素画绢上加重胶矾再加工辗光。用这种绢无论写字或画画，均有透黑墨痕，很难顺手。

绢本的底色很少见到白色，而是类似土黄色（图 8-24）。这个不是绢的本来颜色，需要用染色来完成。染色使用的染料大部分为植物染料，染色方法与一般植物染丝绸无异。绫本也是如此。

图 8-24　绢画

四、装裱用纸和绫绢

装裱材料如绫、绢、锦、锦绫、丝带、麻布等，无论何种文献记载所用的染色方法都是植物染料染色。丝织品在书画装裱中随处可见，如隔水、绊、包首、扎带用的绫或绢以及锦绫等，采用的都是传统的植物染色形式。不仅染料需用天然材料，辅助材料如媒染剂等也是用的天然材料，与现在使用的化学染色有极大区别。

近年来，仿古绫绢、宋锦在古字画修复、仿古画以及古建筑的高档装潢市场日益走俏，要求自然也越来越高（图 8-25）。

现在的绫绢和仿宋锦，虽然在图案和织造工艺上还保留了一些传统方法，但染色却是采用的合成染料，外观看似接近，细看却是艳丽有余、沉着不足。

宋锦需要先染丝再织造，染丝时除了选用天然染料和天然媒染助剂以外，为翻丝方便而使用的油类应是植物油或有机硅油。织造时所用浆料应是天然淀粉浆，不得使用化学浆料。

笔者现在掌握的染料已经有几百种，色谱相对齐全，完全可以做到满足仿古绫绢、宋锦生产的需要。这种产品，目前在市场上尚属空白。需求产生市场是颠扑不破的真理，不怕不识货，就怕货比货，更怕没有货。与其在低端市场拼杀，不如遨游在高端的蓝海里。真正的纯天然仿古绫绢宋锦一定会迎来又一个春天。

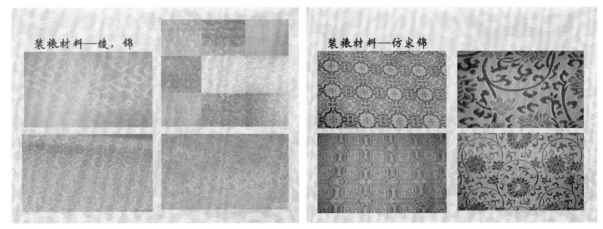

图 8-25　装裱绫绢染色

第六节　植物染色在毛线编织、刺绣、织锦丝线上的应用

化学合成染色距今不过200年，在这之前呢？全世界都是一样，使用的是天然染料染色。

就中国来说，汉族传统上的蜀锦、宋锦、云锦等，少数民族的壮锦、黎锦、傣锦、苗锦、瑶锦、侗锦等，绣花线、缂丝、缂毛、地毯、挂毯等都是植物染色的。还有传统的四缬技艺——蜡缬、绞缬、夹缬、灰缬，都是采用植物染色技艺。

当流传几千年的中国传统染色技艺失传后，这些本来值得骄傲的传统织染绣各门技艺就失去了原有的韵味，变得燥俗，很多颜色也消失。如蓝印花布，属于灰缬，但原来的灰缬不只是一个蓝色，蜡缬也是如此。古代这两个缬类织物都是五彩缤纷的，有馆藏文物作证（图8-26~图8-28）。

当今的中国纺织品，几乎难觅传统染色的踪迹。笔者几乎跑遍了国内，包括以为能保留传统染色技艺的黎族、傣族地区。他们不是不知道传统染色，笔者与傣锦、黎锦的传承人沟通，她们也希望有传统染色的东西，也希望能恢复传统技艺。以傣锦为例，传承人玉儿甩家族，祖上就是专为傣王宫做织锦的。她奶奶活到一百零五岁，告诉她，以前的傣锦

图 8-26　宝花水鸟纹灰缬绢

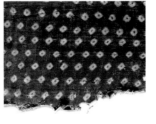

图 8-27　传统绞缬

图 8-28 传统夹缬

都是上山自己采集植物来做染料。现在没有了，技艺也失传了。她们非常希望能有植物染色的线来织傣锦。

黎锦堪称中国纺织史上的"活化石"，据目前资料考证，是中国最早的棉纺织品。《峒溪纤志》记载："黎人取中国彩帛，拆取色丝和吉贝，织之成锦。"南宋，江苏松江（今上海）纺织家黄道婆在崖州（今海南三亚）悉心向黎族人民学习黎锦的错纱、配色、综线、提花等纺织技术，于元代元贞年间返回松江，将棉纺织技术传播到江浙和中原。宋代以来，黎幕、黎单等黎锦已有很高的技艺水平。黎锦精细、轻软、洁白、耐用，古语称"黎锦光辉若云"。

如果把黎锦比喻作明珠的话，那最璀璨的一颗无疑是黎锦的巅峰之作"龙被"（图 8-29）。

龙被，因产地主要在古崖州地区，也称为崖州被，有些地方叫作大被、绣被，素有"广幅布"之称。龙被是黎族织锦中的一种，在纺、织、染、绣四大工艺过程中难度最大、文化品位最高、技术最高超，是黎族进贡历代封建王朝的珍品之一。可惜，这种精湛的传统技艺几乎失传。在如今重织造、轻染色的氛围下，传统染色在当地无人传承，基本失传。

2012 年，宋锦传承人钱小萍老师，邀请笔者参与龙被的复制工作，承担绣花线的染色。原样主色不算多，大约六种，但还要有过渡色，也就是需要深浅不同的颜色。经过半年多的努力，复制工作才完成。图 8-30 是近百年来首次按照传统技艺制作的龙被。

除了织锦，各种传统绣花线也必须是传统植物染色，这样的色彩不仅经得起时间的考验，在艺术上才能延续原有的高度和品位。在古文物织染绣的修复上，传统染色也是当仁不让，唯有如此才能保住中华传统文化的根。

地毯和挂毯使用的是毛线，传统上都是植物染料染色。当今时尚也需要传统植物染色。不仅可以素染毛线后织毯，也可以使用段染工艺，丰富毛线色彩。

笔者近十年来通过不断研究，在继承先人优秀传统技艺的基础上，增加了更多的新颜色，同时借鉴现代设计理念，创作出很多的毛线新花色。

图 8-29 黎族龙被

图 8-30 龙被复制

丝线是用桑蚕丝染色的，与毛线一样同属于蛋白质纤维。在这种纤维上，植物染料可以发挥得淋漓尽致。因为植物染料与蛋白质纤维的结合性好，色牢度好，颜色丰富，很多在棉麻纤维上无法呈现的颜色，在丝线和毛线上都能呈现出来（图8-31）。

植物染色毛线不仅可以织毯（图8-32），还可以编织毛衣、制作室内装饰等，健康环保还时尚。这证明了传统的植物染色技艺不仅可以得到广泛的传承，还能融合到当代时尚生活中。

图8-31　毛线、绣花线染色

第七节　新艺术染画

一、染画来源

中国的染织工艺早在西周时期就已得到较大的发展。根据《礼记》等文献记载，丝织、染色当时都设有专官主管，楚国还设有主持生产靛青的"蓝尹"工官，足见当时的丝织、染色生产已颇具规模。用作染画可追溯到四缬技艺（也称染缬），但当时色彩不够丰富，且表现形式较为单一。

图8-32　艺术挂毯染色

唐代的染缬作品就像"唐三彩"，十分绚丽；而明清时代的染缬作品从总体的风格来看就像是"青花瓷"，自然大方，朴素之中不失明丽，十分富有装饰效果。

笔者认为，染缬与中国画的起源应该是"帛画"。帛画起源于战国中期的楚国（图8-33），至西汉发展到高峰，消失于东汉。因画在帛上而得名。帛是一种质地为白色的丝织品，在其上用笔墨和色彩描绘人物、走兽、飞鸟、神灵、异兽等形象的图画就叫帛画。唐代帛画消失，但染缬艺术发展起来了。但染缬更多地应用在服装服饰、家居领域，没有作为独立的画种存在。

二、当代染画

当代，染缬艺术作为画的趋势较为明显，蜡缬、灰缬、绞缬都有作为画的形式出现。有代表性的有兰州大学管兰生的染缬画、上海大学穆益林老师的帛画、苏州大学董文正老师的吴默画、深圳高职院刘子龙老师的泼蜡画等。

管兰生老师的染缬更接近于画，其表现手法主要采用的是绞缬，以捆绑、扎为防染方法。先在草图的基础上按照各个局部所要达到的艺术效果进行捆扎、缝缀，再分批次进行包染、注染、蒸染、防染、褪染等，最后再进行色调的整体统一，色彩浓郁大胆。

图8-33　楚国帛画

泼染也是管兰生最喜欢用的染缬方法之一，将捆扎好的织物用水浸湿，直接把翠蓝和草黄染液泼在自己的"地盘"上，避免两种染料混合，迅速用线绳捆绑保护，放入深烟作底色的染缸中加热30min，让冷暖气团的两个色调互混与侵占，形成自然融合的态势，两者衔接得更是"天衣无缝"。他的作品乍一看这些处处充斥着西方现代艺术色彩的染缬作品，犹如油画般明丽、鲜艳，细细一品，无时无刻不透出中国画的写意韵味（图8-34）。从作品色彩来看，不全是使用的植物染料，有较多的化学合成染料，且采用了较多的注染等。

穆益林老师在传承前两代老师冯超然、郑慕康研究创作绢帛绘画的基础上潜心研究帛画古法30多年，创造出完全不同于其他画种的现代帛画。他用传统的法度标准和绘制法则在各种帛料上研究、创作，利用帛的特性创造出能随光线的变化和观画者的视角变化而产生奇特的色变效果的现代帛画（图8-35）。穆先生经过多次尝试，在真丝面料上用中国画的写意泼彩和工笔精绘，吸收西方印象派的光和色的斑斓艺术效果，抽象恣意，层次叠显，旋律流动，诗意朦胧，彰显出中国画的神采。他赋予了现代帛画更多的时代气息，也使其包含了浓厚的东方神韵。

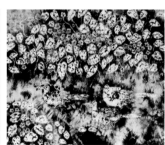

图8-34　管兰生染缬

董文正老师创作的吴默画受中国古代帛画启发，在真丝双绉面料上用中国画的写意泼彩和工笔精绘，吸收西方印象派画家的创作技巧，产生的光与色的斑斓艺术效果，抽象恣意、层次叠显、旋律流动、诗意朦胧，彰显出中国画的神采，更适合当代人的审美需求，使帛画成为现代艺术的新形式，比古代帛画更具浓郁的东方神韵（图8-36）。

图8-35　穆益林帛画

刘子龙老师的泼蜡画，借用了蜡缬的技艺，但不是画蜡，是泼蜡，画面更显灵动，有泼墨之韵，又有西方后现代派特点。刘老师的泼染画对传统蜡染工艺进行反复试验改良，突破了传统蜡染单色染色的局限性，创造出融汇中西各派造型特点的现代蜡染绘画艺术，实现了传统文化与现代科技，东方文明与西方艺术的对接，使泼蜡染成为一门新的、独立的画种（图8-37）。

图8-36　董文正吴默画

图8-37　刘子龙泼蜡画

这几位老师的染画风格迥异，但是使用了太多的化学颜料。除管兰生、刘子龙老师采用的基本上是染的方法，另两位老师更多的是用笔画的。

三、植物染画

用植物染料直接染画（不用笔画）是笔者近十年来开始的新尝试。吸取中国画表现形式，用植物染料染色，一气呵成，有中国画大写意的效果。

笔者把这种染画命名为"植物染画"。这是前人没有使用过的作画方式，其根基还是传统的植物染技法，不过是将传统技法融入了时尚气息，是一种纯天然的染画种类。这一新画种能否为市场接受？笔者曾经怀着忐忑不安的心情将八幅植物染画带去了在北京农展馆举办的 2012 年非物质文化遗产生产性保护大展。前来观展的很多观众对笔者这一尝试表示了浓厚的兴趣。一些专业画家除了肯定以外，也提了一些很好的建议，如增多水墨染画、扩大题材等。还有不少观众询问价格，提出收藏和购买。

这些展出的植物染画使用画布为丝绸、丝棉、粘亚麻等面料，染料全部为自主研发的植物染料，风格主要是抽象的大写意。有趣的是，中国的观众认为是中国画，而外国的观众认为是油画风格。

笔者所作的植物染画与其他老师不同，除染料完全采用天然植物提取以外，染色技法主要是绞缬中的云染技法（图 8-38）。

图 8-38 云染画

云染属于绞缬，需借助小工具来达到防染效果，但出来的图案如同天上的云，层次感强，变幻多端，有单色云染、多色套染、拔染等技法。画布主要使用的是桑蚕丝绸，少量使用棉布、麻布。

1.茶染画　茶染画即是用茶汤来染色作画，具有天然环保，返璞归真的效果。茶汤染布，古色古香。每一种茶都有不同的茶色与茶性，利用染色时间的长短就可以染出不同深浅的效果。其呈现的效果有些类似中国传统的水墨画。

茶染画步骤如下。

茶叶与水的比例是 1∶5，煮开后小火煮 30min，过滤。重复一次以上步骤，两次染液合在一起。

桑蚕丝绸按构思作品的大小裁剪好，用喷壶喷水；揉花后放入网兜固定，以免花型变样；染液中按 5g/L 比例加入皂矾，加热溶解；染液温度到 40℃时放入揉好花的网兜，染色 30min；取出网兜挤去染液，水冲洗；取出画布展开后用水清洗干净，晾干，熨平；托宣纸（与中国画装裱一样）装裱；如需要中国画风格，可根据画面内容题名、盖章（图 8-39）。

2.蓝染画 蓝染是碱性，画布的选择以麻、棉织物为好；内容以表现蓝天白云、山峦、青花等为佳；使用的染料为天然土靛，可用靛泥，也可用花青粉，效果一样，后者颜色更浓一些。

图 8-39 茶染画

根据需要的颜色深浅配好染料。

棉麻面料要先经过漂白，也就是去掉杂质。漂白最好使用茶碱，把布料浸透，加水没过布料即可；烧开后，加入茶碱类的天然精练剂，放入布料，不断翻动，直至布料漂白；取出清洗干净。

在桌上把布放平整，根据需要揉花型；放入网兜，如部分染色，需要将染色部分放入，不染色部分用塑料袋包起来；放入蓝染缸染色 5min；挤干染液，取出氧化（不解开网兜），待全部变蓝后，打开网兜，取出画布，展开继续氧化 10min。

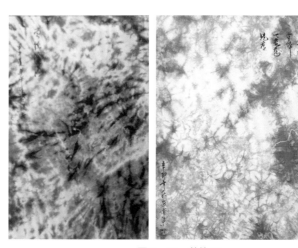

图 8-40 蓝染画

如需要多层次染色。再重复后面几个步骤。最后要清洗干净，晾干，熨平。

托宣纸（与中国画装裱一样）装裱。托画心时要注意经纬纱线平直，不可扭曲。如需要中国画风格，可根据画面内容题名、盖章（图 8-40）。

3.多色套染 多色套染的表现形式更丰富多彩，不仅有同色系的浓淡变化，更有不同色系的晕染、渗透、对比、反差等，层次感更强，表现力也更丰富。多色套染的方法除以上使用揉花型后放入网兜染，有时还需要采用局部缝制、塑料袋包裹、器物夹染等。

下面以两色套染为例进行说明，其步骤如下。

布料处理好后浸湿；首次揉花型，放入网兜；染料调配好，加入媒染剂化开；染液温度上升到 40℃时，放入装好布的网兜，染色 30min；取出挤干染液，冲洗去浮色；打开画布，二次揉花型，装入网兜；换另一个颜色的染液，加入媒染剂化开；放入染液染色 30min；取出挤干染液，冲洗浮色后打开画布；再次冲洗干净，晾干，熨平。

托宣纸（与中国画装裱一样）装裱。托画心时要注意经纬纱线平直，不可扭曲。如需要中国画风格，可根据画面内容题名、盖章（图8-41）。

4.拔染画 拔染本是印染行业使用的一种方法，是先印染颜色，再用拔染剂（工厂原用雕白块，因环保原因现已禁用）拔白的一种工艺，呈现的是色底白花效果。

笔者将这一工艺用于植物染画。用天然精练剂代替雕白块。因植物染料不耐碱，精练剂完全可以做拔染剂使用。另外，由于天然染料受酸碱影响大，易变色的特性，拔染过程中颜色出现改变，甚至出现意想不到的颜色，效果有些意外。不同的植物染料在拔染过程中会出现不同颜色，需要熟练掌握拔染规律才可达到预期目的。

拔染有三种。第一种是先素色染，然后拔去部分颜色，留白。第二种是先单色或多色云染，再重新揉花型拔染，留部分白；部分除保留原色外，还有部分是拔浅了的颜色，变化更多。第三种是先染素色，拔染后改变了原有的颜色，形成新的颜色和花型。拔染画如图8-42所示。

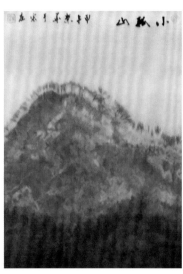

图8-41　多色染画

图8-42　拔染画

拔染画是有别于其他染画的新画种，但技艺仍然是传统绞缬基础上发展起来的。

中国画有"意在笔先"之说，即画家在作画前已经将欲描述的意境考虑好了，下笔一气呵成。染画则不然。染者在动手之前，很难把握作成后的意境。只有初步的色彩构思，作品完成后再根据作品的意境、构图来取名。失败很多，但也常常有意想不到的结果。失望与惊喜共存，妙处也在此。染画以其独特的艺术魅力示人，有古韵遗风，无媚俗之气。

笔者的这种染画非用笔手绘，乃是用手染而成，故名"染画"。然而色彩表现形式又为古代绘画的形式，大胆用色块表现，彰显以"丹青"作为染画的代名词，犹如泼彩画，似乎亦可用"泼彩画"之名。

拔染画不仅有绚丽的色彩、花型，还有浓郁的中国书法风，用作室内装饰也是不错的选择（图8-43）。

图8-43 装饰画

第八节 传统植物染色的发展前景

一、植物染色应用领域

植物染料以其自然的色相，防虫、杀菌的作用，自然的芳香赢得了世人的喜爱和青睐。染料虽不能完全替代合成染料，但它却在市场上占有一席之地，并且越来越受到人们的重视，具有广阔的发展前景。虽然目前要使其商业化并完全替代合成染料还是不现实的，若将植物染料获取及染色注入新的科技，采用现代化设备，加快其产业化的速度，相信植物染料会让世界变得更加色彩斑斓。

1.服装服饰 如今，人体舒适和保健的绿色纺织品将成为家庭健康消费的最基本内容。大部分内衣、睡衣等贴身衣物，对染整加工的环保生态要求也就更高了。天然染料大都有药物作用，有的可抗菌消炎，有的可活血化瘀。所以用植物染料染制的纺织品将会成为保健内衣的生力军。

在各种高端服装领域，植物染色也有不俗的表现，各种丝、毛、棉、麻服装使用传统天然染料染色后，文化性、附加值都有提高，符合当代人的选择。丝巾等服饰品也都有良好的表现力。

2.家纺家居 随着人们生活水平的提高，家纺产品将由经济实用型向功能型和绿色环保型转化。由天然染料染制的床单、被罩、浴巾等家纺产品必然会因符合生态环保标准和具有医疗保健功能而受到人们的青睐。

3.其他纺织品 在高端墙纸、交通工具用纺织品等产业用纺织品上，将更有竞争力。在纺织品文物的修复方面更具有不可替代的作用。

4.婴幼儿用品 婴幼儿是最容易受伤害的群体，在婴幼儿服装和用品上使用植物染料染色容易受到市场热捧，有很高的开发前景。在婴儿装、童毯、童袜、被褥、玩具等方面都具有极好的使用前景，市场接受度较快。

5.艺术品 传统植物染色不止是在服装服饰、家居领域有使用，在艺术品领域也有大用途。用此技法制作的手工染画既可制作高端字画类，也可做中式屏风、隔断等软包装。

6.旅游文化用品 在高端旅游和文化用品上，传统植物染色技艺也大有用武之地。

二、植物染色发展前景

植物染料是由植物中提取的，与环境相容性好，生物可降解，而且无毒无害。合成染料虽然鲜明亮丽，但天然染料的庄重典雅也是合成染料不能比拟的。植物染料染色污染小，是未来纺织品发展的趋势。植物染料大多为中草药，具有不同的药理作用，如杀菌、消炎、抗病毒、活血祛瘀等，在给织物上色的同时，也使其中的药物成分与色素一起被纤维吸收，使织物具有特殊的药物保健作用。在当今人们崇尚绿色消费品的浪潮冲击下，必将有更广阔的发展前景。但目前要使天然染料商品化，完全替代合成染料还是不现实的。天然染料给色量低、染色时间长也制约了它的发展，因此，有必要改进传统的染色方法。由于天然染料长期未被重视，许多过去知名的植物染料资源已知之甚少，重新认识和开发新的植物染料已十分迫切。此外，还可开发微生物植物染料或合成与植物染料化学结构相同的染料。植物染料顺应回归自然的需求，将会在纺织品应用中占有一席之地。目前植物染料的应用规模和总量还很小，因此产业化的路还很长。

对于植物染色产业化问题，笔者一直在研究。经过多年的研究分析，笔者认为是完全可行的。

在染料的原料来源方面，我国植物众多，染料植物来源不愁。大量野生植物没有得到开发，微波萃取、超声波萃取、超临界萃取、生物工艺等提取技术的应用，使染料的质量大幅提升，纺织品亟待升级换代，提高附加值，现有的纺织印染设备稍作改进就可以投入规模化生产。散纤维染色、成衣染色的普及会使植物染色更适应市场化反应速度。个性化产品的需求，让更多手工染色的产品得到青睐。

从市场来看，日本、欧美需求大，国内市场已经被逐渐拓展，目前的植物染色市场是需大于供。只要我们把握住市场，提高产品质量，做出品牌和口碑，发展前景一片光明。

参考文献

［1］黄荣华. 天然染料染色初探［C］. 2008 诺维信全国印染行业节能环保年会.

［2］黄荣华. 芦苇在天然纤维染色中的应用［C］. 2012 年第十二届全国纺织品设计大赛暨国际理论研讨会、2012 年国际植物染艺术设计大展暨理论研讨会.

［3］黄荣华. 汉麻天然染色研究［C］. 2011 佶龙机械第十届全国印染行业新材料、新技术、新工艺、新产品技术交流会.

［4］黄荣华. 有机棉纺织品、服装生态染色初探［C］. 2011 佶龙机械第十届全国印染行业新材料、新技术、新工艺、新产品技术交流会.

［5］黄荣华. 宋锦传统工艺染色——"天然染色"［C］. 2011 佶龙机械第十届全国印染行业新材料、新技术、新工艺、新产品技术交流会.

［6］黄荣华. 植物染料现状与未来［C］. 2008 诺维信全国印染行业节能环保年会.

［7］黄荣华. 植物染料来源及对天然纤维的染色［C］. 2013 "联胜杯"第八届全国染色学术研讨会.

［8］黄荣华. 使用植物染料对大豆蛋白纤维绒毛面料染色实验的探讨［C］. 2011 佶龙机械第十届全国印染行业新材料、新技术、新工艺、新产品技术交流会.

［9］黄荣华. 天然染色之茶染［C］. 2014 国际天然染织（台湾）论坛论文集.

［10］杜燕荪. 国产植物染料染色法［M］. 上海：商务印书馆，1950.

［11］沈从文. 中国古代服饰研究［M］. 香港：商务印书馆，2011.

［12］崔唯，肖彬. 纺织品艺术设计［M］. 北京：中国纺织出版社，2016.

［13］罗金岳，安鑫南. 植物精油和天然色素加工工艺［M］. 北京：化学工业出版社 2005.

［14］嘉兴市文广新局. 2012 中国桑蚕丝织民俗文化论坛论文集［M］. 浙江古籍出版社，2013.

［15］田青. 纺织艺术设计（国际植物染作品集）［M］. 北京：中国建筑工业出版社，2012.

附录一　常用的植物染料来源

石榴花	槐花	木芙蓉	栀子花果
鸭跖草	满山红	桃金娘	藏红花
柿子	石榴	杨梅	樱桃
紫背天葵	竹叶	马桑果	龙葵
红叶石楠	芦苇	紫草	茜草
接骨木	冬青果	构树	麻栎树
香樟树	合欢树	姜黄	蓼蓝
木蓝	黄檗	马兰	柘木果

附录二 植物染色实验色卡

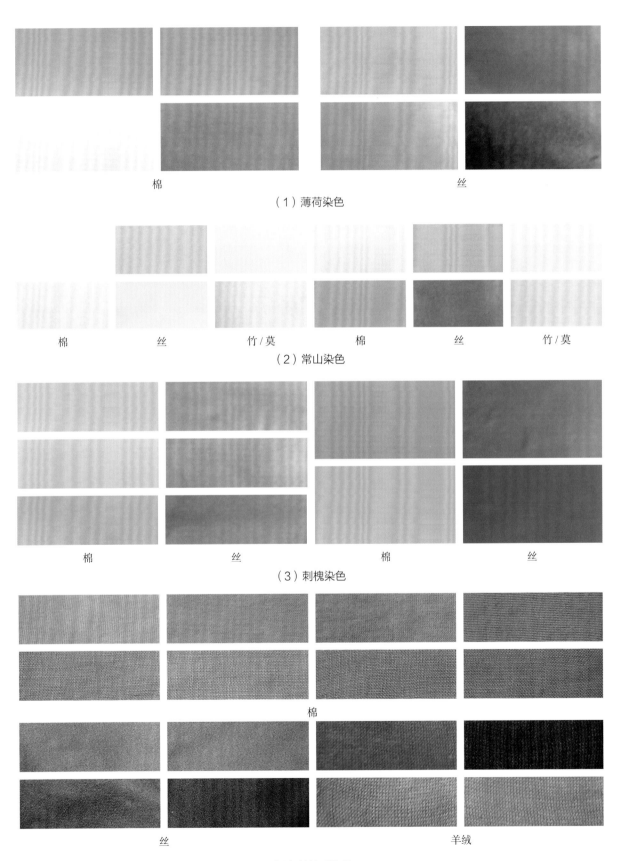

棉　　　　　　　　　　　　　丝

（1）薄荷染色

棉　　　丝　　　竹/莫　　　棉　　　丝　　　竹/莫

（2）常山染色

棉　　　　　　　　　　　　丝　　　　　　　　棉　　　　　　　丝

（3）刺槐染色

棉

丝　　　　　　　　　　　　　羊绒

（4）地锦叶染色

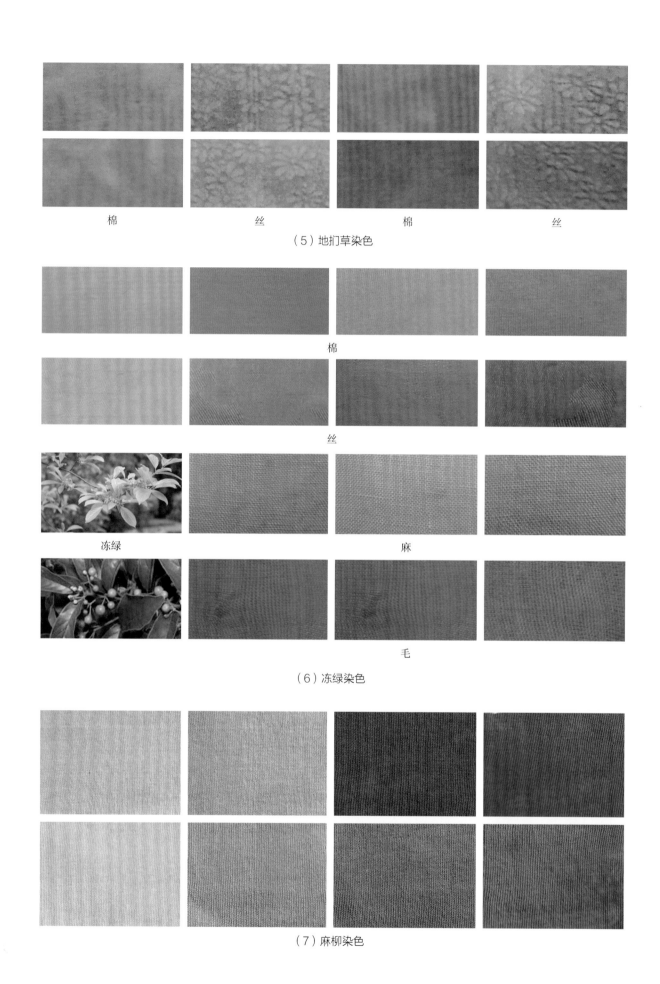

棉　　　　　　　　　丝　　　　　　　　　棉　　　　　　　　　丝

（5）地扪草染色

棉

丝

冻绿　　　　　　　　　　　　　　　　麻

毛

（6）冻绿染色

（7）麻柳染色

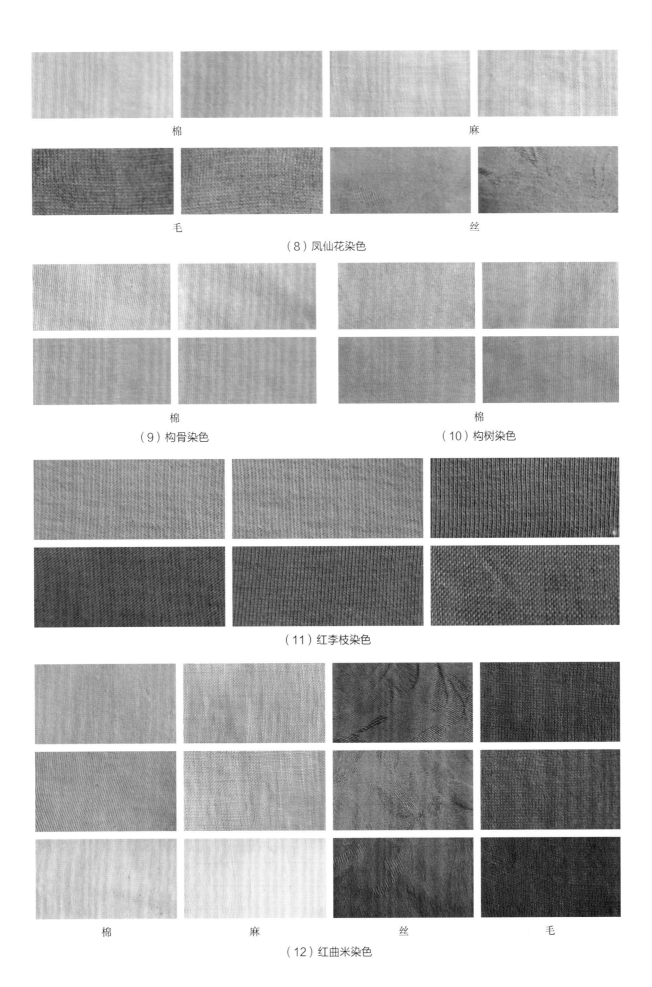

棉

麻

毛

丝

（8）凤仙花染色

棉

棉

（9）构骨染色

（10）构树染色

（11）红李枝染色

棉

麻

丝

毛

（12）红曲米染色

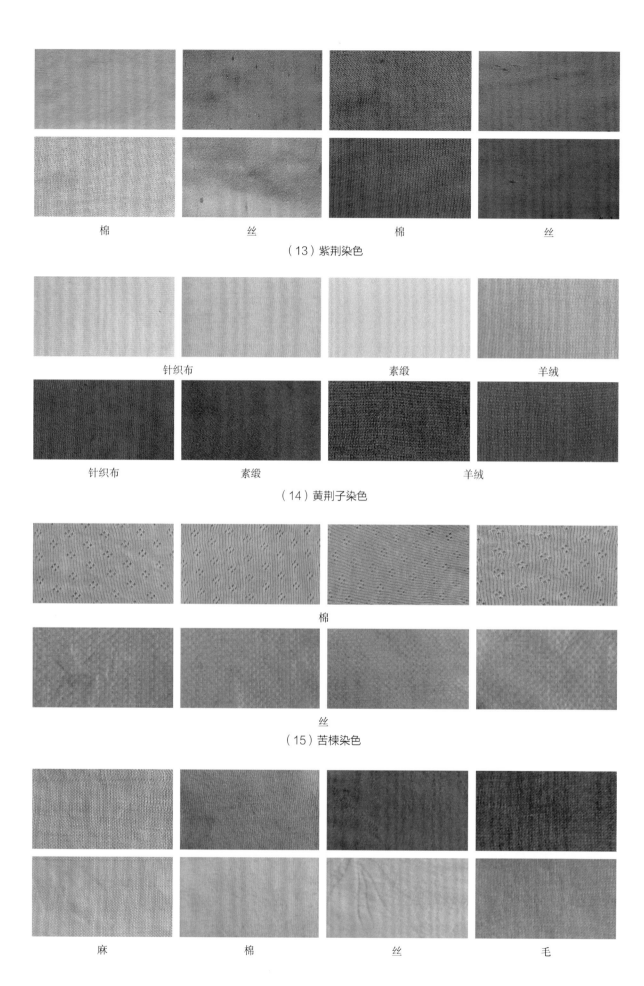

| 棉 | 丝 | 棉 | 丝 |

（13）紫荆染色

| 针织布 | 素缎 | 羊绒 |

| 针织布 | 素缎 | 羊绒 |

（14）黄荆子染色

棉

丝

（15）苦楝染色

| 麻 | 棉 | 丝 | 毛 |

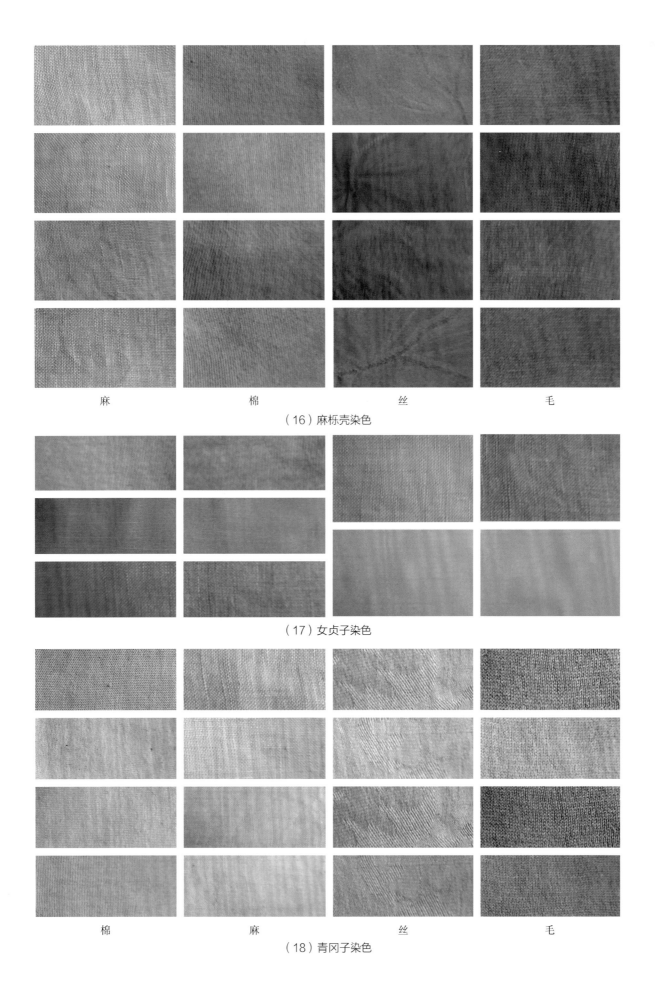

麻　　　　　　　棉　　　　　　　丝　　　　　　　毛

（16）麻栎壳染色

（17）女贞子染色

棉　　　　　　　麻　　　　　　　丝　　　　　　　毛

（18）青冈子染色

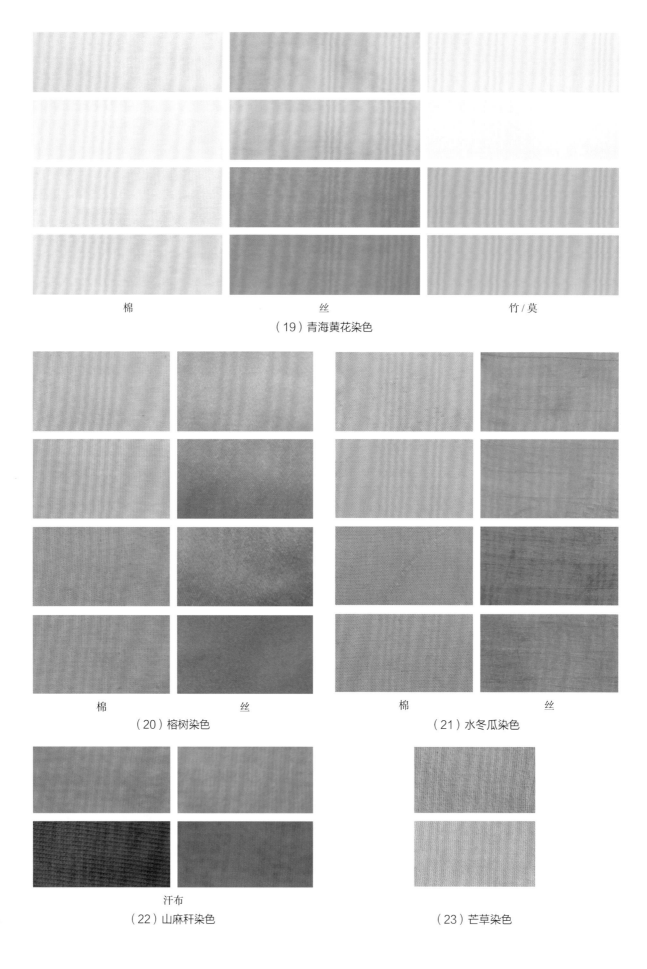

棉 丝 竹/莫

（19）青海黄花染色

棉 丝 棉 丝

（20）榕树染色 （21）水冬瓜染色

汗布

（22）山麻秆染色 （23）芒草染色

中国植物染技法

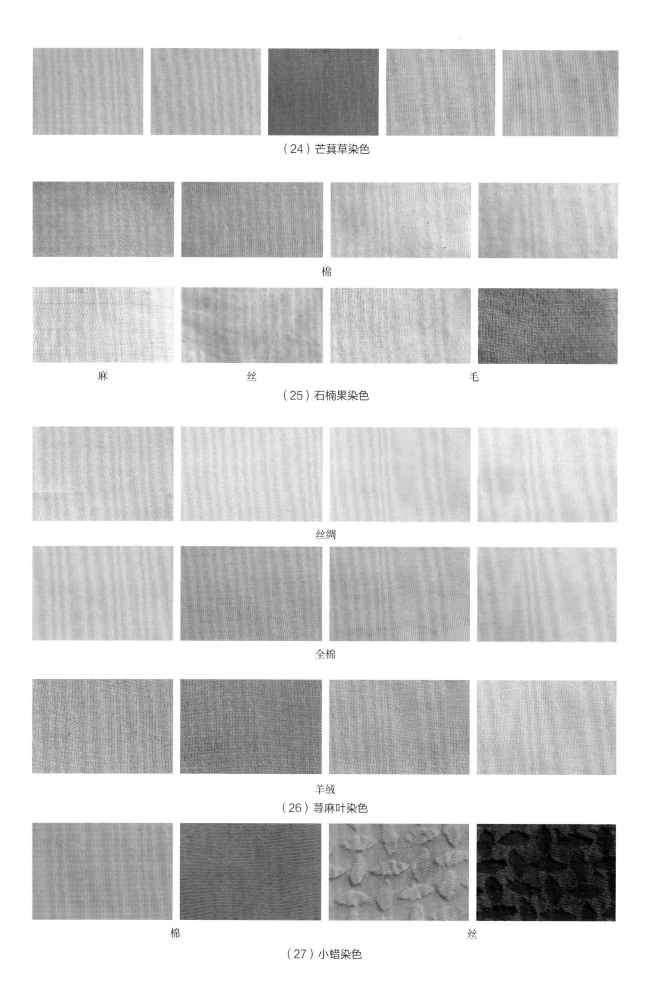

（24）芒萁草染色

棉

麻　　　　　　丝　　　　　　毛

（25）石楠果染色

丝绸

全棉

羊绒

（26）荨麻叶染色

棉　　　　　　　　　　　　丝

（27）小蜡染色

棉　　　　　　　麻　　　　　　　丝　　　　　　　毛

（28）悬铃木染色

棉

麻

丝

毛

（29）苎麻根染色

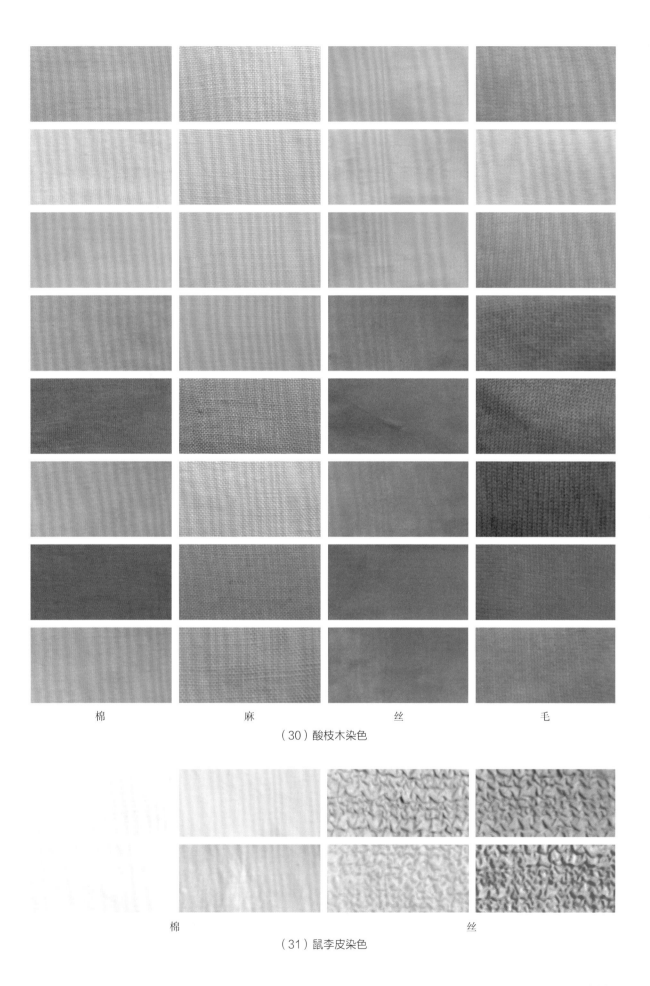

棉　　　　　　麻　　　　　　丝　　　　　　毛

（30）酸枝木染色

棉　　　　　　　　　　丝

（31）鼠李皮染色

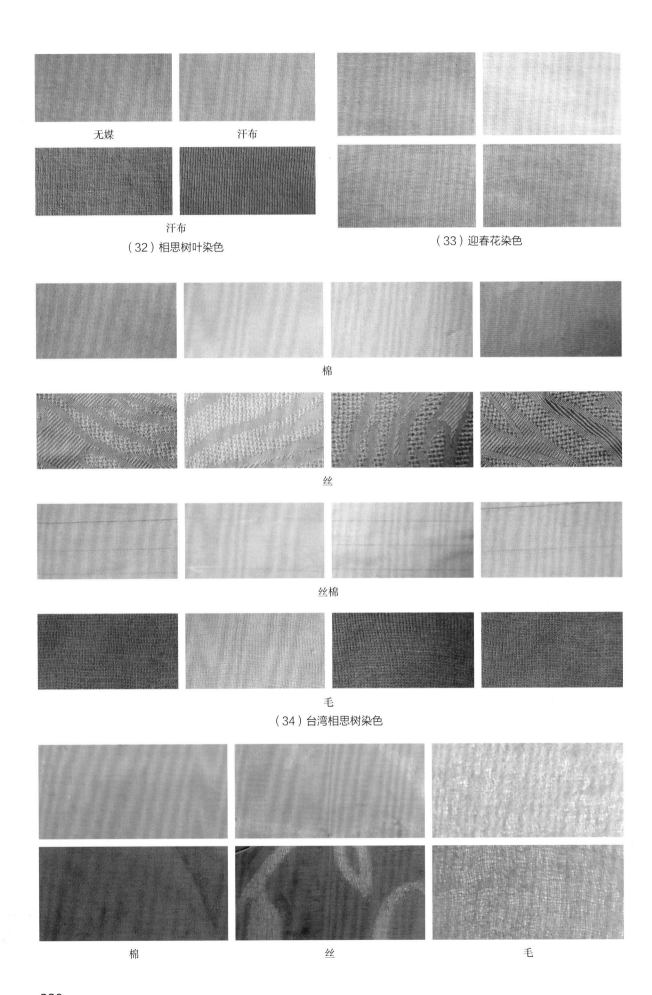

无媒　　　　汗布

汗布

（32）相思树叶染色

（33）迎春花染色

棉

丝

丝棉

毛

（34）台湾相思树染色

棉　　　　丝　　　　毛

中国植物染技法

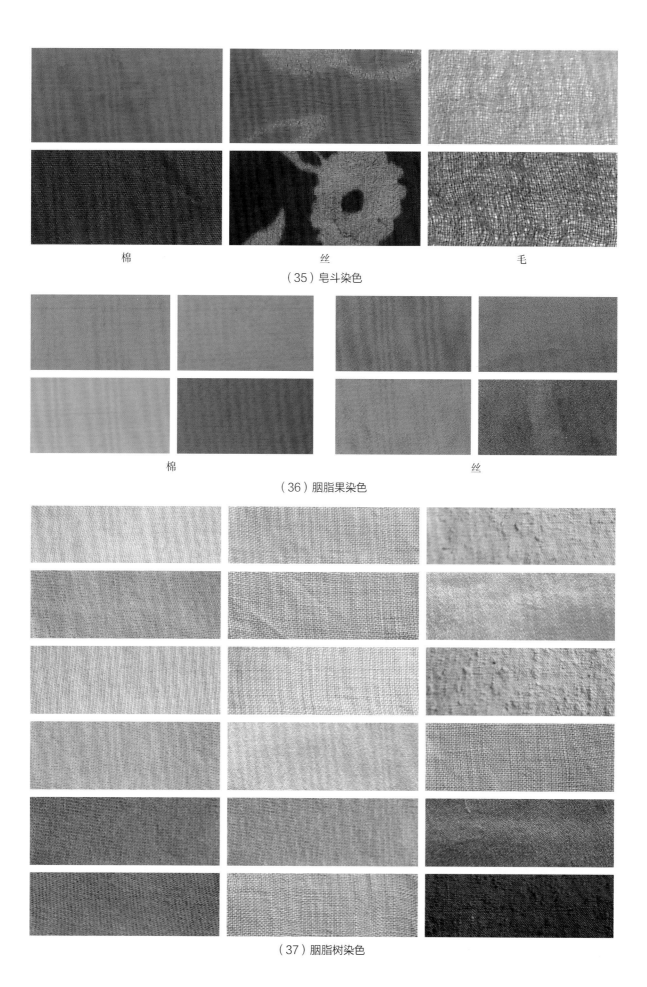

棉　　　　　　　　　丝　　　　　　　　　毛

（35）皂斗染色

棉　　　　　　　　　　　　　丝

（36）胭脂果染色

（37）胭脂树染色

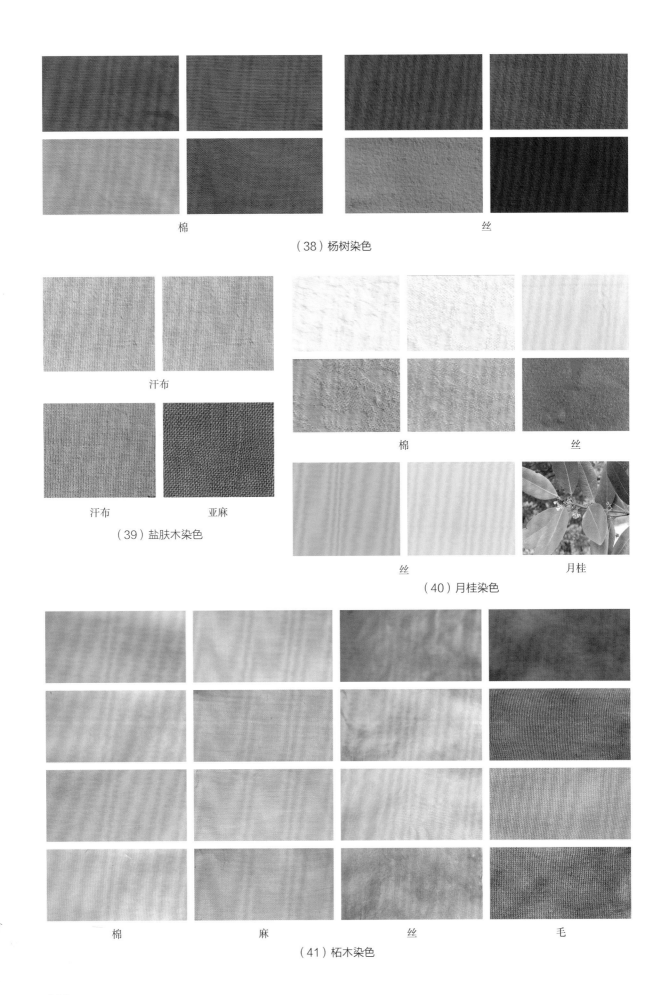

棉　　　　　　　　　　　　　丝

（38）杨树染色

汗布

汗布　　　　亚麻

（39）盐肤木染色

棉　　　　　　　　丝

丝　　　　　　　　月桂

（40）月桂染色

棉　　　　　　麻　　　　　　丝　　　　　　毛

（41）柘木染色

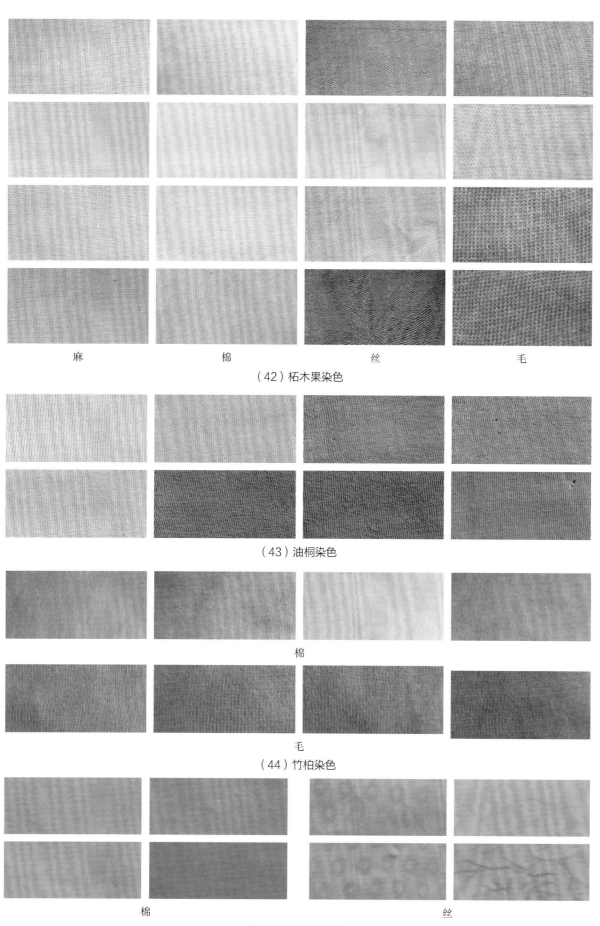

麻　　　　　　棉　　　　　　丝　　　　　　毛

（42）柘木果染色

（43）油桐染色

棉

毛

（44）竹柏染色

棉　　　　　　　　　　　　　丝

（45）紫背天葵染色

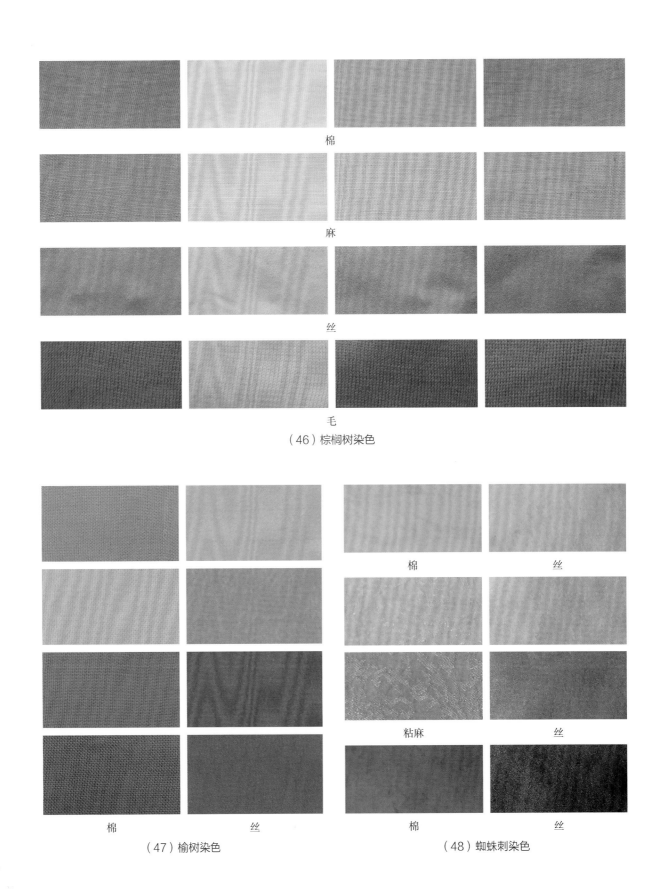

棉

麻

丝

毛

（46）棕榈树染色

棉　　　　　丝

棉　　　　　丝

粘麻　　　　丝

棉　　　　　丝

（47）榆树染色

（48）蜘蛛刺染色

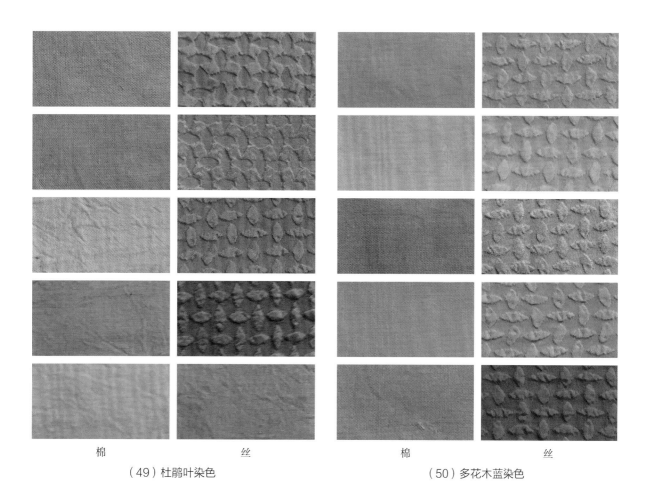

棉　　　　　　　　　丝　　　　　　　　　　棉　　　　　　　　　丝

（49）杜鹃叶染色　　　　　　　　　　　　（50）多花木蓝染色

附录三　古代主要动植物染料一览表

染草名称	科学名称	植物分科	主要成分	主要颜色	染料类属
红花	Carthamus tinctorius	菊科	红花素（$C_{21}H_{22}O_{11}$）	胭脂红	直接
茜草	Rubia cordifolia L.	茜草科	茜素（$C_{14}H_8O_4$）茜紫素（$C_{14}H_8O_5$）	土红	媒染
苏木	Caesalpinia sappan L.	豆科	苏木红素（$C_{16}H_{12}O_5$）	多种深红色	媒染
冻绿	Rbamnus davurica Pall.	鼠李科	（$C_{42}H_{28}O_{27}$）.（$C_{15}H_{12}O_6$）	绿	直接
荩草	Arthraxon hispidus Mak.	禾本科	荩草素（$C_{21}H_{16}O_9$）	黄、绿	直接、铜媒
菘蓝	Isatis tinctoria L.	十字花科	菘蓝甙（IsatinB）	蓝	还原
蓼蓝	Polygonum tinctorium	蓼科	靛甙（Indican）	蓝、绿	还原、直接
马蓝	strobilanthes cusia	爵床科	靛甙（Indican）	蓝	还原
木蓝	Indigofera tinctoria	豆科	靛甙（Indican）	蓝	还原
栀子	Gardenia jasminoides Ellis.	茜草科	藏红花酸（$C_{20}H_{24}O_4$）	黄、灰黄	直接、媒染
黄檗	Phellodendron amurense	芸香科	多种黄酮类化合物	黄	直接、媒染
姜黄	Curcuma longa L.	姜科	姜黄素（$C_{21}H_{20}O_6$）	黄、橙黄	直接、媒染
郁金	Curcuma aromatica Salisb.	姜科	姜黄素（$C_{21}H_{20}O_6$）	黄、橙黄	直接、媒染
石榴	Punica granatum L.	石榴科	异槲皮黄素（$C_{20}H_{20}O_{13}$）	黄	直接
槐花	Sophora japonica L.	豆科	芸香甙（$C_{27}H_{32}O_{16}$）	黄	媒染
紫草	Lithospermum erythrorhizon	紫草科	乙酰紫草宁（$C_{18}H_{18}O_6$）	紫	媒染
五倍子	Melaphis chinensis（动物类）	棓蚜科	（虫瘿没食子酸）鞣质	黑	铁媒染
皂斗	Quercus acutissima	山毛榉科	（柞树果实）鞣质	黑	铁媒染
乌柏	Sapium sebiferum Roxb	大戟科	鞣质（没食子酸）	黑	媒染
狼把草	Bidens tripartita L.	菊科	鞣质（没食子酸）	黑	铁媒染

附录四　中国植物染色色卡

浅驼	姜黄	砖红	铁锈红	猩红	檀色
驼色	蜜合	橘红	嫣红	粉紫	绛紫
绌色	橘黄	粉红	茜色	酡颜	灰紫
秋香	杏黄	水红	赫赤	绾	豆沙
明黄	红棕	妃色	银红	胭脂红	紫红
栀黄	栗色	桃红	石榴红	海棠红	灰蓝
雪青	靛蓝	黛绿	秋色	茶色	银鼠
黛紫	靛青	灰绿	棕	普洱	鼠灰
玄青	碧	棕绿	棕黑	赭色	驼灰
浅蓝	缥	苍黄	紫檀色	棕黄	紫灰
天蓝	竹青	黝色	紫棠	棕红	藕灰
绀蓝	松花绿	褐	深褐	驼色	苍绿

棉纤维色卡

227

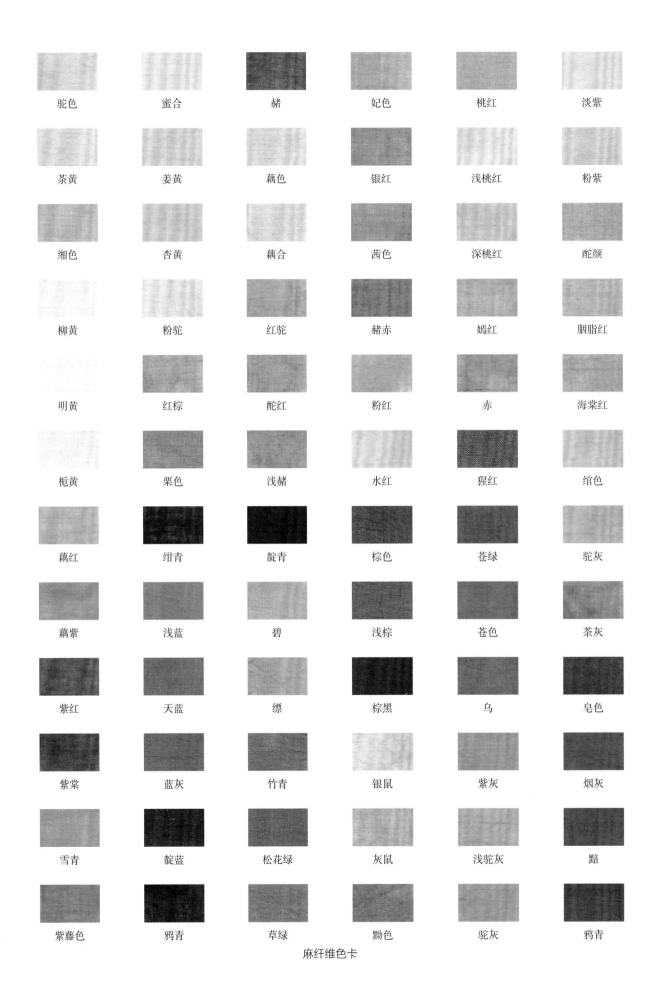

驼色	蜜合	赭	妃色	桃红	淡紫
茶黄	姜黄	藕色	银红	浅桃红	粉紫
缃色	杏黄	藕合	茜色	深桃红	酡颜
柳黄	粉驼	红驼	赭赤	嫣红	胭脂红
明黄	红棕	酡红	粉红	赤	海棠红
栀黄	栗色	浅赭	水红	猩红	绾色
藕红	绀青	靛青	棕色	苍绿	驼灰
藕紫	浅蓝	碧	浅棕	苍色	茶灰
紫红	天蓝	缥	棕黑	乌	皂色
紫棠	蓝灰	竹青	银鼠	紫灰	烟灰
雪青	靛蓝	松花绿	灰鼠	浅驼灰	黯
紫藤色	鸦青	草绿	黝色	驼灰	鸦青

麻纤维色卡

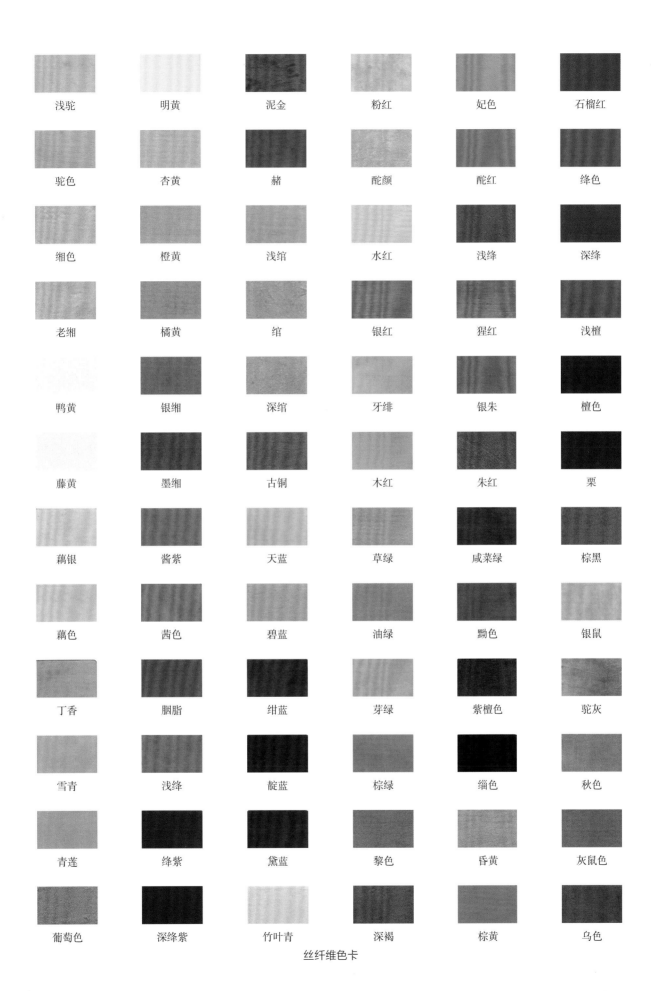

浅驼	明黄	泥金	粉红	妃色	石榴红
驼色	杏黄	赭	酡颜	酡红	绛色
细色	橙黄	浅缃	水红	浅绛	深绛
老细	橘黄	缃	银红	猩红	浅檀
鸭黄	银细	深缃	牙绯	银朱	檀色
藤黄	墨细	古铜	木红	朱红	栗
藕银	酱紫	天蓝	草绿	咸菜绿	棕黑
藕色	茜色	碧蓝	油绿	黝色	银鼠
丁香	胭脂	绀蓝	芽绿	紫檀色	驼灰
雪青	浅绛	靛蓝	棕绿	缁色	秋色
青莲	绛紫	黛蓝	黎色	昏黄	灰鼠色
葡萄色	深绛紫	竹叶青	深褐	棕黄	乌色

丝纤维色卡

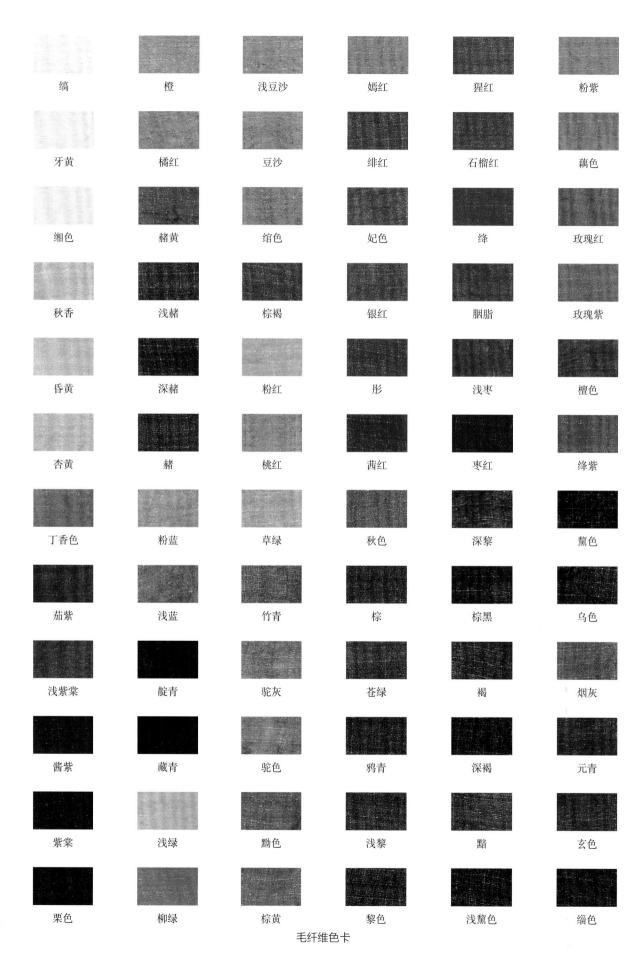

缟	橙	浅豆沙	嫣红	猩红	粉紫
牙黄	橘红	豆沙	绯红	石榴红	藕色
细色	赭黄	绾色	妃色	绛	玫瑰红
秋香	浅赭	棕褐	银红	胭脂	玫瑰紫
昏黄	深赭	粉红	肜	浅枣	檀色
杏黄	赭	桃红	茜红	枣红	绛紫
丁香色	粉蓝	草绿	秋色	深黎	鸦色
茄紫	浅蓝	竹青	棕	棕黑	乌色
浅紫棠	靛青	驼灰	苍绿	褐	烟灰
酱紫	藏青	驼色	鸦青	深褐	元青
紫棠	浅绿	黝色	浅黎	黯	玄色
栗色	柳绿	棕黄	黎色	浅鸦色	缁色

毛纤维色卡

中国植物染技法

附录五　黄荣华云染画

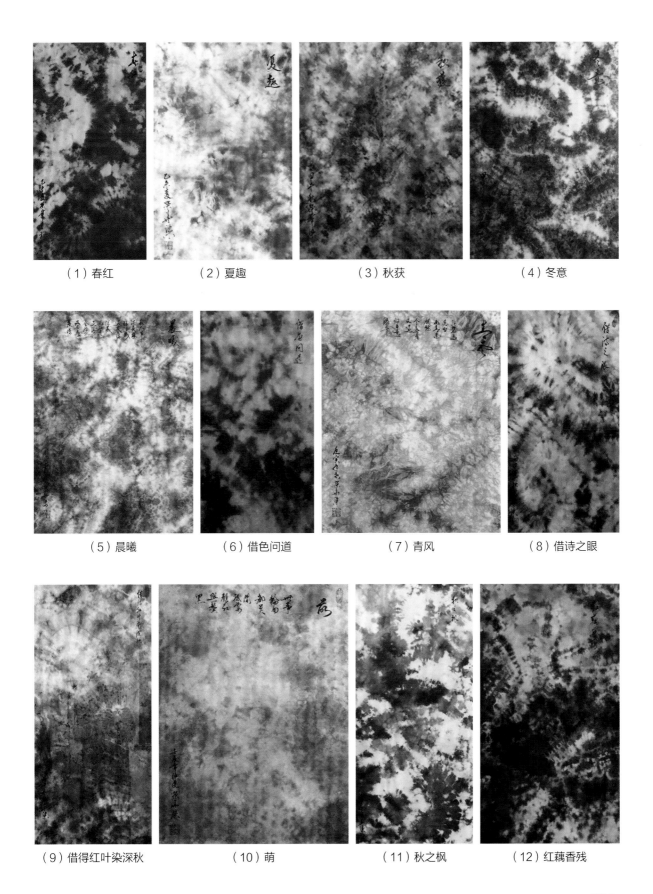

（1）春红　　　　　　（2）夏趣　　　　　　（3）秋获　　　　　　（4）冬意

（5）晨曦　　　　　　（6）借色问道　　　　　（7）青风　　　　　　（8）借诗之眼

（9）借得红叶染深秋　　（10）萌　　　　　　　（11）秋之枫　　　　　（12）红藕香残

（13）观海　　　　　（14）烟雨江南　　　　　（15）水云　　　　　（16）闲云若烟

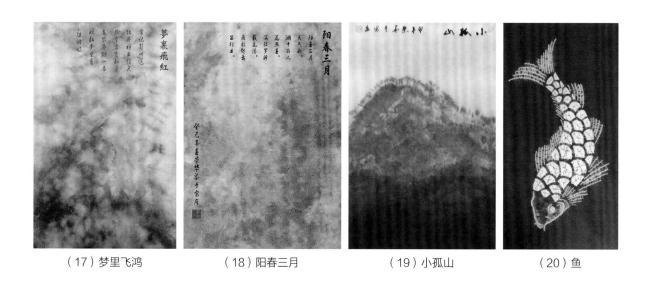

（17）梦里飞鸿　　　　　（18）阳春三月　　　　　（19）小孤山　　　　　（20）鱼

（21）茶画：茶浓写山峦

（22）茶染画：那年那山

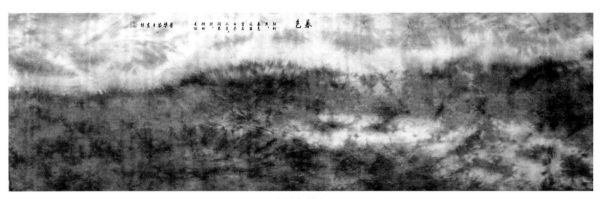

（23）暮色

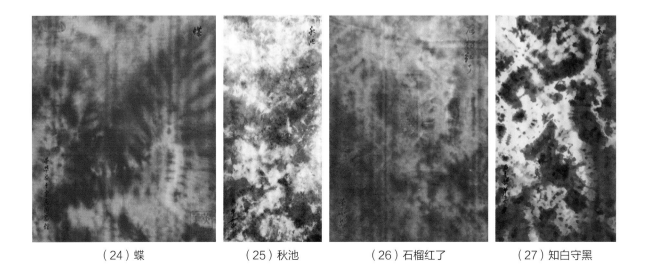

（24）蝶　　　　　（25）秋池　　　　　（26）石榴红了　　　　　（27）知白守黑

后　记

　　中国植物染技艺是人类染色的活化石，是中华传统文化的瑰宝，自有文字记载的周朝开始，延绵不断传承数千年。期间经过无数代，成千上万的染工、染匠们辛勤劳作、总结，才有今日的成果。可谓生生不息，代代相传。诗经中有"载玄载黄，我朱孔阳"诗句，荀子劝学篇一句"青出于蓝而胜于蓝"流传至今，家喻户晓。

　　中国植物染造就了中国丝绸的辉煌，蜀锦、宋锦、云锦、缂丝、苏绣、蜀绣、湘绣、粤绣，谱写了中华锦绣文章。

　　中国古代的一些有关农业和手工艺的典籍中都有关于染料和染色法的记载。先秦古籍《考工记》是中国第一部工艺规范和制作标准的汇编，在"设时之功"一节，记录了中国古代练丝、纺绸、手绘、刺绣等工艺。对织物色彩和纹样都做了详细而完整的叙述。北魏时期贾思勰所著的《齐民要术》中有关于种植染料植物和萃取染料的加工过程，如"杀双花法"和"造靛法"，预制成的染料可以长期使用。明末宋应星编撰了中国第一部科技百科全书《天工开物》，其中有关各种染料的提取工艺及各种染料在织物上的染色法描写。在"乃服"一章中总结了丝、麻、毛、棉织物的纺纱织布技术，并在"彰施"一章中记录了有关染色技术的应用。明代医药学家李时珍为修改古代医书的错误而编的《本草纲目》，书中记载了很多中药作为染料的资料。

　　有关传统染色和色彩的著作还有唐代刘恂撰《岭表录异》，记录了部分当时岭南人使用植物染料的情况。晋崔豹撰《古今注》三卷，唐释道宣撰《量处轻重仪》，宋代林洪撰《山家清供》一卷，宋代李昉、李穆、徐铉等学者奉敕编纂《太平御览》，宋寇宗奭撰《本草衍义》，唐慎微编著《经史证类备急本草》，明代李东阳等编《大明会典》，明代余继登写的《皇明典故纪闻》，明代于慎行写的《谷山笔麈》，明代徐光启编著《农政全书》，清代多隆阿撰《毛诗多识》，清代知名学者段玉裁的《说文解字注》，清代严可均《全后汉文》，清末民初徐珂编撰《清稗类钞》等，都记录有相关植物染料染色。明代李斗著《扬州画舫录》，记录了清代扬州染坊的盛况。民国朱启钤撰写的《丝绣笔记》以织成、绵绫、缂丝、刺绣等中国传统高级丝织品为对象，主要从工艺美术角度，而不是从服饰制度的角度进行研究，全书分两卷，上卷"记闻"，下卷"辨物"。沈寿口述，张謇笔录整理而成的《雪宧绣谱》，南通翰墨林书局刊印，民国八年（1919）问世。中国历史上第一本刺绣技法论著，里面有关绣花线的颜色七百余种。浙南温岭地区民间染匠吴慎因老先生所著《染经》，也值得一读，而后有 1938 年杜燕荪编著的《国产植物染料染色法》是第一本工业时代的植物染色书籍。再后来的几十年，再无此类技艺书籍出版。

中国植物染技法

　　笔者自幼时随师父见识了植物染，欲罢不能，在纺织行业工作 30 余年，一直没丢下植物染的研发和实践。同时遍访全国，竟发现这一传统技艺几近失传。笔者痛心疾首，若在笔者手中失传，当愧对前人。2012 年，植物染料及染色被列入非物质文化遗产，2013 年受邀在北京服装学院色彩中心给研究生讲授"中国传统色彩文化研究"课程，2014 年开办传统染色培训班，至今已办 18 期，近 200 学员参加学习，但一直没有一本正式的教材。看到日本和中国台湾都有有关植物染的书籍出版，深感时不我待。近十年来，自己写下了植物染试验的文章几十万字，发表论文多篇，遂将文字、图片整理成集，几番删改，成本书。欲将师父传授之技艺与笔者几十年来的经验写成一本专著，以供学习者参考。

　　文中有少量图片来自于网络，因难以找到原出处，无法标明，特向原作者致歉！

　　由于植物染色技艺跨越文、理、工诸多学科，具有参考价值的文献匮乏，加之本人学识、水平有限，虽尽力而为，但难免挂一漏万，还望同行专家与读者不吝赐教，多多指正。

黄荣华

2018 年 1 月于北京国染馆